Introduction to Electronic Warfare

Modeling and Simulation

전자전 모델링과 시뮬레이션 기초

김하철 · 홍우영 · 최현철 공역

David L. Adamy

SciTech PUBLISHING, INC.

A-JIN 도서출판 아 진

Introduction to Electronic Warfare

Modeling and Simulation

David L. Adamy

"내가 가는 길을 그가 아시나니 그가 나를 단련하신 후에는
내가 순금 같이 되어 나오리라 (욥23 : 10)"

Translation from the English language edition:
Introduction to Electronic Warfare Modeling and Simulation, David L. Adamy

Translation by Ajin Publishing Company Translated Edition ISBN: 978-89-5761-302-3
Printed in Korea

머리말

적절하게 실행된 모델링과 시뮬레이션은 통찰력을 갖게 해주는 연구가 된다. 모델링과 시뮬레이션은 실제적으로 무엇이 발생되는지에 대한 이해를 하고 난 후에 발생된 상황에 대한 수식적인 모델링과 어떠한 관점에서의 상황 실체(reality)를 재창조(recreation)하는 방향으로 진행된다.

전자전 모델링과 시뮬레이션에서의 실체는 전자전 시스템에 의해 수신되는 일련의 위협 신호들이다. 전자전 모델은 그러한 신호를 포착해서 적절한 타협을 통해 무엇이 발생할 것인지 결정하거나 많은 가능성이 있는 위협 환경을 재창조한다.

전자전 모델링과 시뮬레이션이 적절히 수행되기 위해서는 특별한 관점으로부터 주어지는 전술적인 상황이 해석될 수 있어야 한다. 예를 들면, 신호들이 시뮬레이션이 실행되기 전에 수신기가 교전상태에 있다고 인식될 수 있도록 수신기의 입장에서의 상황이 분석될 수 있어야 한다.

이 책은 안테나, 수신기, 또는 운영자의 관점에서 전술적인 시뮬레이션을 적용할 수 있는 능력이 개발되도록 기술되었다.

특별한 모델, 시뮬레이터, 그리고 시뮬레이션에서 이용될 수 있는 많은 정보가 있지만 이 책에서는 생략하였다. Journal of Electronic Defense에서는 최신 EW 시뮬레이터와 관련된 회사들이 소개된다. 정보를 얻기 위한 좋은 한 가지 방법은 회사의 응용공학, 마케팅, 또는 소비자 지원 부서로 직접 연락을 하는 것이다. 비밀로 분류되지 않은 회사 생산품에 대한 정보자료는 어렵지 않게 구해질 수 있다. 또한 회사를 통해 모델링과 시뮬레이션 분야의 정부 관련부서와 접촉을 할 수 있다.

EW는 직류 바로 위로부터 가시광선 바로위의 주파수까지의 대역에 대한 전자기 스펙트럼을 취급하는 광범위한 분야이다. 이것은 EW 모델링과 시뮬레이션의 분야가 아주 넓다는 것을 의미한다. 이 책에서는 HF에서 초고주파까지의 무선 주파수 스펙트럼 범위에 대해서 자세한 전파모델보다는 EW 응용과 기술 분야에 대해서 논의하고자 한다.

이 책은 독자들이 기본 대수학과 일반적 기술에 대한 기초지식을 가졌다고 가정하였으며 EW 모델링과 시뮬레이션에 대한 기본 지식을 필요로 하는 사람들에게 유용하도록 구성되었다.

EW 모델링과 시뮬레이션에 대한 세계로 독자들을 환영하며 저자와 같이 이러한 분야를 경험하기를 희망한다.

역자 서문

광범위한 전자병기가 전자공학의 발전과 더불어 눈부시게 발전하고 있다. 전자병기 시스템 중 특히 전자전의 개념에 대해 많은 연구가 진행 중에 있으며 현대 전쟁의 승패를 좌우하는 중요한 요소로 자리잡고 있다. 따라서 전자전에 포함된 모든 원리를 폭넓게 이해한다는 것은 필수 불가결한 것이라 하겠다.

이 책은 적절하게 실행된 전자전 모델링과 시뮬레이션을 통해 전자전에 대한 개념을 얻도록 서술하고 있다. 즉, 안테나, 수신기 또는 운영자의 관점에서 전자전 시뮬레이션을 함으로써 나타나는 문제를 살펴보고 해결하도록 하였다.

전자전은 일반인이 접하기엔 다소 생소한 군사적인 전문 분야이므로 이 분야를 접하는 사람들은 다소 제한적일 수 있겠지만, 이 책에서는 전자전에 대한 기본사항들과 시뮬레이션 방법을 비교적 평이하게 설명하고 있으므로 이러한 분야에 처음으로 접하는 독자들에게도 큰 어려움은 없을 것이라 생각된다. 또한 짧은 시간 내에 전체적인 개념을 정리하고자 하는 전술작전을 다루는 사람들에게도 도움이 될 수 있으리라 기대된다.

이 책을 번역하면서 용어의 빈약성과 저자의 의도를 정확히 전달하지 못한 부분도 있을 수 있겠지만 추후 수정과 보완을 하고자 하며, 이러한 분야를 연구하는 분들에게 조금이라도 도움이 된다면 다행으로 생각하고 독자 여러분의 지도편달을 바란다.

마지막으로 이 번역서의 출간을 맡아준 아진출판사 사장님과 관계자 여러분들께도 감사의 인사를 전한다.

2010년 4월
역자 일동

감사의 글

이 책을 전자전 모델링과 시뮬레이션을 개발해온 전문가들에 바친다. 그들은 영광스런 분야는 아닐지라도 실무에서 성실하게 일해 왔다. 장비 개발을 위해 힘든 일이 주어지더라도 반드시 해야 하므로 그들의 전문지식과 공헌이 존중되어야 한다.

또한 이 책의 발간을 위해 시간을 할애해 준 동료들에게 특별한 감사를 드린다. 그들은 지난 200년 동안 관련된 전문 지식들을 나타내 주었으며 각자의 분야에 대해서 전문지식과 통찰력으로써 사람들의 요구에 공헌하여 왔다.

Mr. Dave Barton
Mr. Bob Dalton
Mr. Joe DiGiovanni
Prof. Fred Levien
Mr. Paul McGillick
Col. Linda Palmer
Mr. Bill Shellenberger
Dr. Ed Wischmeyer

목 차

PART 1

소개

전자전(EW) 시뮬레이션은 진정한 가상게임이다. 장비들이 시험될 수 있고 비싼 비용과 현실에서 훈련시 수반되는 위험 없이 현실적인 조건하에서 운영자들이 훈련될 수 있도록 상황이 인위적으로 만들어진다. 위협 플랫폼(platform)이나 EW로 보호된 플랫폼의 작전 행동과 같이 끊임없이 변화하는 관계에서 많은 위협 방사기가 존재하는 EW 교전(engagement)은 일반적으로 복잡하게 주어진다. 장비의 동작 성능과 운영자에게 요구되는 능력은 단지 하나의 위협 방사체가 존재한다는 정적인 조건하에서는 적절하게 시험될 수 없다. 이러한 이유로 인해서 현실적으로 적용될 수 있는 방법을 위해서는 많은 위협체에 대해서 시뮬레이션이 가능한 시뮬레이터의 개발이 이루어지고 있다.

1.1 시뮬레이션

시뮬레이션은 마치 실제 상황이나 자극 신호가 존재하는 것 같이 주어지는 결과를 일으키는 인위적인 상황이나 자극(stimulus) 신호를 재발생하는 것이다.

여러 단계의 시뮬레이션중의 어떠한 것도 모든 종류의 신호에 적용될 수 있다. 예를 들면, 특별한 형태의 항공기 계기판 위에 있는 비행 시뮬레이터의 컴퓨터 프로그램에서 컴퓨터 화면은 조종석 유리 창문을 통해서 조종사가 보는 모든 것을 나타낸다. 화면의 모습과 계기는 시뮬레이션 제어 조작에 따라 변한다. 더욱 정교한 비행 시뮬레이터에서 조종사는 항공기 이동에 의해서 발생되는 중력이 완전하게 시뮬레이션 되기 위해 기울어지고 움직여지는 시뮬레이션 조종실에 앉는다. 시각적인 신호(적 항공기를 공격하는 것을 포함한)들은 조종석 반구 전체에서의 시야를 포함하며 조종실에서의 소리도 제공될 수 있다. 이러한 모든 표시들은 조종사에 의해서 주어지는 제어 조작과 선택된 외부 사건들(예를 들면 엔진고장)에 따라 상호작용적으로 주어진다.

또한 실제 소총과 같은 특성을 갖는 소총-사격 시뮬레이터가 있다. 표적에 대한 발사 거리가 스크린에서 나타내진다. 소총이 발사될 때 시험자는 발사 소리를 들으며 소총의 반작용도 느낀다. 소총이 겨누어진 방향은 컴퓨터로 발생시킨 화면에서 좌표로 나타내지고 발사 충격이 주어진다.

훈련용으로 사용되는 많은 종류의 시뮬레이터 중에서 단지 두 가지 예만 나타내었다. 거의 모든 분야에서 시뮬레이터들은 대부분의 장비에 영향을 미치는 많은 외부 사건을 취급하는 전술을 개발하고 평가하는데 사용될 수 있다.

1.1.1 전자전분야에서 시뮬레이션

EW 시스템의 특성 때문에 EW 시스템에서는 보통 적의 시설물(assets)에 의해서 주어지는 것과 같은 신호도 발생시킨다. 이러한 인위적인 신호들은 운영자들을 훈련시키거나 EW시스템과 서브시스템(subsystem)의 성능을 평가하는데 사용된다. EW 시뮬레이션을 통해서 적이 제어하는 전자 장비나 무기들의 성능에 대한 예측도 할 수 있다.

시뮬레이션을 통해 군사적 교전을 하는 동안에는 많은 위협신호들이 주어지며 그러한 신호에 대해서 운영자나 EW장비가 반응한다. 일반적으로, 시뮬레이션은 위협상황에 대한 상호적인 변화와 감지된 위협신호에 따라 운영자나 장비들이 무엇을 해야 하는지를 함수적으로 나타낸다.

보통 EW 시뮬레이션은 시각, 운동 그리고 소리 신호를 통해 시험자에게 나타내어지는 비행 상황에 적절하게 반응하도록 EW 장비의 표시장치들이 군사용 차량 시뮬레이터(예를 들면, 비행 시뮬레이터)에 장착된다.

시뮬레이터는 수신기 시스템, 서브시스템, 또는 각각의 개별적 샤시(shassis)에 전자적인 입력을 간단히 지원할 수 있다. 입력은 주어진 상황에서 어떠한 것이 보여지는 지를 장비에 제공하는 것이다.

1.1.2 모델링

여기에서 사용되는 의미에서 모델링은 항목이나 처리과정에 대한 수식적으로 주어진다. 시뮬레이션되는 모든 것이 먼저 수식적으로 정의되어야 하므로 수식적인 특성은 시뮬레이션에 필수적이다. EW 시뮬레이션에서는 하드웨어, 시스템, 그리고 플랫폼들의 성능 특성들이 모델링 된다. 또한, 플랫폼(예를 들면, 적 항공기와 아군 항공기 혹은 함정) 사이와 시스템(예를 들면, 적의 레이더와 아군 재머)사이의 교전이 모델링 된다. 어떠한 모델이 개발되는 첫 단계는 먼저 무엇이 일어날 것인가에 대한 상황을 분석하는 것이다. 이러한 분석 후에 수식적으로 모델이 구성될 수 있다.

모델링은 일반적으로 컴퓨터에서 수행되지만 또한 연필과 종이를 사용하여 실행될 수 있다. 컴퓨터 모델링의 큰 장점은 모델의 세부 사항들이 포착되며 제어가 가능한 정밀도와 신뢰할 수 있는 반복성을 가지면서 과정이 여러 번 수행될 수 있다는 것이다.

1.2 EW 시뮬레이션 방법

시뮬레이션은 일반적으로 컴퓨터 시뮬레이션, 운영자 인터페이스 시뮬레이션, 그리고 에뮬레이션(emulation)으로 주어지는 세 가지 분야로 나누어진다. 또한 컴퓨터 시뮬레이션은 *모델링*이라 불려진다. 운영자 인터페이스 시뮬레이션은 보통 단순히 *시뮬레이션*이라 한다. 같은 용어가 시뮬레이션 분야와 이러한 과정 모두를 정의하는데 공통적으로 사용되기 때문에 혼란이 주어질 수 있다. 에뮬레이션은 실제 신호의 발생을 의미한다. 훈련이나 시험평가(test and evaluation:T&E)를 위해서 세 가지의 방법이 적용된다. 표 1.1은 각각의 목적에 대한 이러한 분야의 사용 빈도를 나타낸다.

표 1.1
시뮬레이션 방법과 목적

시뮬레이션 목적	시뮬레이션 방법		
	모델링	시뮬레이션	에뮬레이션
훈련	공통 사용	공통사용	가끔 사용
T&E	가끔 사용	거의 사용치 않음	공통 사용

1.2.1 모델링

컴퓨터 시뮬레이션(또는 모델링)은 아군과 적군의 장비들에 대한 수식적 표현과 때때로 운영자의 반응(서로에게 어떻게 상호반응 하는지를 평가하는)을 적용하여 컴퓨터를 통해 이루어진다. 모델링에서는 신호, 전술적인 운영자 제어 및 표시장치에 대한 어떠한 표현도 주어지지 않는다. 모델링의 목적은 단순히 수식적으로 정의될 수 있는 장비의 상호작용과 전술을 평가하는 것이다. 모델링은 전략과 전술을 평가하는데 매우 유용하다. 어떠한 상황이 정의되면 여러 방법 중의 하나가 실행된다. 그 다음으로 결과들이 비교된다. 그림 1.1에서와 같이 어떠한 시뮬레이션이나 에뮬레이션도 반드시 EW 시스템과 위협 환경사이의 상호작용을 나타내는 모델을 바탕으로 이루어져야 한다는 것은 중요한 사항이다.

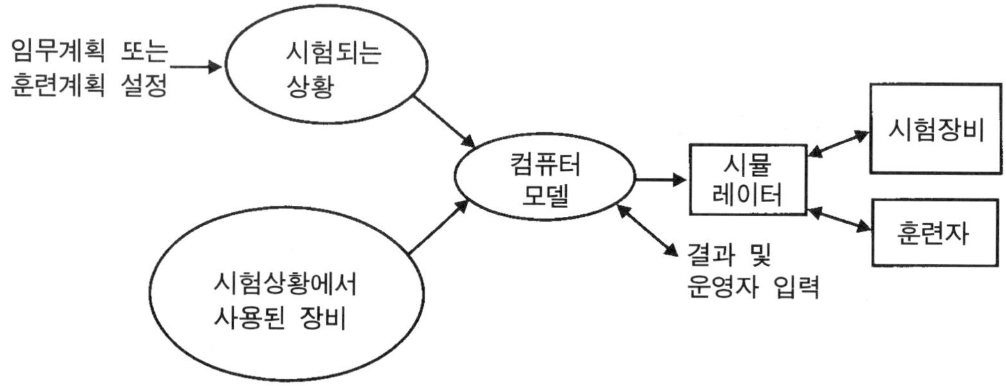

그림 1.1 EW시스템과 위협환경 모델의 상호작용

1.2.2 시뮬레이션

운영자-인터페이스 시뮬레이션은 운영자 표시로 나타내어지고 모델 상황에 반응하는 운영자 제어에 의해서 처리되지만 어떠한 실제 신호도 발생되지 않는다. EW 시스템이 마치 특별한 전술적인 상황에 있는 것과 같이 운영자는 컴퓨터 화면을 보고 컴퓨터에서 발생된 소리를 듣는다. 운영자의 제어에 의해 컴퓨터는 표시된 정보를 올바르게 수정한다. 또한 전술적인 상황이 수정되면 이러한 것 또한 표시장치에 표시된다.

어떤 응용에서는 운영자-인터페이스 시뮬레이션은 시뮬레이션 컴퓨터로부터 실제 시스템 표시장치를 통해 이루어진다. 스위치 동작들이 이진수 입력으로 주어지며 아날로그 제어장치(예를 들면, 회전되는 볼륨 조절기)는 컴퓨터가 인식할 수 있도록 각도검출 장치(shaft encoder)로 보내진다.

다른 방법은 하나 또는 그 이상의 컴퓨터 화면에 시스템 표시 장치들을 나타낸다. 표시는 보통 실제 다이얼을 갖는 장치 패널(panel)이나 CRT 화면을 포함하는 시스템 표시장치에 주어진다. 제어 내용들도 컴퓨터 화면상에 나타나며 마우스나 터치 화면을 통해 실행된다.

1.2.3 에뮬레이션

실제 시스템의 어떤 부분(컴퓨터로 구동되는 제어와 표시를 제외한)이 사용되는 에뮬레이션 방식이 사용될 수 있다. 에뮬레이션은 시스템으로 주입되는 위치에서 실제 형태의 신호를 발생한다. 에뮬레이션 방법이 훈련용으로 사용될 수 있지만 거의 대부분 시스템이나 서브시스템의 T&E를 위해 사용된다.

그림 1.2에서와 같이 에뮬레이션 신호는 시스템에 있는 많은 위치로 입력될 수 있다. 주입된 신호가 전체 시스템을 통해서 온 것처럼 보여 지도록 하는 기술이 필요하다. 또 다른 중요한 점은 주입 위치의 하위에서 발생되는 어떠한 신호(예를 들면, 자동 이득 제어, 또는 운영자의 제어)들도 주입 위치에 주어지는 신호에 영향을 미칠 수 있다는 것이다. 그러한 경우에 주입된 신호는 반드시 적절히 수정되어야 한다.

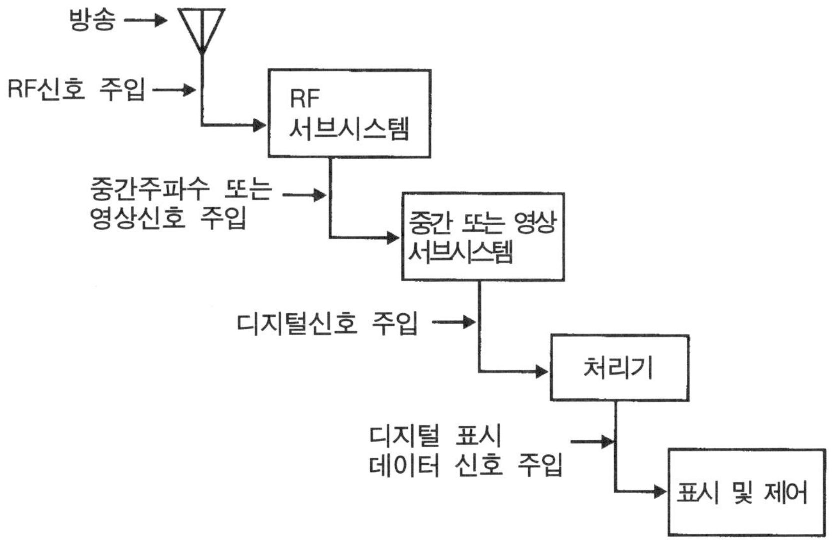

그림 1.2 EW 시스템에서 에뮬레이션 신호의 주입위치

1.3 훈련용 시뮬레이션

훈련용 시뮬레이션을 통해 훈련생들은 안전하고 적절한 방법으로 다양한 형태의 기술을 배우고 실습 경험을 얻는다. EW 훈련을 함으로써 훈련생들이 군사적인 상황에서 접할 수 있는 적 신호에 대한 경험을 가질 수 있다. EW 시뮬레이션은 완전한 훈련 경험을 제공하기 위하여 자주 다른 형태의 시뮬레이션과 같이 연동되어지기도 한다. 예를 들면, 항공기용 조종석 시뮬레이터는 마치 항공기가 적의 전자적 환경에서 비행하는 것처럼 반응하는 EW 표시장치들로 구성된다. 훈련용 시뮬레이션은 보통 훈련 감독자가 훈련생들이 무엇을 보고 어떻게 반응하는지를 관찰하게 한다. 때때로, 훈련 감독자가 상황을 재창조하여 훈련 연습(효율적인 학습경험)후의 결과 자료로 사용할 수 있다.

1.4 T&E용 시뮬레이션

장비에 대한 T&E용 시뮬레이션은 설계 목적에 따라서 장비의 일부분이 스스로 동작하도록 설계되어진다. 이러한 것은 탐지를 위해서 설계된 센서의 특성에 따른 신호를 발생하는 것만큼 간단히 주어질 수 있다. 또한 전체 시스템이 긴 과정을 통해서 모든 신호가 포함된 실제적인 신호 환경이 주어지는 것 같이 복잡해질 수도 있다. 또한 그러한 환경은 미리 설정되거나 제어에 대한 운영자-선택 순서(sequence) 및 시험되어지는 시스템에 따라 변경될 수 있다. 훈련자에게 기술을 전수하는 것보다 오히려 장비들이 어떻게 잘 동작되는지를 나타내는 목적을 갖는 점이 훈련용 시뮬레이션과는 다르다.

1.5 전자적 관점

시뮬레이션에서 중요한 개념은 주어진 관점(point of view)이다. 시뮬레이션의 계획자(planner)와 설계자(designer)가 전체 상황을 알고 있다고 하더라도, 시뮬레이션은 반드시 영향을 받게 되는 장비나 훈련생들이 주어진 상황에서 어떠한 경험을 할 것인지를 표현하여야 한다. 이러한 사항들은 사용되는 센서와 동작 모드에 따라 달라진다.(그림 1.3 참조)

예를 들면, 수신기는 입력 커넥터(conector)를 통해서 세상을 관찰한다. 수신기는 방사기가 어디에 위치하는지 또는 어떠한 모드가 주어지는 상관하지 않는다(즉, 수신기는 오직 수신기 안테나의 출력에만 영향을 받는다). 만일 수신기가 방사기와는 다른 방향으로 주어진 안테나에 연결되어 있다면 수신기는 방사기가 작동중인지를 알지 못한다. 마찬가지로, 만일 운영자가 방사기로부터의 나오는 신호 주파수에 수신기를 동조시키지 못한다면, 운영자는 방사기의 존재를 알 수 없다.

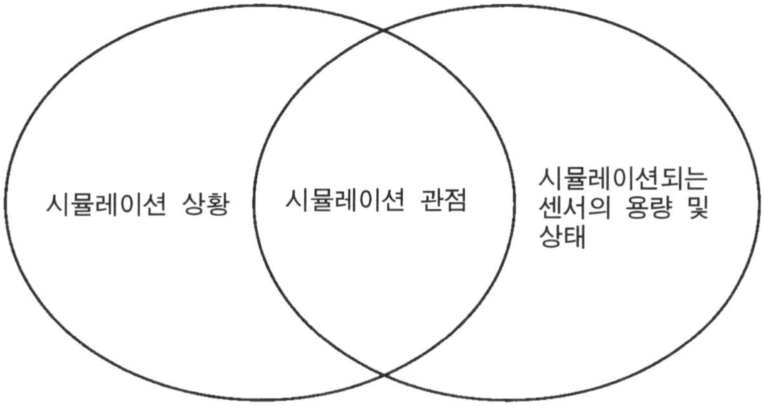

그림 1.3 시뮬레이션의 관점

1.6 전자전시뮬레이션에서 신뢰성

신뢰성은 EW 시뮬레이터의 설계나 선택시 중요한 고려요인이다. 모델과 데이터에 대한 신뢰성이 시스템에 주어지면 운영자는 그러한 신뢰성을 만족시키기 위해 적절하게 대처해야 한다. 훈련용 시뮬레이션에서, 신뢰성은 운영자가 시뮬레이션 자체에 의해서 유발되는 어떠한 부정확성도 인식하지 못할 만큼(또는 적어도 훈련 목적들을 혼란시키는 왜곡을 피하기 위해) 적절하게 주어져야한다. T&E 시뮬레이션에서 신뢰성 정도는 반드시 시험이 되는 장비의 지각 기준치(perception threshold)보다 더 나은 신호 정확성이 제공되도록 해야 한다. 이러한 문제는 이후의 장에서 자세히 논의된다. 그림 1.4에서와 같이 시뮬레이션 비용은 일반적으로 제공되는 신뢰성의 기능에 따라 지수 함수적으로 증가한다. 그림에서 곡선은 훈련생이나 시험되는 장비의 지각 수준이 한번 도달하면 신뢰도의 수치는 증가하지 않는다는 사실을 설명하며 비용 대 신뢰도의 차단(cutoff) 값을 나타낸다. 어떤 추가적인 신뢰도를 얻기 위해서는 비용이 추가되거나 장비의 복잡성(일반적으로 신뢰성이 줄어들거나 유지를 위한 요구사항이 증가하게 되는)이 증가된다. 그러나, 차단값이 그림과 같이 날카로운 모습으로 항상 주어지는 것은 아니며 시험되는 장비의 설계와 시뮬레이터의 많은 요소들에 대한 판단과 고려가 요구된다.

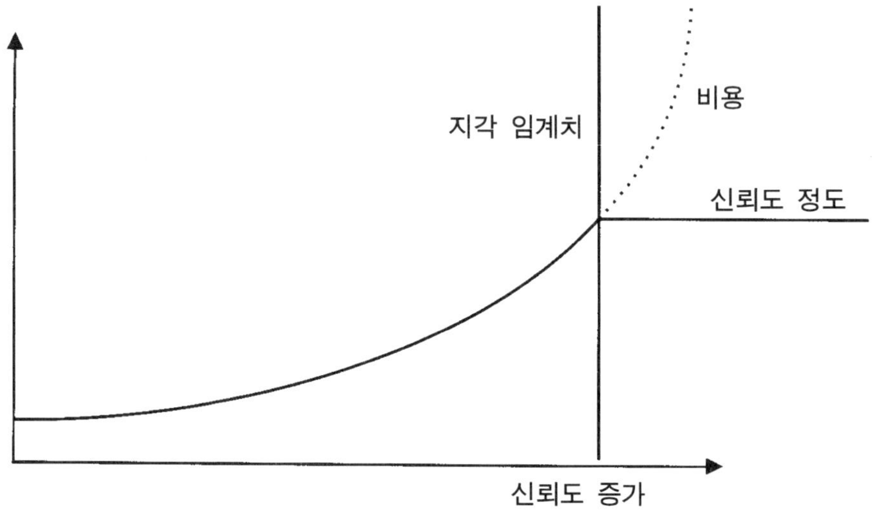

그림 1.4 시뮬레이션의 비용과 신뢰도

또한 비용은 책임이 주어지는 운영자의 행위의 양에 따라서 지수적으로 증가된다. 예를 들면, 운영자의 추측이 주어지는 판단보다는 레이더에 의한 예측 가능한 기계적인 행위를 하는 것이 일반적으로 훨씬 더 간단하게 주어진다.

요구되는 신뢰성에 대한 특별한 사항들에 대해서는 모델링, 훈련용 시뮬레이션, 그리고 T&E 용 시뮬레이션을 논하는 장에서 자세히 다룬다.

1.7 전술 전체도(Big Picture)

EW 모델링과 시뮬레이션은 모델화 되거나 시뮬레이션 되어야하는 군사적인 상황과 더불어 시작된다. 그림 1.5에서와 같이, 일반적으로 어떠한 일들이 발생되는가를 나타내는 전체적인 그림에서는 적의 무기시스템도 포함된다. 이러한 무기들의 배치와 사용에 관련된 전자적 신호들이 있다. 그러한 신호에는 통신과 레이더 송신기에 의해서 발생되는 것들도 포함된다. 이러한 모든 신호들의 조합으로써 위협 신호 환경이 형성된다.

무기들이 이동함에 따라 무기 플랫폼에 탑재된 송신기 또한 이동된다. 관련된 송신기로부터의 신호들은 무기 이동에 반응하여(혹은 준비하기 위하여) 변해질 수 있다. 결국, (적 무기에 의해 표적이 되는)아군 시설물들의 위치와 이동에 의해서 적 무기들이 이동되거나 동작모드가 변경된다. 또한 아군 시설물로부터의 신호 전송도 주어진다. 이러한 상호작용에 대한 모델은 관측자의 관점(예를 들면, 아군의 수신기나 운영자의 관점)에서 주어지기 때문에 관측자의 위치는 아군이나 적군의 시설물들의 이동에 따라 변해질 수 있다.

적의 상황과 아군의 신호전송이 같이 고려되어 전술적인 상황이 이루어진다. 아군의 EW 시스템과 관련된 수신기들은 적의 무기와 시스템들에 대한 필요한 정보를 얻어내기 위하여 적의 신호들을 수집, 분석하고 또한 다른 신호 환경에 있는 신호들을 취급한다.

그림 1.5에서, 아군 센서들이 무선 주파수의 수신기 뿐만 아니라 레이더, 적외선, 그리고 전자-광학 센서들을 포함하는 다양한 형태의 센서들을 탐지하기 위해 전술적인 상황을 관찰하는 것을 나타낸다. 이러한 센서들의 출력은 처리되어 보통 운영자들에 의해 평가 및 분석된다. 또한 전술적인 상황에서 위협들을 인지하는 자동응답들도 있다.

전술적인 상황과 자동 및 수동으로 주어지는 EW 응답의 결과에 따라서 출력행동이 주어진다. 이러한 출력행동들은 적군에 의한 아군 시스템의 파괴, 적군 무기의 무력화, 또는 적군 무기들의 파괴행동으로 주어질 수 있다.

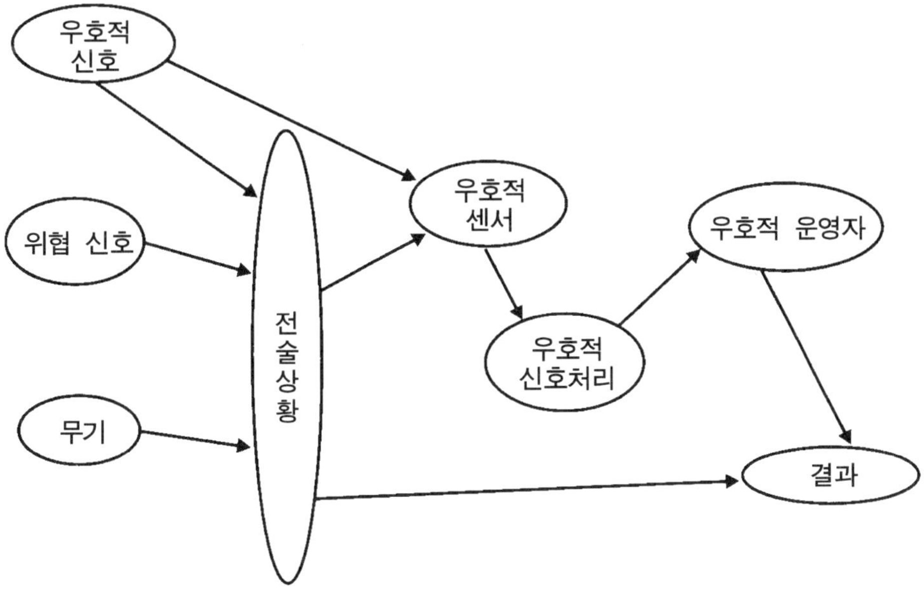

그림 1.5 전술적인 전체도

EW 모델링과 시뮬레이션에 관련된 전체 그림은 다음과 같다.

● EW 모델에서는 상대방 행동에 대해 적군이나 아군장비 모두에게 요구되는 일련의

반응 시스템에 따라 놓여있는 적군과 우군장비들이 포함된다. 그 다음으로, 모델은 다른 조건에서 EW 전술과 EW 장비들을 사용하여 실행된다.

- EW 시뮬레이션은 센서 운영자의 제어행위를 감지하여 전술적인 상황에 있는 그러한 행위들을 반영하면서 아군 운영자에 주어지는 표시내용들을 발생하기 위해 실행된다. 결국 이러한 것들은 운영자의 표시장치에 나타내어진다. 또한 시뮬레이션은 운영자 행동에 대한 영향들을 나타내기 위해 실행된다. 물론, 이러한 시뮬레이션의 목적은 운영자의 기술을 훈련하고 평가하는 것이다.

- EW 시뮬레이션은 전술적 환경의 함수로 주어지는 아군의 센서 입력 신호들을 에뮬레이션 할 수 있다. 그 다음으로 다양한 적군의 행동에 대해서 센서들이 어떻게 잘 수행되고 예측되어질 수 있는지를 알아보기 위해 센서나 신호 처리기가 수동 및 자동으로 평가될 수 있다.

- 위협 시나리오들은 어떤 아군의 센서에 의해서 보여 지는 것과 같은 위협신호들을 나타내는 일련의 상호작용들로 구성된다.

- 시뮬레이션의 수동지속유도(man-in-the-loop)의 특징이 포함된다. 즉, 더욱 현실적으로 운영자를 훈련시키거나 장비를 시험하기 위해서 사람은 시뮬레이션속에서 아군이나 적군의 운영자로 주어질 수 있다.

1.8 장비수명주기 대 시뮬레이션

모델링과 시뮬레이션은 전체수명주기에 대해서 EW 시스템 개발, 제조, 그리고 전술적인 사용의 많은 측면에서 중요한 역할을 한다. 초기 컴퓨터 모델링은 요구사항들과 개념개발에 도움을 주었으며 또한, 타협적인 분석 연구에 도움을 주었다. 개발 단계 동안 모듈(module), 유니트(unit), 서브시스템, 그리고 전체 시스템속으로 신호를 주입함으로써 동작 성능이 예측되었다. 초기의 실제적인 시뮬레이션은 전체 개발 비용에 큰 영향을 주었다. 동작 평가가 이루어지는 동안에, 고전력 방사 시뮬레이터에 의해 전체 동작 시간 동안에 일어날 수 있는 실제적 환경에서 시스템 성능에 대한 실제적인 평가가 이루어졌다. 운영자-인터페이스 시뮬레이션은 EW 시스템의 동작에 대한 운영자 훈련에 매우 유용하다.

PART 2

EW 개요

EW은 아군을 위해서는 전자기 스펙트럼 사용이 허용되게 하고 반면에 적군에게는 전자기 스펙트럼을 사용하지 못하게 하는 기술(art)이고 과학(science)이다. 적 무기의 효율성을 없애거나 줄임으로써 아군의 피해를 감소시키기 때문에 EW은 아주 중요한 군사력 증배기(multiplier) 역할을 한다.

그림 2.1에서와 같이 EW은 보통 세 가지 영역으로 구분된다. 전자지원(Eelectronic Support: ES)은 위협 방사기를 확인하고 위치를 파악해서 적 군사력의 구조와 배치에 대한 정보를 얻기 위해 적의 신호를 수신하는 것이다. 전자공격(Eelectronic Attack: EA)은 적의 전자적 시설물(assets)들을 파괴시키기 위한 수단들을 포함한다. 이러한 것에는 재밍, 채프와 플레어, 고에너지 빔무기(directed energy weapons), 그리고 대방사(anti-radiation) 미사일 등이 있다. 전자보호(Eelectronic Protection : EP)는 적의 전자적 공격에 대한 대응책(countermeasures)을 구성한다. 이러한 영역에서는 레이더, 통신, 적외선, 그리고 레이저 동작 주파수를 지원한다.

이 장에서는 EW의 모든 측면과 관련되는 신호, 장비, 배치(deployment) 및 전술들을 다룬다. EW 모델링과 시뮬레이션은 이후의 장에서 다루어지므로 여기서는 EW를 자세히 언급하지 않고 모델링과 시뮬레이션에서 중요한 것들에 대해 일차적으로 중점을 둔다. 좀 더 깊은 연구를 하고자하는 독자들에게 다음 문헌들을 추천하고자 한다.

- David Adamy. EW101: *A First Course in Electronic Warfare*. Norwood, MA:Artech House, 2001(www.artechhouse.com);
- David B. Hoisington. *Eletronic Earfare*. Monterey, CA: Naval Postgraduate School, 1980(available from Lynx Publishing a www.lynxpub.com);
- D. Curtis Schleher. *Introduction to Electronic Warfare*. Norwood, MA:Artech House, 1986;
- D. Curtis Schleher. *Electronic Warfare in the Information Age*. Norwood, MA: Artech House, 1999;
- Filippo Neri. *Introduction to Electronic Defense System, Second Edition*, Norwood, MA:Artech House, 2001.

지금부터 EW와 세 가지의 주요 분야에 관련된 신호에 대해 논의를 하기로 한다.

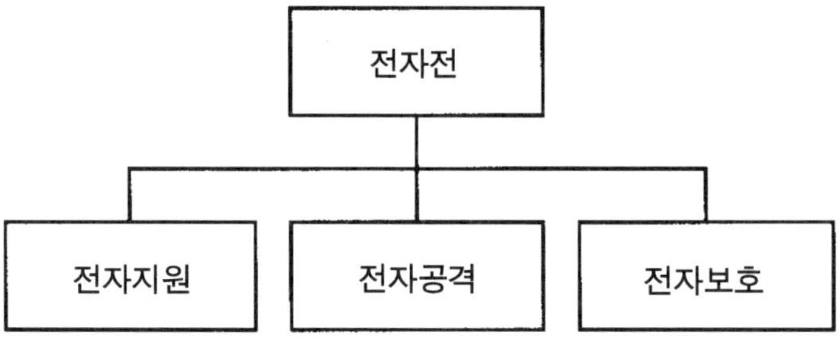

그림 2.1 EW의 구성

2.1 레이더

레이더는 항공기와 함정을 탐지하고 추적해서 공격을 하기 위해 개발되었다. 현재, 평화와 전쟁 목적을 위해 다양한 레이더들이 광범위하게 사용되고 있다. 예를 들면, 레이더는 항공-교통 통제를 위해 항공기를 추적하고, 기상상태를 알아내며, 지상에 대한 지도를 만들고, 함정이나 지상 이동체를 추적하며, 그리고 움직이는 사람들도 탐지한다.

2.1.1 기본적인 레이더 기능

레이더는 송신기와 수신기로 구성되어 있다. 송신신호가 어떠한 물체에 의해 반사되고 반사된 신호는 수신되어 처리된다. 송신기와 수신기는 보통 (반드시는 아니지만) 같은 곳에 위치하며 안테나를 공유한다. 그림 2.2는 간단한 레이더의 기능을 나타낸다.

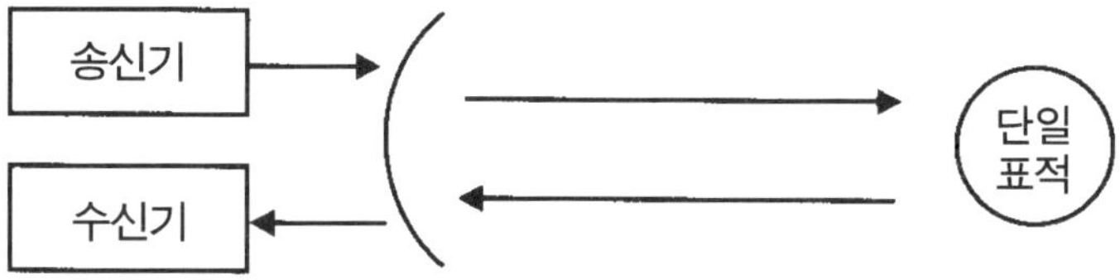

그림 2.2 간단한 레이더 블록 선도

송신기(XMTR)는 수신기와 공통적으로 사용하는 안테나(파라볼라 안테나가 가장 많이 사용)로 신호를 전송한다. 안테나는 단일 표적(TGT)에만 빔이 투사되도록 하기 위해서 대부분의 전송된 신호가 좁은 각도상의 영역에만 투사되도록 높은 방향성이 주어진다. 5.1절에서는 다양한 형태의 안테나와 특성들이 논의된다. 수신기(PCVR)는 송신기와 같은 안테나를 사용하기 때문에, 투시된 표적으로부터의 반사신호를 주빔을 통해 수신한다. 표적을 향하는 안테나의 방위각과 고각이 알려지면, 표적의 위치가 쉽게 결정될 수 있다.

표적까지의 거리는 신호의 전송 시간과 표적으로부터 반사된 신호의 포착사이의 시간을 측정함으로써 결정된다. 신호는 빛 속도로 이동하므로 왕복 전파시간에 의해 표적까지 거리가 매우 정확히 측정될 수 있다. 표적까지 거리를 나타내는 식은 다음과 같다.

$$d = ct \ / \ 2$$

여기서, d =표적까지의 거리(m);

c = 빛의 속도(3×10^8 m/s);

t = 왕복시간(sec).

표적까지 거리를 측정하는 다른 방법은 전자파가 1 ns 동안에 1 feet(1/3m) 진행한다는 사실을 이용하는 것이다. 레이더는 표적까지의 왕복시간(round-trip time)을 다루므로 거리는 되돌아온 신호의 지연시간(ns)에 대해서 1/2 feet를 곱하면 된다.

만일 표적의 위치가 탐지되지 않으면, 표적이 존재하는 것으로 예상되는 각도상의 공간으로 레이더 빔이 회전하게 된다. 안테나의 이러한 운동을 안테나 주사(antenna scan)라고 한다. 안테나는 레이더의 임무에 따라 연속적으로 주사되거나 표적에 대해 빔을 고정시킬 수 있다. 일반적으로 EW 수신기는 레이더의 형태나 동작 모드를 분류하고 이러한 주사방식을 분석한다. EW 수신기에 주어지는 많은 형태의 주사방식들은 5장에서 논의된다.

또한 많은 레이더들은 표적까지의 거리 비율을 측정한다. 송신과 수신신호의 주파수 차이(도플러 편이)가 측정되면 거리(혹은 레이더 방향으로 상대적인 표적 속도성분) 변화율이 결정된다. 도플러 편이 공식(이러한 형태의 레이더에 대한)은 다음과 같다.

$$\Delta d/\Delta t = \frac{1}{2}c(\Delta F/F)$$

여기서, $\Delta d/\Delta t$ =표적까지 거리 변화비;
c = 빛의 속도;
ΔF = 주파수 차이;
F = 송신 주파수.

1/2 값은 신호가 왕복 경로를 가지기 때문이며 송신신호 경로에 대한 도플러 편이와 반사된 신호 경로에 대한 도플러 편이는 다르게 주어진다. 표적에 위치한 수신기는 오직 단일 도플러 편이에 의해서만 영향을 받음을 주지해야 한다.

레이더에서는 모노스태틱(monostatic)이나 바이스태틱(bistatic) 방식이 될 수 있다. 모노스태틱 레이더는 송신기와 수신기가 같은 위치에 주어지는 방식이다. 바이스태틱에서는 송신기와 수신기가 다른 위치에 있다. 특별한 언급이 없다면 모노스태틱 레이더 구조라고 가정한다. 그러나 앞으로 논의하고자 하는 바이스태틱 레이더의 여러 가지 중요한 응용분야들이 있다.

2.1.2 레이더 변조

펄스, 연속파, 그리고 펄스 도플러의 세 가지 기본 형태의 레이더 변조 방식이 있다.

펄스 레이더

레이더 변조의 가장 일반적인 형태는 펄스 열(stream of pulses) 형태이다. 펄스는 그림 2.3에서와 같이 짧은 시간동안 전송이 된다. 펄스의 지속시간(펄스폭)은 보통 $1\mu s$ ~ 수μs 의 값을 갖는다. 펄스 사이의 간격(펄스반복 구간:PRI)은 보통 $1ms$ ~ 수ms

의 시간을 갖는다. PRI의 역수는 펄스 반복 주파수(PRF)가 된다. 펄스 변조는 다음과 같이 여러 가지의 장점을 갖는다.

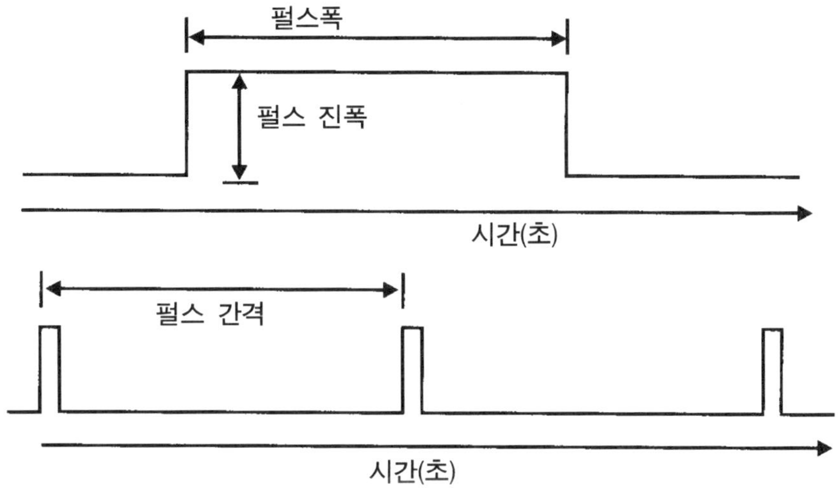

그림 2.3 펄스-변조 매개변수

- 펄스들은 아주 짧게 주어지기 때문에 송신과 수신사이의 시간은 쉽게 측정될 수 있다.
- 높은 송신 전력과 수신된 매우 낮은 전력의 반사 신호가 시간적으로 분리되어지기 때문에 송신기와 수신기에 의한 단일 안테나 공유는 간단하게 주어진다.
- 레이더 송신기로 공급되는 평균전력은 피크 전력보다 더 훨씬 더 작으므로 전송관이나 전력공급 장치들이 더 작고 가볍게 만들어질 수 있다.

그림 2.4에서와 같이, 실제의 펄스 전송은 펄스 구간 동안에만 동작되는 RF신호로 이루어진다. 비디오 펄스(그림 2.3)들은 RF 펄스들을 발생시키는 펄스 송신기를 변조하는데 사용되는 신호들이다. 이러한 신호는 또한 펄스가 탐지될 때 수신기의 신호출력이 된다.

그림 2.5는 펄스 레이더의 블록선도를 나타낸다. 송신기와 수신기가 안테나를 공유하고 있다. 펄스가 짧은 듀티 사이클(duty cycle)을 갖기 때문에 듀플렉스(duplexer)는 대부분의 시간동안에 안테나가 수신기에 연결되게 한다. 송신기의 전력은 보통 수신기에 나쁜 영향을 미칠 만큼 강하기 때문에 듀플렉스는 송신펄스가 전송되는 동안에 수신기

가 보호되도록 충분한 절연성(isolation)이 주어져야 한다.

변조기는 펄스동안에 송신기를 동작시킨다. 수신기에 의해 신호가 수신되어 펄스들이 복조된다. 표시와 제어는 운영자부터 명령을 받아서 표적 위치를 여러 형태의 화면상에 나타낸다. 이러한 위치정보들은 또한 미사일과 같은 것을 제어하는데 사용될 수 있다. 신호 처리기들은 반사된 펄스들의 왕복 지연시간을 결정해서 안테나 방향을 제어하고 표적 정보의 표시나 채널변환(handoff)을 위한 데이터들을 준비한다.

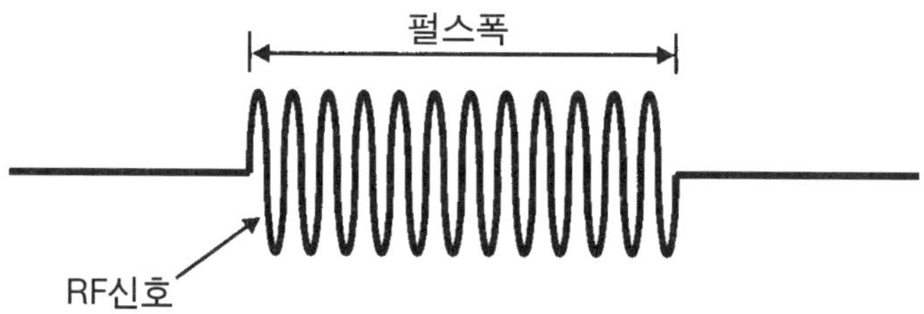

그림 2.4 송신된 펄스신호

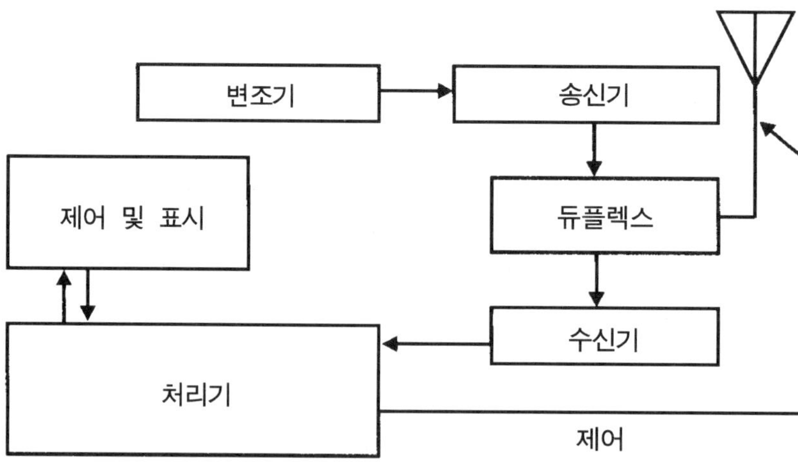

그림 2.5 펄스 레이더의 블록선도

연속파 레이더

연속파(CW) 레이더는 송신기가 100%의 듀티 사이클을 갖기 때문에 그림 2.6에서와 같이 두개의 안테나를 필요로 한다. 두 안테나 사이의 거리는 반드시 송신기가 수신기를 포화시키지 않을 만큼 충분히 멀어야 한다. CW 레이더는 도플러 편이를 적용하여 표적의 상대적인 속도를 구하기 위해서 송신과 수신 신호의 주파수를 비교한다. 이러한 것은 하향탐색 하향공격(look-down-shoot-down) 능력을 갖는 항공기 탑재레이더에서 지상 반사 신호로부터 표적 반사 신호들을 분리시키는데 유용하게 사용된다.

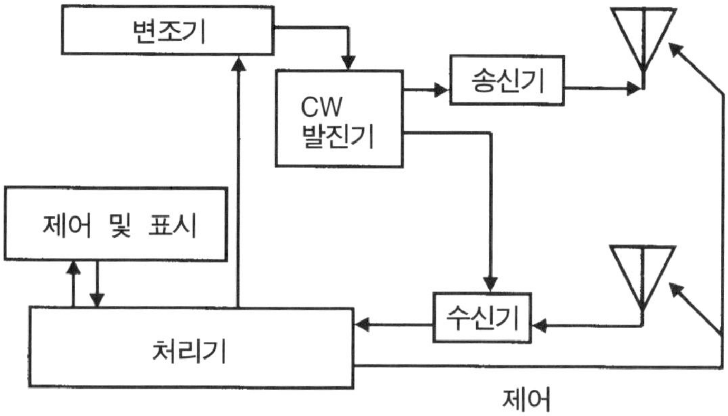

그림 2.6 CW 레이더의 블록선도

그림 2.7에서 보여진 것과 같은 주파수 변조 파형은 표적의 상대적인 속도뿐만 아니라 표적까지의 거리를 알게 한다. 파형에서 선형적으로 증가하는 부분에 의해 주파수변화에 대한 시간비율이 주어지므로 송신과 수신신호의 주파수 차이는 도플러 편이와 표적까지의 왕복거리 모두의 함수로 주어진다. 도플러 편이는 거리성분은 분리시키고 속도정보는 제공하기 위하여 파형의 평편한 부분 동안에 결정된다.

펄스 도플러 레이더

레이더의 다른 형태는 위의 모든 형태의 특징들을 혼합한 펄스 도플러 레이더이다. 펄스 도플러 레이더에서 사용된 펄스들이 간섭적(coherent)이라는 점에서 표준적인 펄스 레이더와는 다르다. 이것은 송신된 펄스들이 같은 신호로 연속적으로 주어지고 위상이 일치된다는 것을 의미한다. 그러므로, 수신기가 민감하게 수신할 수 있는 장점을 갖도록 하는 반사된 펄스들을 레이더가 간섭적으로 탐지할 수 있다. 높은 PRF를 갖는 펄스 도플러 레이더들은 매우 높은 펄스 반복 주파수와 높은 듀티 사이클(30%~ 50%)을 갖는 특징이 있다.

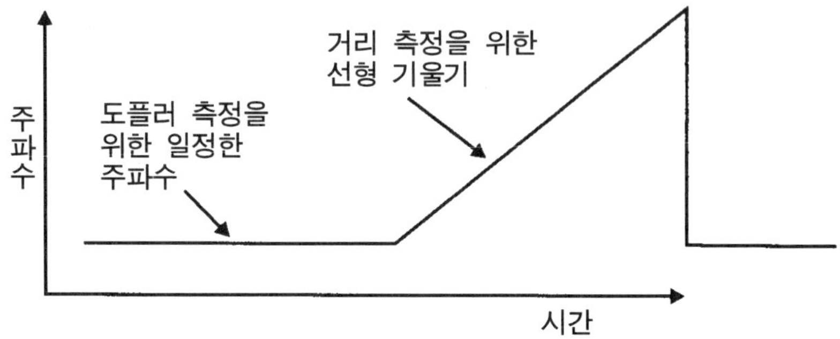

그림 2.7 CW 레이더에 사용되는 파형 변조

그림 2.8은 펄스 도플러 레이더의 블록선도이다. CW 발생기의 샘플된 신호들이 수신되어 간섭적인 탐지가 이루어진다. 듀플렉스는 송신과 수신을 위한 단일 안테나 사용이 가능하게 해준다.

2.1.3 레이더 단면적

표적으로부터 레이더 수신기로 반사되는 에너지의 양은 표적의 레이더 단면적(RCS)에 영향을 받는다. 레이더 방정식에서, RCS는 보통 기호 σ로 표현된다. RCS는 일반적으로 모노스태틱 레이더에서 정의되지만, 바이스태틱 레이더 경우에는 바이스태틱 RCS로 주어진다. RCS는 표적의 기하학적인 단면적, 반사계수 그리고 방향성(directivity)의 함수로 주어진다.

기하학적인 단면적은 레이더 관점에서 보여지는 표적의 크기이다. 반사율은 표적으로 투시되는 전력에 대한 표적으로부터 반사되는 전력의 비율이다. 전력의 나머지 부분들은 표적에 흡수된다. 방향성은 전체 전력이 모든 방향으로 동일하게 산란될 때 반사되어지는 전력 양에 대해 레이더 수신기 방향으로 산란되는 전력의 비율이다. 모노스태틱 레이더이라면, 레이더 송신기(혹은 수신기 위치)를 향해 되돌아서 산란되는 전력이 된다. 만일 바이스태틱 레이더라면, 송신기 위치로부터 수신기 위치를 향해 산란되는 에너지가 된다.

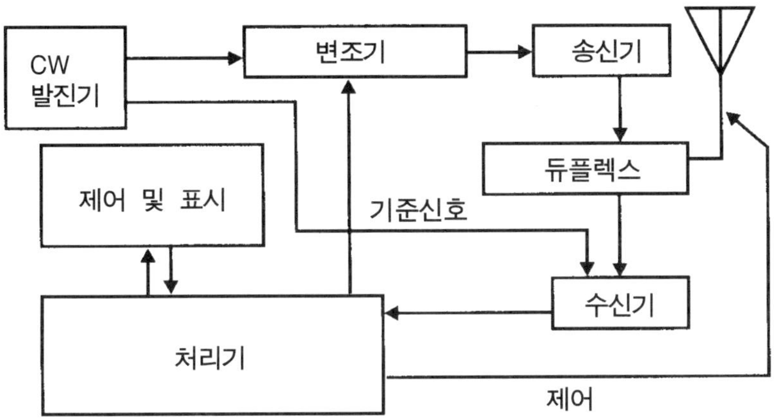

그림 2.8 펄스 도플러 레이더의 블록선도

표적에 대한 RCS는 일반적으로 표적 주위의 방위각 함수로 주어진다. 그림 2.9는 전형적인 전술 항공기의 방위각에 대한 RCS를 보여준다. 이러한 것이 레이더 주파수에 대한 RCS가 되며 레이더는 항공기의 한쪽 방향에 있다고 가정한다. dBm 단위는 3장에서 정의된다. 전술 항공기에 대한 RCS 패턴은 여러 주파수로 주어진다. RCS 그림들은 보통 레이더 탐지에 대한 항공기의 취약성을 나타내기 때문에 비밀로 취급되지만, 어떠한 허가가 주어지는 범위내에서 구해질 수 있다. RCS 형태는 항공기의 모양에 의해서 영향을 받는다. 레이더에 의해 앞과 뒤쪽으로부터 엔진이 투시될 수 있다. 높은 레이더 주파수에서 엔진부분은 상당한 양의 에너지를 반사한다. 항공기의 옆면으로부터 주어지는 레이더 신호는 동체의 단면적과 날개와 동체사이의 각에서 상당히 많이 반사된다. 이러한 모든 효과는 RCS 감소 기법이 적용되어 제작된 현대적인 항공기에서는 감소된다.

함정에 대한 RCS도 같은 내용으로 설명될 수 있다. 그림 2.10은 오래된 구축함에 대한 RCS를 나타낸다. 이것은 어떠한 단일 레이더 주파수에 대한 그림이며 고각 방향에서 RCS가 최대가 되는 수면위에 레이더가 위치한다고 가정한 것이다. 뱃머리(bow)로부터 90도인 위치에서 매우 높은 RCS 값을 나타내며 선수(fore)와 선미(aft)에서는 그보다 작은 피크 값을 나타낸다. 함정을 둘러싼 다른 각도에서의 RCS는 함정의 개별적인 반사형태에 따라서 다르게 주어진다. RCS 감소를 위해 설계된 현대 함정들은 아주 낮은 반사를 가지지만, 큰 함정들은 여전히 상당히 높은 RCS를 갖는다.

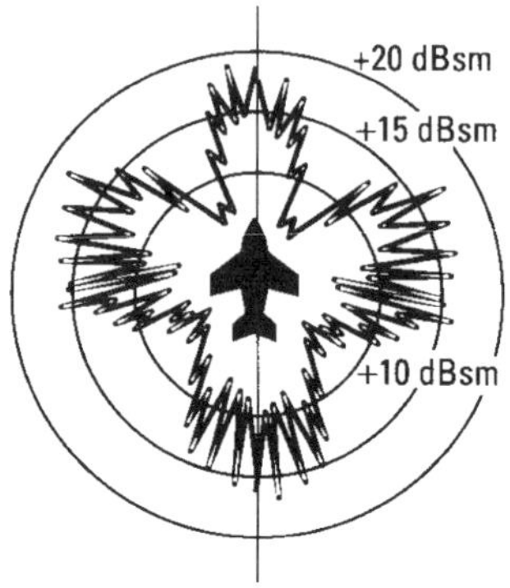

그림 2.9 전형적인 전술 항공기의 RCS

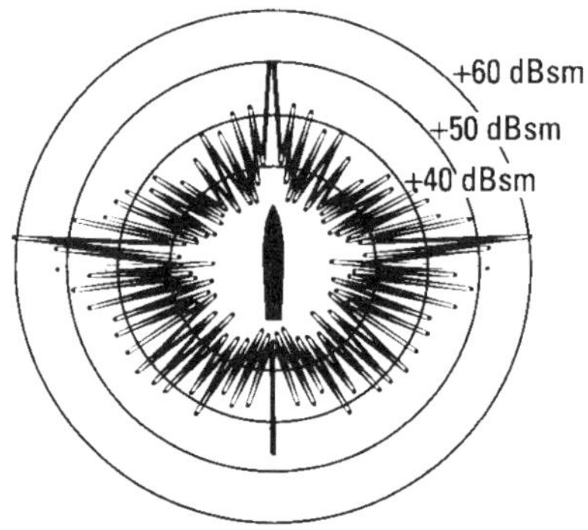

그림 2.10 전형적인 함정의 RCS

2.1.4 레이더 성능

레이더의 성능은 4장에서 자세히 언급하겠지만 아래의 여러 가지 중요한 방정식으로 표현된다.

- 레이더의 거리 방정식은 레이더 수신기에 의해서 수신된 신호레벨을 송신기의 전력, 안테나 이득, 표적까지의 거리, 동작주파수, 그리고 표적의 RCS 함수로 주어진다.
- 레이더의 탐지거리는 레이더가 주어진 RCS에서 표적까지의 거리와 각도를 측정하기 위하여 수신기에서 충분한 신호를 획득할 수 있는 거리이다. 이러한 것은 레이더 거리 방정식으로부터 구해진다.
- 레이더의 탐지가능 거리는 수신기가 레이더 신호를 탐지할 수 있는 거리이다. 이것

은 반드시 수신기에 대한 성능 설명서(performance specification)에서 항목으로 정의되어져야 한다.

레이더의 분해능 셀(resolution cell)은 표적이 단일 표적인지 혹은 다중 표적인지 구별되지 않는 내부 영역이 된다. 그림 2.11은 전형적인 레이더 분해능 셀을 2차원으로 나타낸다. 셀의 폭은 안테나의 빔폭이 되고, 셀의 깊이는 레이더 펄스 지속시간의 1/2이 되는데 두 가지 모두 거리 단위로 주어진다.

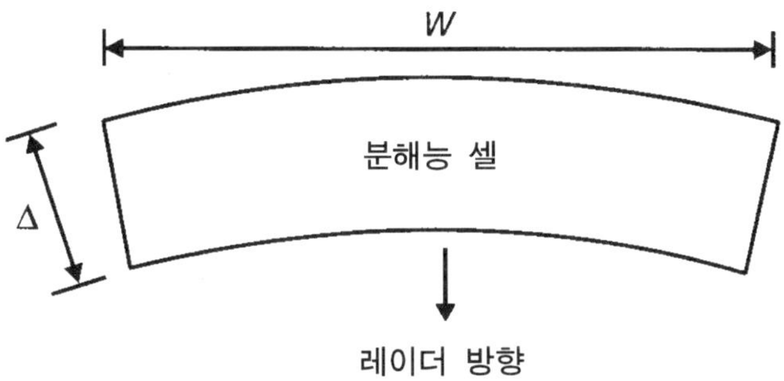

그림 2.11 레이더의 분해능 셀

분해능 셀의 폭(w)에 대한 방정식은 다음과 같다.

$$w = 2\ sin(0.5\,\text{빔폭}) \times \text{레이더에서 표적까지 거리}$$

분해능 셀의 깊이(Δ)에 대한 방정식은

$$\Delta = 0.5\ \text{펄스폭} \times \text{빛의속도}$$

이다. 레이더와 표적사이의 거리가 작아짐에 따라, 분해능 셀의 폭은 감소되지만, 거리 분해능은 그대로 유지된다.

모호하지 않는 최소 및 최대 거리(Minimum and Maximum Unambiguous Range)

최소거리는 펄스폭에 의해서 결정된다. 기본적으로, 펄스는 리딩에지(leading edge)가 최소거리의 표적으로부터 반사되어 수신기로 되돌아오기 전에 반드시 끝나야한다.

모호하지 않는 레이더의 최대 거리는 펄스 반복 구간에 의해서 결정된다. 모호성

(ambiguity)을 피하기 위해서는 최대 거리에 있는 표적으로부터 되돌아 오는 펄스 반사가 반드시 두 번째의 펄스가 송신되기 전에 수신되어져야 한다. 그렇지 않으면, 레이더는 펄스 지연시간에 의한 표적까지 실제적인 거리를 알 수 가 없게 된다.

2.1.5 레이더 형태

레이더는 실행되는 임무에 따라서 분류된다. 각각의 레이더들은 EW시스템에 반응하는 방법에 크게 영향을 받으므로 그러한 방법들은 EW 모델링과 시뮬레이션에 영향을 미친다.

탐색 레이더

대공 탐색 레이더(Air Search Radar)는 때때로 조기 경보(early warning)와 지상요격관제(ground control intercept)의 역할 때문에 EW/GCI 레이더로 불려진다. 이러한 레이더들은 일반적으로 매우 긴 탐지거리를 갖는다. 그러한 레이더들은 상대적으로 낮은 주파수와 긴 펄스 지속시간을 갖는다. 어떠한 레이더들은 첩 펄스(chirped pulses)를 갖는데 레이더의 거리 분해능을 개선시킨다. 거리 분해능 또한 펄스가 지속되는 동안에 2진 코드(binary codes)가 사용됨으로써 개선될 수 있다. 탐색 레이더의 안테나는 보통 직경이 커서 상대적으로 좁은 안테나 빔을 제공한다.

탐색 레이더가 표적을 포착하면 레이더는 무기 시스템과 연동된 레이더로 포착된 표적정보를 넘겨주거나 전투기 제어기로 정보를 넘겨준다. 때때로, 특별한 탐지 레이더들은 특별한 무기 시스템과 연동된다. 또한, 단일 레이더는 탐지 및 추적 모드 모두를 가질 수 있다.

추적 레이더

추적 레이더는 충분히 높은 위치 정밀도를 제공하고 무기 시스템이 표적과 교전할 수 있도록 표적의 위치 수정을 자주 한다. 그러므로 미사일을 유도하는 레이더는 실제적으로 끊임없이 수정되는 표적 위치로 미사일을 유도한다. 포(gun)와 연동되는 레이더에서는 표적 위치에서 적절한 폭발 지연시간이 설정되도록 3차원의 추적정보가 요구된다.

추적 레이더는 보통 탐색 레이더보다 더 높은 주파수에서 동작되며 또한 더 짧은 펄스와 더 높은 펄스 반복비율을 갖는다. 지원하는 무기들의 치사거리(lethal range)보다 더 먼 거리에서 동작되도록 설계된다.

전장 정찰 레이더

전장 정찰 레이더는 낮과 밤에도 지상에서 이동하는 차량이나 사람들을 탐지하고 거리를 알아내는 도플러 레이더이다.

합성 개구(Synthetic Aperture) 레이더는 지형을 지도화하는 항공기 탑재 레이더이다. 합성 개구라는 용어는 항공기 이동시간 동안에 데이터들이 혼합된다는 사실에 바탕을 둔다. 이러한 것은 매우 큰 안테나 효과를 갖게 해서 분해능을 높게 한다.

이동표적 지시기(Moving Target Indicators)는 넓은 영역에 대해 이동하는 표적을 탐지하는 도플러 레이더이다. 그러한 레이더들은 레이더 빔 영역을 작은 영역으로 나누어 이동하는 표적을 포함하는 셀을 결정한다.

LPI(Low-Probability-of-Intercept) 레이더는 탐지거리보다 더 작은 탐지가능 거리(detectability range)에 의해서 특징화된다. LPI 레이더에서는 이러한 결과들을 얻기 위해서 복잡한 파형이 사용되고 정교한 매개변수가 적용된다.

2.1.6 미사일 유도 기술

미사일을 표적으로 유도하기 위해서는 지령(command), 능동(active), 반능동(semiactive), 수동(passive), 영상(imaging), 지형추적(terrain following), 그리고 GPS 방식으로 주어지는 일곱 가지 기술들이 사용된다. 각각은 일반적인 응용분야를 가지며 EW 기술에 영향을 받는다. 어떤 미사일 시스템은 표적과의 교전시 각각의 시간 동안에 다른 기술들이 사용될 수 있다.

지령유도(Command Guidance)

지령유도는 지대공 미사일에서는 공통적으로 사용된다. 그림 2.12에서와 같이 레이더는 표적을 추적하고 위치를 예측한다. 유도 지령이 미사일로 보내지는데, 교전하는 동안에 표적 경로에서 순간순간의 변화가 고려된다. 지령유도를 받는 레이더는 모든 정보를 가지게 되며 미사일은 유도되는 곳으로 향하게 된다.

능동 유도

능동적으로 유도되는 미사일은 그림 2.13에서와 같이 완전한 레이더 시스템으로 구성된다. 전형적으로 이러한 형태의 레이더는 표적의 거리내로 다가가는 순간에 레이더를 동작시킨다. 그 다음으로 표적방향으로 미사일을 유도한다. 이러한 것이 대함 미사일 유도방식 중의 가장 일반적인 형태이며 대공미사일 시스템에서도 아주 많이 사용된다.

반능동 유도

반능동 유도 마사일은 자체에는 레이더 수신기만을 가지고 있다(그림 2.14 참조). 송신기는 미사일로부터 멀리 떨어져 있다. 송신기는 투시기(illuminator)가 표적의 같은 위치를 투시하도록 표적을 추적하거나 매우 넓은 송신 안테나 빔을 사용한다. 수신기는 표적 투시기로부터 반사된 신호를 수신해서 미사일을 표적으로 유도한다. 이러한 것은 송신기와 수신기가 분리되어 있기 때문이며 바이스태틱 레이더의 예가 된다. 이러한 시스템은 일반적으로 공대공 미사일에 사용된다.

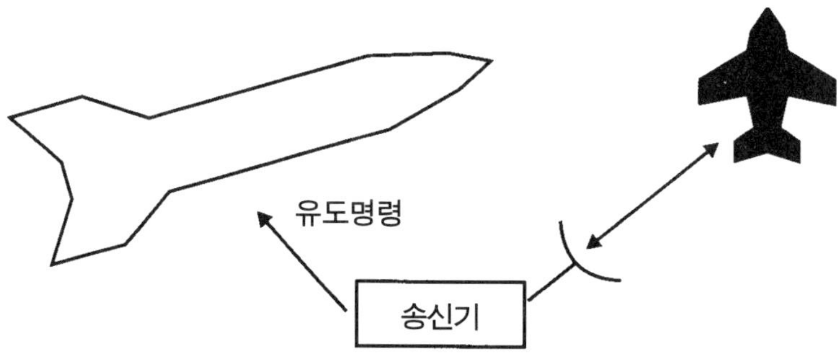

그림 2.12 지령유도

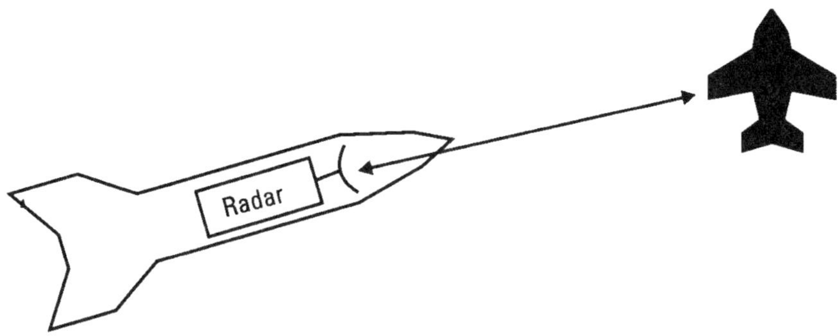

그림 2.13 능동유도

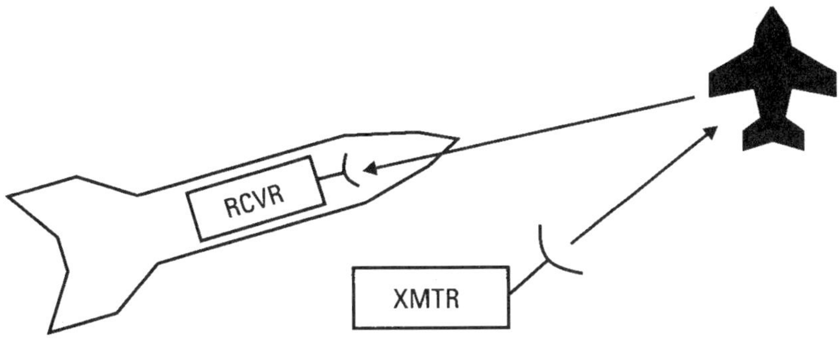

그림 2.14 반능동유도

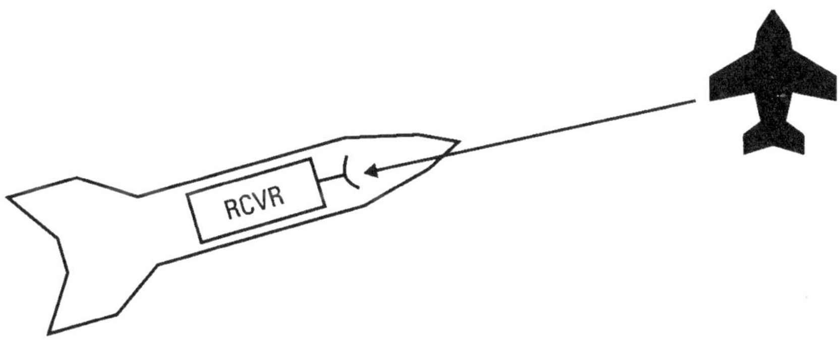

그림 2.15 수동유도

수동 유도

그림 2.15에서와 같이 수동적으로 유도되는 미사일은 표적으로부터 방출된 에너지로 유도된다. 방출되는 에너지는 무선 주파수의 에너지나 적외선 에너지가 될 수 있다. 이러한 유도형태 중의 세 가지 중요한 예는 다음과 같다:

1. *지대공 미사일에서 재밍모드로 자동유도(Home on jam modes in surface-to-air missiles).* 표적이 재머를 사용한다고 만일 적군이 판단한다면 적군의 미사일 유도 방식은 재머 송신기로 자동유도가 되도록 수동모드로 전환된다.
2. *대방사 미사일(Antiradiation missiles).* 특정한 송신기의 변수에 대한 설정이 주어진다면 미사일은 그러한 송신기 위치로 유도된다.
3. *열추적 미사일(Heat-seeking missiles).* 적외선 추적을 하여 열방출원(예를 들면, 제트 항공기의 엔진)을 향해 미사일을 유도한다.

영상 유도(Imaging Guidance)

영상유도 미사일은 표적 영상을 포착하는 영상 센서를 가지며 그림 2.16에서와 같이 센서관점에서 주어지는 영상에서 표적이 중앙으로 오게 함으로써 표적으로 미사일을 유도한다.

지형추적 유도(Terrain-Following Guidance)

프로그램화 되어있는 비행 영역의 지도와 미사일이 비행하는 아래의 영역이 일치되어질 때 미사일이 지형추적 방식으로 유도된다고 한다. 그림 2.17에서와 같이, 이러한 것이 보통 레이더 지도와 관련되어 있지만 또한 어떤 다른 형태의 지형에도 적용될 수 있다.

GPS 유도

만일 표적의 정확한 위도와 경도가 알려진다면, 미사일은 위치를 알려주는 GPS 수신기를 사용하여 그러한 위치로 비행할 수 있다.(그림 2.18 참조)

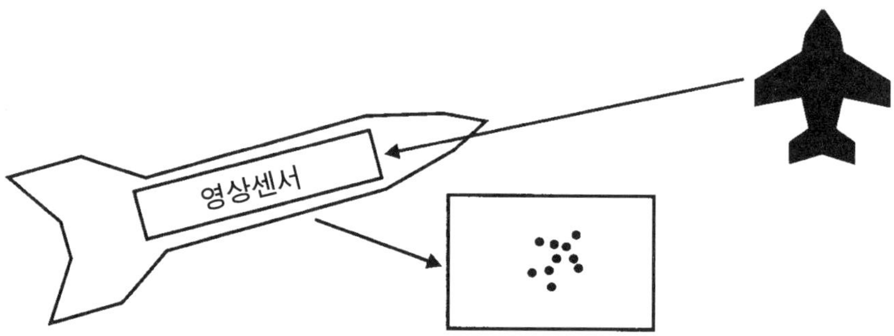

그림 2.16 영상유도

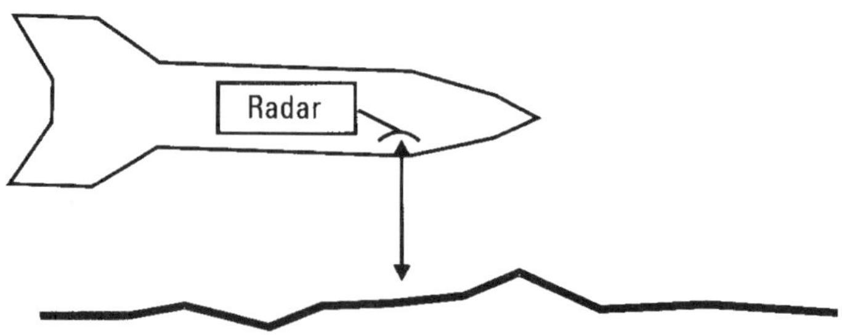

그림 2.17 지형추적유도

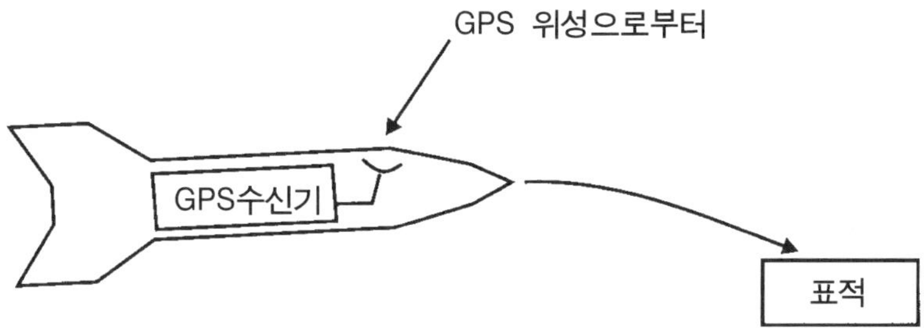

그림 2.18 GPS유도

2.1.7 참고문헌

레이더 분야에 대한 기본적인 지식을 알고 있지 않은 독자들을 위한 레이더 원리와 동작에 대한 적합한 교재는 Geprge W. Stimson, *Introduction to Airborne Radar*(2판, Medham, NJ: SciTech, 1998, http://www.crows.org)가 있다. 또한 Association of Old Crows(www.crows.org)로부터 자료를 구할 수 있다. 레이더에 대해 좀 더 깊은 기술 분야에 대해서는 Merrill Skolnik, *Introduction to Radar System*(New York: McGraw-Hill, 1962)을 참조하라.

2.2 통신

통신신호는 또한 EW중에서 중요한 고려사항이다. 통신신호는 포착 및 재밍될 수 있으며 적군의 전자적 명령(order)을 알아내기 위해 외부 장치들이 분석되어진다. 통신시스템에 전송되는 메시지들은 signal *internals* 이라 불려지며, 반면에 변조, 송신기 위치 등은 *externals* 이라 불려진다.

일반적으로 레이더 신호는 좁은 빔폭을 갖는 안테나로부터 전송되는 반면에, 통신신호는 보통 360도의 방위각을 갖는 무지향성 안테나로부터 전송된다. 또한, 통신신호는 정보를 운반하도록 설계되기 때문에 매우 높은 duty factor를 가지며 연속적인 형태의 변조를 사용하는 경향을 갖는다.

그림 2.19에서와 같이 통신은 단방향 링크(one-way link)를 갖는다. 각 링크들은 송신기, 송신 안테나, 수신 안테나, 수신기, 그리고 각각의 장치들 사이에서 신호로 주어지는 모든 것을 포함한다. 통신 링크의 목적은 송신기에서 수신기로 정보를 보내는 것이다. 단방향 링크의 성능을 예측하는 방정식은 4장에서 다룬다.

2.2.1 전술 통신

EW를 고려할 때 가장 중요한 형태의 통신신호는 군조직과 관련된 전술통신을 지원하는 것이다. 전술적인 무선기기(radio)는 보통 휴대용 소형 무선통신기(즉, 하나의 안테나를 통해 송신하고 수신하는)들이다. 그러한 무선기기들은 그림 2.20에서와 같이 통신망으로 구성된다. 보통 하나의 통신망(net)에 있는 모든 무선기기들은 하나의 주파수에서 동작하므로, 어떤 한 순간에는 통신망에 있는 하나의 기기만이 송신할 수 있다.

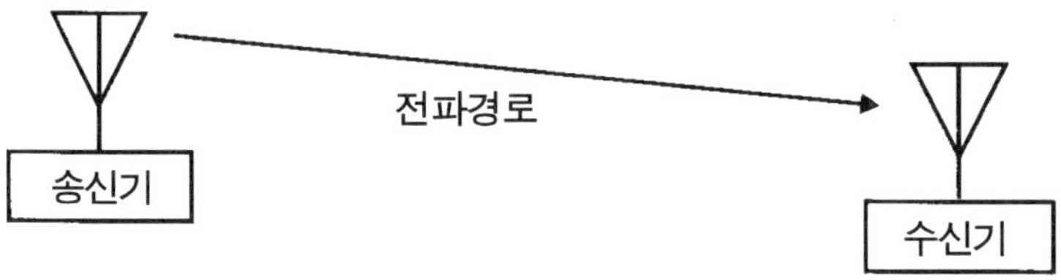

그림 2.19 기본적인 통신링크

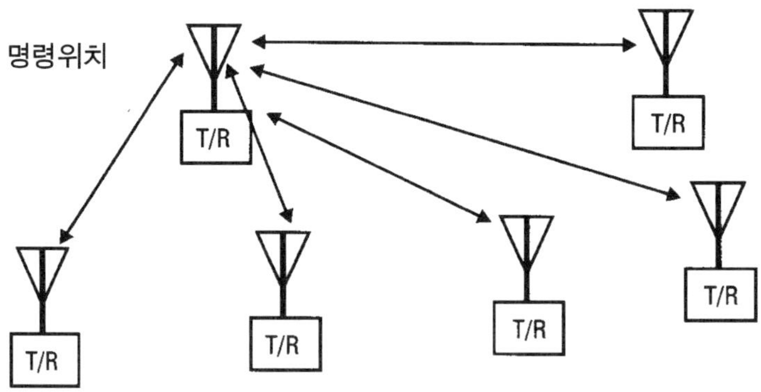

그림 2.20 전술통신망

군 조직에서, 통신은 보통 지휘자로부터 예하부대로 전파된다. 통신망에 연결된 모든 기기들은 서로에게 통화를 할 수 있지만 보통의 경우 통신은 지휘부대의 송신기가 예하부대의 송신기보다 더 자주 더 긴 메시지를 송신하는 형태로 주어진다. 예하조직의 통신기들이 지휘 통신기로부터의 전송에 더 짧은 시간으로 응답을 하는 경향을 가진다.

어떠한 군사상황에서도 많은 무선통신이 요구되므로 많은 주파수 대역이 사용된다. 일반적으로 군사통신 대역에서는 주파수 대역의 5-10%가 어떤 순간에도 사용되고 있다고 가정된다. 그러나, 몇 초 동안에 주파수 대역을 관찰해 보면 이용할 수 있는 각 채널은 일반적으로 포화되어 있다.

전술통신 전송이 이루어지는 시간은 일초와 같이 짧다고 예측한다. 극단적인 통신훈련(discipline)하에서는 명령 메시지에 대한 응답은 key click(1/2초보다도 더 작은)만큼 짧아질 수 있다. 전술통신에서는 공대공, 공대지, 그리고 지대지 통신이 포함되며 각각의 주파수 대역이 할당된다.

2.2.2. 데이터 링크

통신신호의 다른 형태는 데이터 링크이다. 데이터 링크들은 무인 항공기(unmanned aerial vehicles: UAV)와 지상 기지국, 정보를 공유하는 항공기 시스템, 그리고 위성과 지상의 기지국사이에 명령과 데이터 정보를 전송시키는데 사용된다.

데이터 링크들은 그림 2.2.1에서와 같이 실제적으로 다른 이름으로 불려진다. 명령 신호들을 UAV로 보내는 것은 상향 링크(up-link)로 주어진다. 실제의 데이터 링크, 혹은 하향 링크(down-link)들은 UAV의 센서로부터 지상의 기지국으로 데이터(일반적으로 광대역인)를 전송한다. 또한 UAV에 대한 상태정보를 지상의 기지국으로 전송하는 협대역의 원격통신 링크(telemetry link)들이 있다. 다른 형태의 링크는 UAV에 탑재된 센서로부터 지상 기지국의 인가를 부여받은 여러 수신기로 정보를 전송하는 방송링크이다. 군사용 센서를 갖는 위성, 원거리 제어 EW장치들을 운반하는 유인 항공기, 그리고 원거리 제어 지상 EW시스템들은 같은 형태의 링크를 갖는다.

통신 위성(또한 중계기처럼 동작하는 유인이나 무인 항공기)들은 그림 2.22에서와 같이 상향링크와 하향링크를 갖는다. 대부분의 경우에 링크 모두는 같은 정보를 전송한다.

2.2.3 통신대역

군사용 통신은 고주파(HF), 초단파(VHF), 초고주파(UHF), 또는 마이크로파 주파수 범위에서 사용된다. 또한, 더 낮은 주파수 범위와 적외선(IR) 또는 레이저 주파수를 사용하는 통신도 있다(그림 2.23 참조). 이러한 주파수 범위의 각각은 다른 전파 특성을 갖는다.

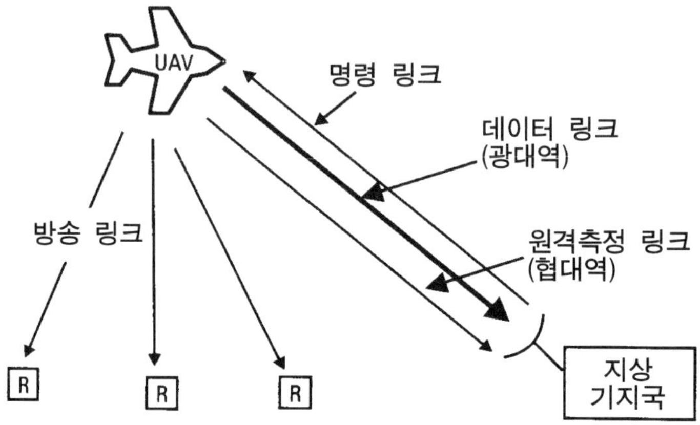

그림 2.21 UAV를 지원하는 링크

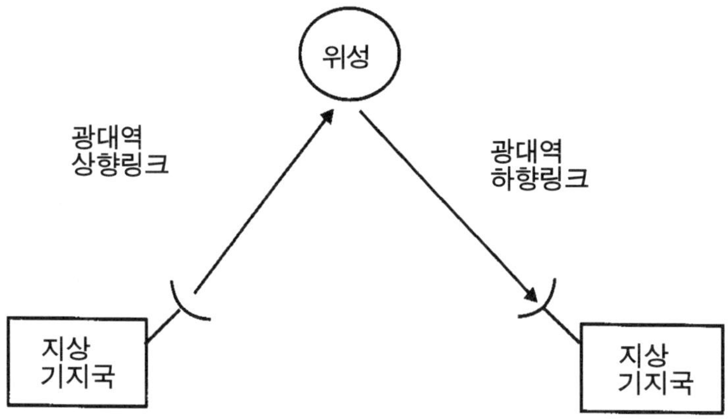

그림 2.22 통신위성 링크

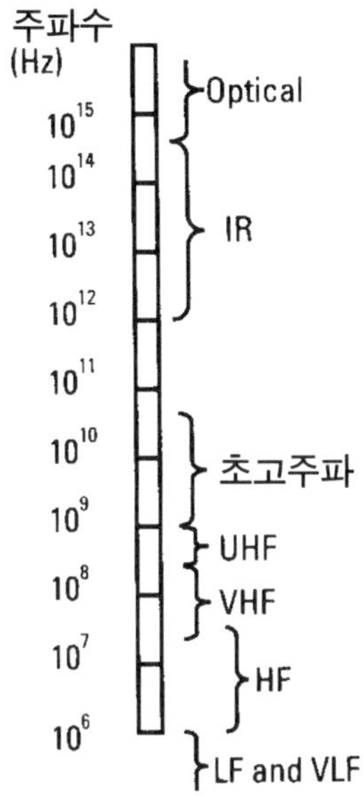

그림 2.23 통신을 위한 주파수 대역

일반적으로, 주파수 대역이 더 높을수록 링크들은 더 많은 정보들을 전송할 수 있다. 또한 주파수가 높을수록, 링크 성능이 비가시선(non-line-of-sight) 상태에 의해서 많이 저하된다.

저주파 대역

초장파(VLF)를 갖는 가장 낮은 주파수 영역에서는 단지 수 Hz의 정보들이 전송될 수 있다. 다른 한편에서는 그러한 초장파들은 지구주위로 전송될 수 있다. 만일 물속의 잠수함과의 통신이 요구된다면 VLF가 바람직한 대역이 된다.

고주파

고주파 대역은 3-30MHz로 주어진다. 이 영역에서는 음성신호를 전송하기위한 채널 대역폭이 충분히 넓고 가시선 확보가 필요하지 않다. HF 신호는 hop영역을 유발하는 전리층(ionosphere)에 의해서 반사되어 전송된다. HF 신호는 또한 가시선 수평너머로도 잘 전파되는 지상파의 전파 특성을 갖는다.

초단파

VHF 영역은 30-300 MHz이지만 VHF에서 동작되는 수신기와 송신기들은 보통 대략

20-250 MHz에서 동작한다. 이러한 주파수 영역은 음성과 비디오 정보를 전송할 수 있다(2-13개로 주어지는 U.S TV 채널은 VHF 영역에서 주어진다). VHF 신호들이 기본적으로 가시선으로 전파되지만 지구의 곡선을 따라서도 전파될 수 있고 주파수와 전송경로의 함수로 주어지는 감쇄가 발생되는 산 능선이 주어져도 전파될 수 있다.

극초단파

UHF 영역이 300-3000 MHz으로 주어지지만 UHF 수신기와 송신기들은 대부분 대략 250 MHz - 1GHz범위에서 동작된다. 이러한 주파수에서는 음성, 비디오 및 디지털 데이터가 전송될 수 있다. 또한 VHF 신호에서와 같이 비가시선 모드가 적용될 수 있는 가시선 통신방식으로 전파된다. 가시선 방식은 모두 주파수에 영향을 받기 때문에, UHF 신호들은 같은 전송구조에 있는 VHF신호보다 더 많이 비가시선으로 인한 감쇄가 주어진다.

마이크로파

마이크로파 통신신호(1-40GHz)는 완전히 직선으로 전파되며 많은 양의 정보가 전송될 수 있다. 또한, 전파 거리동안 아주 높은 큰 감쇄가 발생하기 때문에(4장 참조), 이러한 신호들은 보통 방향성 안테나를 필요로 한다. 이것은 고정 위치사이의 광대역 통신 링크에서는 매우 실용적이지만, 이동 통신을 위해서 안테나 설치가 복잡해진다.

높은 마이크로파 대역에 있는 신호들은 또한 대기감쇄에 의해 현저하게 영향을 받는다. 일반적으로 10GHz 이상의 신호들은 폭우에 의해 상당히 크게 감소된다. 더 낮은 마이크로파 주파수에서는 보통 정도의 강우손실이 주어지며, UHF와 그 아래의 주파수 영역에서는 강우 손실은 일반적으로 무시될 수 있다.

데이터 링크들은 보통 마이크로파 대역에서 이루어진다. 지상 기지국과 대부분의 항공기는 반드시 서로를 향하는 지향성 안테나를 가지고 있다. 마찬가지로, 위성과 지상의 기지국도 서로를 향하는 안테나가 요구된다. 지구에 대해 고정된 위치로 있는 동기 위성(synchronous satellite)도 있는데 지상의 안테나는 고정된 곳을 향하며 위성의 안테나는 지구 전체를 향하거나 혹은 어떠한 지상 기지국을 향한다.

적외선과 가시광선 대역

적외선과 가시광선에서의 통신은 아주 막대한 양의 정보 전송이 가능하게 하지만, 광학적 가시선에 의해 제한된다. 이것은 안개나 연기 등에 의해 심각하게 감소될 수 있음을 의미한다.

전파 가시선(Radio Line of Sight)

VHF, UHF, 그리고 마이크로파 통신 링크(레이더에서뿐만 아니라)에서 적용되는 가시선은 지구 곡면에 의해서 발생되는 기하학적 수평선(geometry horizon)보다는 오히려 전파 수평선(radio horizon)에 의해 제한된다. 두 기지국에 대한 최대 길이의 전송경로는 그림 2.24에서와 같이 주어진다.

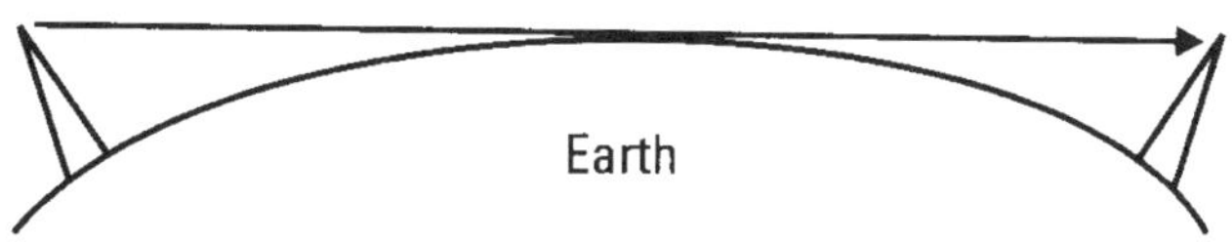

그림 2.24 최대 길이의 전송경로

전파는 지구 대기에서 굴절되기 때문에 전파 수평선은 기하학적인 수평선보다 더 멀리 주어진다. 대기 굴절률은 넓은 범위에 걸쳐 변하지만 일반적으로 주어지는 근사값이 있다.

이러한 근사값은 four-thirds earth effect 라고 불려진다. 만일 지구의 직경이 1/3더 커다면, 구가 더 클수록 더 작은 곡률을 갖기 때문에 지구에 대한 기하학적인(혹은 광학적인) 가시거리는 더 멀리 주어지게 된다. four-thirds earth effect가 적용되는 거리 제한에 대한 방정식은 6.5절에서 논의된다.

2.2.4 통신 변조

통신에서 사용되는 가장 공통적인 변조는 진폭변조, 주파수변조, 위상변조, 그리고 단측 측파대(SSB) 변조이다. 이러한 기본적인 변조들이 사용된다고 하더라도 디지털신호에 대한 변조와 새로운 LPI 변조에 대해서는 특별한 논의가 필요하다.

이러한 변조들의 각각은 통신정보를 전송한다. 각각의 변조방식들은 링크의 동작 주파수에서 반송파 신호를 변화시킨다.

AM

진폭변조는 통신하려는 신호 정보에 따라 반송파 신호의 진폭이 변화된다. 레이더 펄스는 AM의 특별한 경우이다. TV 방송용 비디오 신호는 진폭변조이다. AM 신호의 대역폭은 전송하려는 정보의 양에 직접적으로 비례한다. 일반적으로, 전송대역폭은 전송되는 정보의 대역폭의 2배가 된다. 그림 2.25는 AM 스펙트럼(즉, 전력 대 주파수)을 보여준다. 전송된 정보의 모든 것을 실어 나르는 상측과 하측변조 측파대는 거울 영상(mirror image)처럼 서로 대칭이다.

FM

주파수 변조는 변조정보에 따라 반송파 신호의 주파수가 변화된다. FM의 하나의 특성은 반송파가 변하는 송신 주파수 범위가 임의적으로 설정될 수 있다는 것이다. FM의 대역폭이 넓어질수록, 간섭의 영향을 적게 받는다. 송신 대역폭과 정보 신호 대역폭과의 비(ratio)는 변조지수(modulation index) (β)로 정의된다.

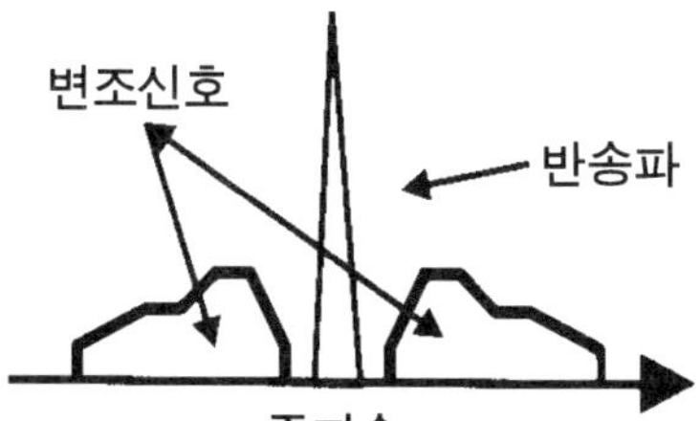

그림 2.25 AM 신호 스펙트럼

단일 측파대(SSB)

단일 측파대 신호는 기본적으로 반송파와 하나의 측파대가 필터링되어 제거된 AM 신호로 주어진다. 이러한 방식에 의해 SSB 무선통신기가 AM 무선통신기보다 더 복잡하게 되지만, 주파수 스펙트럼의 효율적인 사용이 가능하게 된다. SSB 신호는 AM 측파대의 어떤 대역이 송신되는지에 따라서 상측 측파대 또는 하측 측파대 통신으로 주어진다.

PM

위상 변조에서, 반송파 신호의 위상은 변조신호에 따라 변한다. 협대역 통신에서, PM은 FM과 매우 비슷하지만 디지털신호를 전송할 때는 더 복잡해진다.

디지털통신

신호가 디지털 데이터를 전송할 때 데이터 자체는 비트(bit)라고 불려지는 1이나 0로 주어진다. 그러나, 이러한 비트들은 전송되기 전에 반송파 신호에 놓여질 수 있는 형태로 변환이 되어야만 한다. 변조는 다음 사항을 공통적으로 포함한다.

- 진폭변조의 0과 1이 다른 레벨로 주어지는 ASK(Amplitude Shift Keying);
- 1일 때 펄스가 전송되고 0일 때 빈 공간으로 주어지는 OOK(On-Off Keying);
- 0와 1이 다른 주파수를 갖는 FSK(Frequency Shift Keying);
- 0과 1이 다른 위상을 갖는 PSK(Pulse Shift Keying). PSK는 이진수(0이나 혹은 180도의 위상편이를 갖는)나 또는 더 작은 대역폭으로 더 많은 데이터를 전송하기 위해 많은 위상 값(phase positions)들이 사용될 수 있다.

LPI 통신

LPI 통신은 신호를 탐지, 포착, 재밍, 그리고 송신기의 위치를 알아내는 적군의 감시능력이 감소되도록 설계된다. 이러한 것을 위해서는 송신기에서 주파수 도약(frequency hop), 첩(chirp), 또는 직접확산(direct sequence)방식으로 주어지는 세 가지 변조 중의 한 가지 방법이 사용된다. 또한 어떠한 주파수에서도 신호 전력을 줄일 수 있는 세 가지의 확산 스펙트럼 기법(spread spectrum technique)들이 있다. 그림 2.26에서와 같이 동일한 통신망에 있는 수신기는 원래의 정보 신호가 재구성되도록 동기기법(Synchronization scheme)이 적용된다. 그러나, 적 수신기는 신호를 역확산(despreading)시킬 수 없기 때문에 훨씬 더 낮은 신호(보통 1/1000배 정도)를 처리해야 한다. 또한, 동기기술에 의해서 확산되지 않는 같은 형태의 신호는 실제적으로 역확산 과정(despreading process)에 의해 확산되어지므로 그러한 신호는 동기 수신기에 의해 무시된다.

주파수 도약 기술은 초당 100배 혹은 그 이상으로 전송 주파수가 변화한다. 송신기는 전송주파수 대역의 몇 배의 주파수 범위로 불규칙적으로 도약한다. 동기기술은 같은 통신망에 있는 수신기가 송신기와 같이 도약하도록 한다. 적 수신기는 송신기와 동기시킬 방법을 갖지 못하므로 신호를 탐지하기가 어렵게 된다.

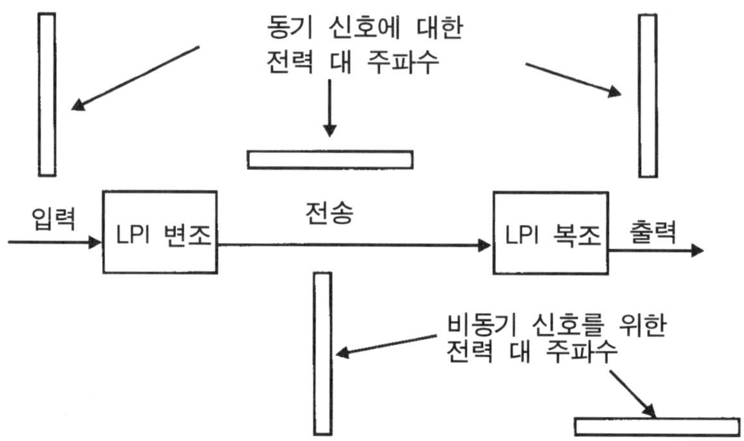

그림 2.26 LPI 신호 성능

신호가 넓은 주파수범위에서 빠르게 변하기 때문에 재머(jammer)는 반드시 전체 주파수영역을 탐색하거나 재머를 동조시키기 위해 신호가 도약되는 각각의 순간에 주파수를 측정하기 위한 어떤 방법을 찾아야만 한다.

첩 신호는 송신 주파수 대역폭보다 훨씬 더 넓은 주파수범위에 대해서 매우 급격하게 변하게 된다. 불규칙한 주파수 주사 구간(sweep interval)이나 비선형적인 주파수 주사형태에 의해서 적 수신기가 탐지하거나 또는 재머 제어를 위한 주사에 동기시키는 것이 어렵게 된다.

직접확산 신호는 송신신호의 주파수 확산을 위해 적용되는 2차 변조를 갖는다. 이러한 변조는 보통 PSK가 정보신호를 변조하는 높은 비율의 pseudo-random 펄스열로 주어진다. 수신기는 같은 비트 열에 동기화 되어 있어서 확산 변조를 제거할 수 있다. 그러나 적 수신기는 신호를 역확산 시킬 수 없어서 일반적으로 신호 존재 조차도 탐지할 수 없게 된다. 요구된 신호를 역확산시키는 같은 복조에 의해서 확산되는 재밍신호는 재밍을 매우 어렵게 한다.

2.3 전자지원

전자지원(ES)은 이 전에도 전자지원책(ESM:electromagnetic support measures)이라 불려졌고 현재에도 그러한 이름으로 불려지고 있다. 이것은 EW의 일부분이다. ES 시스템과 서브시스템은 위협신호를 탐지해서 상황 인식을 하게 하거나 전자적 공격을 위해 송신기의 형태나 위치를 나타낸다.

일차적인 ES 기능은 위협신호의 탐지, 위협 형태와 동작모드의 확인(identification), 위협 방사기의 위치, 특수 방사기 확인(SEI), 그리고 위협 정보에 대한 표시나 채널변환(handoff)이다. 가장 중요한 ES시스템 형태는 레이더 경고 수신기(RWRs), 위협-표적 시스템(threat-targeting systems)(보통 ESM이라 부르는), 그리고 전장 정찰 시스템(battlefield surveillance systems)이다.

ES 시스템은 비슷한 기능을 제공하는 레이더와 통신 대역에서 모두 동작되지만 신호의 특성에 따라 동작방식이 다르게 주어진다. 또한, 항공기 탑재(air borne), 지상설치(ground-based), 함정 탑재(shipboard) 응용에 대해서는 처리되는 방법에서 차이가 있다.

2.3.1 레이더 경보 수신기

RWR의 목적은 대응책이나 작전행동을 통해 적의 급박한 공격을 무력화시킬 수 있도록 위협의 존재를 재빨리 항공기에 알려주는 것이다. 그러므로 많은 다른 신호환경에서 동작되도록 설계된다. 일반적으로 RWR은 CW 레이더와 함께 초당 수백만 개의 펄스를 포착할 수 있다. 보통 대략 1초 내로 새로운 위협들을 확인해서 보고하도록 요구된다.

위협 레이더를 확인함으로써 RWR은 존재하는 각각의 실제적 위협들을 결정한다. 이러한 것들은 지대공 미사일(SAM), 레이다 제어 대공포(AAA), 혹은 공중 요격 레이더를 탑재한 전투기의 특별한 형태이다. 레이더 변수 분석에 의해서 RWR은 또한 위협체의 위치와 동작모드를 판단한다. 위협 동작모드는 보통 탐색, 추적, 혹은 발사로 주어진다.

그림 2.27은 기본 RWR에 대한 블록선도이다. 그림 2.28에서와 같이 4개의 안테나가 항공기 주위에 대칭적으로 위치하고 있다. 이러한 안테나는 항공기의 yaw 평면 아래쪽으로 대략 15도 정도로 기울어져 장착된다. 이러한 안테나들이 하나로 통합되면 yaw 평면 위쪽의 몇 도에서부터 yaw 평면 아래쪽으로 45도 이상까지의 범위를 가지면서 동시적으로 360도 방위각이 탐색된다. 안테나에 따르는 4개의 수신기들은 매우 넓은 주파수의 펄스를 수신하기 위하여 거의 대부분 다중 크리스탈 비디오 수신기들로 구성된다. 현대의 RWR에서는 또한 CW와 펄스-도플러 레이더 신호를 처리하기 위해 협대역 수신기들을 갖는다. 이러한 수신기들은 보통 주파수 범위를 여러 대역으로 분할하기 위하여 필터들을 사용하거나 입력단에서부터 크리스털 비디오 수신기까지 주어지는 높은 듀티 사이클의 신호를 제거하기 위하여 대역제거 필터를 갖는다. 5.2절에서는 수신기의 성능 변수와 시뮬레이션이 이루어지는 방법과 함께 이러한 다른 형태의 수신기를 자세히 논의한다.

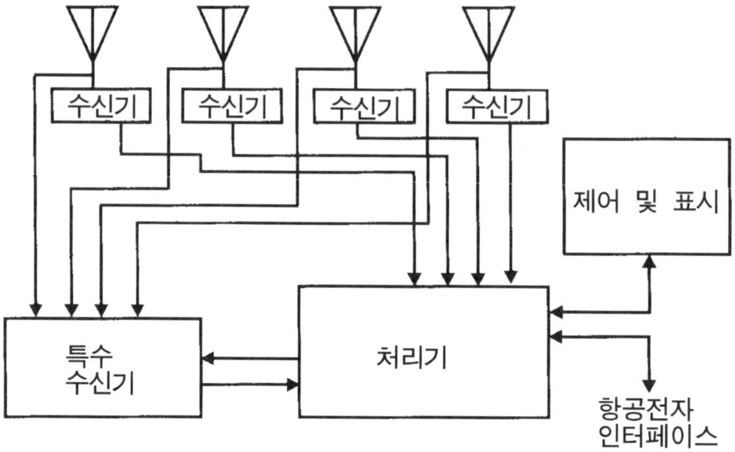

그림 2.27 전형적인 RWR에 대한 블록선도

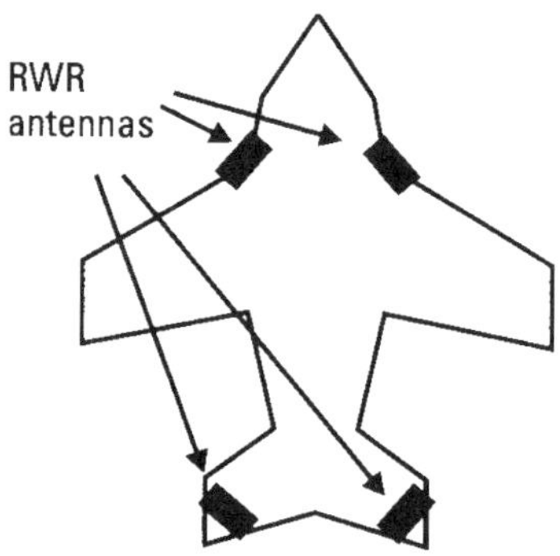

그림 2.28 전형적인 RWR 안테나 설치 위치

특별한 수신기로는 pulse-by-pulse basis에서 신호 주파수를 측정하는 하나 이상의 순간 주파수 측정(IFM) 수신기가 있다. 또한 어려운 신호 조건을 처리하기 위한 채널 및 디지털 수신기가 있다.

처리기는 RWR 시스템에 있는 모든 다른 성분들을 제어하고 위협 형태나 모드를 확인해서 위협 방사기의 위치를 결정한다. 또한 조종실의 화면과 때때로 헤드셋(headsets)으로 출력을 나타내어 승무원의 제어 명령과 다른 항공전자공학적인(avionic) 시스템으로부터의 좌표와 핸드오프(handoff) 신호에 의해 대응시스템으로 출력을 형식에 따라 배열한다. 처리기는 각각의 신호처리를 위해 단일 컴퓨터나 여러 개의 컴퓨터로 주어질 수 있다.

RWR은 일반적으로 단일 펄스 방향 탐지(direction-finding:DF) 능력을 가진다. 즉, 수신된 각각의 펄스의 도착방향(direction of arrival:DOA)을 측정한다. 구식의 RWR들은 DOA를 결정하기 위해 다중 안테나에서 수신된 펄스 진폭을 비교하지만 현대의 시스템들은 위상비교 방향탐지 기법을 적용하기 때문에 더욱 정밀한 DOA를 얻을 수 있다. 이러한 두 가지의 방식과 다른 기법들은 5.5절에서 자세하게 논의된다.

RWR 처리과정은 신호의 분리로부터 시작된다. 대부분의 RWR은 광대역 펄스 수신기를 사용하기 때문에, 많은 펄스 열로부터 interleaved pulse 들을 수신한다. 각 펄스 열은 단일 위협 방사기로부터 주어진다. 만일 RWR가 각 펄스의 RF 주파수를 측정할 수 있다면, 이러한 것은 아주 양호한 변수 식별방법이 될 수 있다. 그렇지 않으면, RWR에는 알려진 위협 패턴을 갖는 펄스 구간에 대해서 입력펄스들을 분리시키기 위해 펄스 속에 주어지는 어떤 패턴들을 찾는 알고리즘이 사용될 수 있다. 어떤 경우에는 펄스 도착 방향이 각각의 위협 신호들을 분리하는데 도움을 주는 강력한 도구가 될 수 있다.

각각의 신호들이 분리되면 신호특징이 반드시 확인되어야 한다. 이러한 것은 위협 확인표(threat identification table:TID)를 이용하여 측정된 신호 변수들을 비교함으로써 이루어진다. 수집되고 평가된 변수들은 펄스에 대한 RF 주파수, 펄스 폭, 펄스반복 주파수, 변조방식(chirp 또는 이진코드)과 CW 변조, 그리고 안테나의 스캐닝 특성이다. 어떤 위협신호에 대해서 측정된 변수들이 TID에 존재하는 일련의 변수들 중의 하나와 일치되면 위협의 존재가 결정된다. 만일 수집된 변수들이 TID에 있는 어떠한 변수와도 일치되지 않는다면 신호형태는 알려질 수 없다. 컴퓨터는 신호 확인을 하기 위해서 TID와 가장 근접한 일치를 찾아내기 위해 사용된다.

고전적인 RWR 표시기는 조종실에 있는 3인치 직경의 둥근 형태의 전자관(tube)에 위협체의 위치를 나타낸다. 그러한 표시는 위의 방향이 항공기의 기수를 나타내는 스크린상에서 위협 방사기의 방향에 있는 strobe를 나타낸다. 위협 형태는 strobe와 billboard 표시기를 통해 알려진다. 이후에는 둥근 전자관 형태의 표시기는 위협체의 위치와 일치되는 스크린상의 기호에 의해서 위협 형태를 나타낸다. 현재 이러한 표시기는 많은 형태의 헬리콥터와 고정익 항공기에서 사용된다. 그림 2.29는 이러한 형태의 스크린에 대한 예를 나타낸다.

스크린상에서 보여진 것과 같이 RWR 표시기는 SA-3 SAM이 10시방향의 항공기로부터 어떠한 거리에 있음을 나타낸다. SA-2는 2시 방향, SA-6(가장 높은 우선순위의 위협체로 지목된)는 3시 방향, AAA는 9시 방향으로 가깝게, 그리고 AI는 7시 방향으로 아주 가까이 있음을 나타낸다.

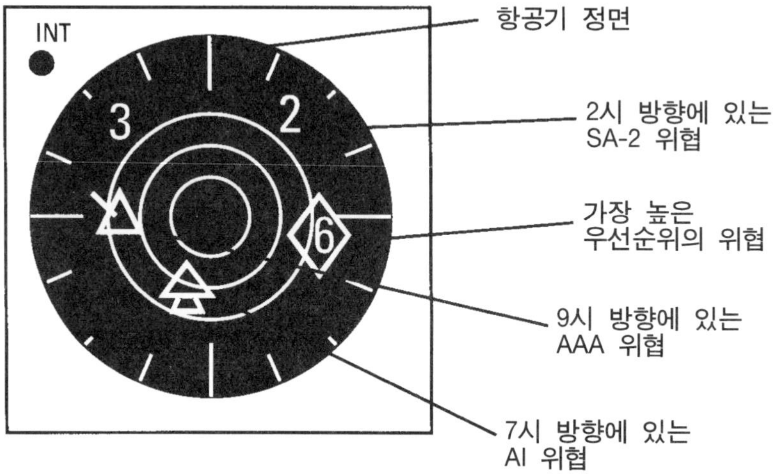

그림 2.29 전형적인 컴퓨터 구동 RWR 표시기

현대의 최신 전술 항공기의 표시기에서 위협체들은 통합된 그림형태로 치사영역(lethality zone)으로 나타내어진다. RWR은 같은 정보를 나타내지만 지형과 비행경로 등과 같은 다른 중요한 정보와 통합된 형태로 조종사에게 주어진다.

2.3.2 함정탑재 ESM 시스템

함정탑재 ES시스템은 항공기의 RWR의 그것과는 아주 다른 환경에서 동작된다. 다른 요구사항 때문에 함정용 ES시스템은 보통 ESM 시스템이라 불려진다. ESM 시스템은 전형적으로 RWR보다 더 민감하게 동작되며 특별한 방사체 인식(SEI)과 표적화(targeting)를 지원하기 위해 더욱 자세한 데이터들이 요구된다.

함정에 대한 수평선은 대략 10km정도로 주어지므로 함정의 ES 시스템은 바다 표면 위의 많은 위협체들을 볼 수 없다. 그러므로 이러한 시스템은 높이 비행하는 항공기와 10km이내의 수면위에 있는 레이더들은 볼 수 있다. 그러나 함정에 대한 위협체들은 함정이 천천히 이동하기 때문에 매우 위협적으로 주어진다. 그림 2.30은 일반적인 함정탑재 ESM 시스템에 대한 블록선도를 나타낸다.

광대역 수신기에 연결된 4개의 안테나는 항공기 탑재 RWR의 것과 비슷하다. 안테나의 목적은 접근하는 위협체들을 빠르게 포착하는 것이다. 이러한 안테나들은 360도의 탐지영역을 확보하기 위하여 마스트 주위에 고정되어있다. 광대역 수신기는 RWR에 있는 4개의 펄스 수신기와 비슷하며 IFM과 다른 형태의 수신기로 주어질 수 있다. 신호

처리기는 항공기 탑재용 RWR 처리기와 같은 기능을 수행하지만, 특정한 위협형태에 맞추어져 있다. 새로운 위협 존재에 대한 경고가 대략 1초 내로 빠르게 이루어져야 한다.

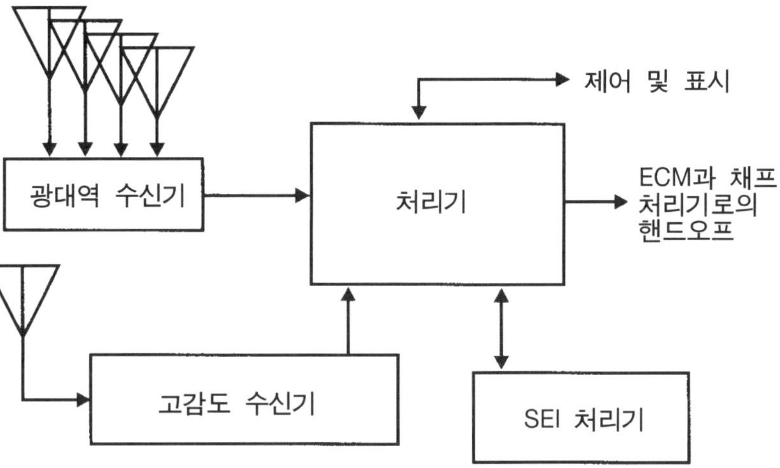

그림 2.30 전형적인 함정 탑재 ESM 시스템의 블록선도

단일 안테나는 보통 전체 위협 영역을 탐지하는 회전하는 접시 안테나 형태이다. 높은 감도를 갖는 수신기는 전형적으로 복잡한 변조와 특별한 방사기 분석을 위한 신호처리가 가능하고 매우 높은 포착성능이 제공되는 협대역 형태이다.

ESM 시스템은 운영자에게 위협 정보를 제공하여 아군이 적에게 포착되기 않게 한다. 또한 함정으로부터 대함 미사일을 멀리 유인해내기 위하여 채프 로켓을 발사하는 채프 제어기에 위협형태와 미사일의 도래 방위각에 대한 정보를 알려준다.

SEI 처리기는 함정의 레이더가 다른 함정의 레이더와 구별되게 하는 비의도적인 변조(unintentional modulation)를 탐지하기 위해 펄스 상승시간과 주파수 변조와 같은 매개변수에 대한 자세한 분석을 수행한다. SEI 도표와 비교함으로써 ESM 시스템의 관점에서 함정의 형태가 구별될 수 있다.

함정용 ESM 시스템의 표시장치는 그래픽 형태뿐만 아니라 문자 및 숫자의 형태로 탐지된 위협체에 대한 자세한 정보를 제공한다.

2.3.3 전장 정찰 시스템

전장 정찰 시스템은 적의 전자적 전투 명령을 분석하고 표적화(targeting)를 지원하기 위하여 전장내에 존재하는 레이더와 통신신호에 대한 모든 정보를 수집하고 분석한다. 이러한 시스템들은 수직으로 세울 수 있는 마스트를 사용하여 고정익 항공기, 헬리곱터, 또는 지상의 이동 차량에 장착할 수 있다. 방사기의 위치를 정확히 결정하기 위해서는 아주 정밀한 방사기 위치 탐지 시스템이 적용된 다중 센서 플랫폼들이 동시에 사용된다. 그림 2.31은 전형적인 고정익 항공기 시스템의 구성을 나타낸다. 전체 시스템은 세 개의 항공기와 하나의 제어 및 분석 센터로 구성된다. 항공기에는 운영자가 없지만 제어 및 분석 센터에는 많은 운영자가 있다. 그림 2.32에서와 같이 세 개의 플랫폼으로부터의 신호 도래방향은 방사기 위치에서 교차된다. 두개의 플랫폼으로부터 삼각 측량에 의해 위치가 결정되어질 수 있다고 하더라도 세 번째의 직선이 주어지면 더욱 정확히 위치가 알려진다. 모든 세 직선의 교차점이 매우 가깝게 주어질수록 위치가 더 정밀하게 주어진다.

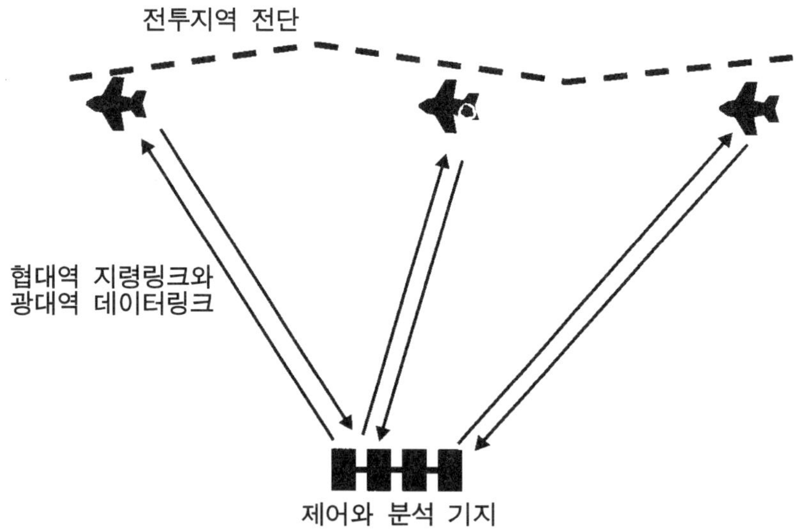

그림 2.31 고정익 항공기를 이용한 전장의 정찰 시스템

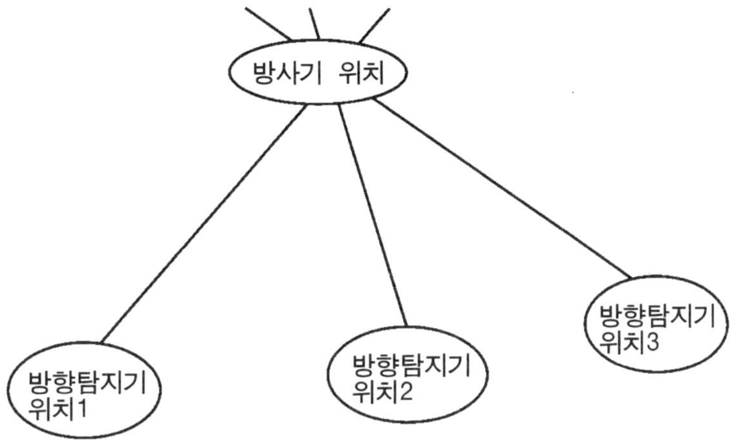

그림 2.32 위협 방사기의 위치를 결정하기 위한 삼각측량

그림 2.33은 전장 정찰 시스템을 갖는 전형적인 항공기에 탑재된 수신과 방사위치 시스템에 대한 블록선도 나타낸다. 방사기-위치 탐지 능력을 지원하기 위하여 다중 안테나가 요구된다. 다중 안테나는 또한 각각의 감시 수신기(monitoring receivers)에 정보를 제공한다. 각각의 운영자가 장시간의 분석 임무를 위해 광범위하게 사용하는 많은 수신기들이 있다. 방사기 위치 서브시스템은 요구된 바와 같이 모든 운영자들을 지원하는 수신기로 구성된다. 정밀한 방사기 위치를 나타내는 서브시스템은 표적화 데이터 발생을 필요로 하는 운영자에 의해 임무가 주어진다. 보편적이고 정밀한 방사 위치 탐지 기술들이 5.5절에서 논의된다.

제어 및 분석 센터에 있는 운영자는 항공기 센서 시스템에 의해 수신된 신호들을 감시하고 분석하며, 운영자가 특별한 방사기에 대한 위치 정보를 요구할 때 3대의 항공기 각각에 있는 특별한 수신기 세트에 의해 동시적으로 도래 각도(angle-of-arrival)가 주어진다.

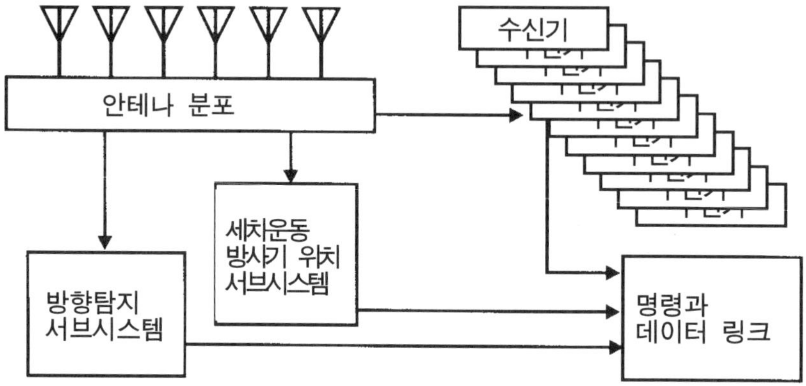

그림 2.33 항공기 정보 수집 시스템의 블록선도

운영자 화면표시는 그림 2.34에서와 같다. 지도는 방어사령부 지도국(Defense Mapping Agency)으로부터 주어진 컴퓨터 지도이다. 조직의 위치, 병력의 전방선 등과 같은 전술 상황 정보가 부분적으로 더해지고 플랫폼의 위치(1,2, 그리고 3)와 방위각 선이 나타내어진다.

전장-정찰 제어 및 분석으로부터 주어지는 출력사항은 관련된 지휘관들과 고위 분석 센터에게 전술 상황으로 보고된다. 또한 전술 상황은 항공기에 탑재된 통신망을 통해 예하의 지휘관들에게 보내진다.

2.4 전자 공격(Electronic Attack)

전자 공격(EA)은 EW 행위의 일부분이다. 어떤 일이 일어나는지 ES가 발견하면 그런 사실에 대한 어떤 행위가 이루어진다. EA에서는 ECM 과 EW에서 고려되어지지 않은 두 가지의 다른 행위들이 있다. 그러한 행위를 위해서 사용되는 무기들은 고에너지 빔무기(directed-energy weapons:DEW)들과 대방사 미사일(antiradiation- missiles:ARM) 들이다. 먼저, 재밍에 대해 언급하고 그 다음으로 전장의 다른 부분에 대해 논의하기로 한다.

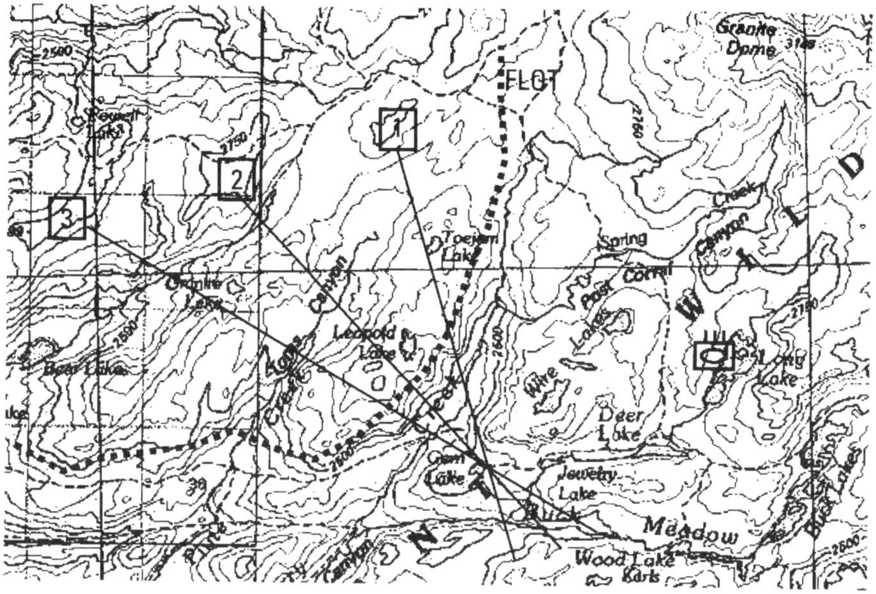

그림 2.34 전장-정찰 시스템으로부터 주어지는 전형적인 운영자 표시(Used with permission of Wildflower productions)

2.4.1. 재밍

그림 2.35는 기본적인 재밍 개념이다. 송신기가 아니라 항상 수신기가 방해된다는 것을 유의하라. 재밍은 요구된 신호의 포착이나 처리를 방해하는 신호를 수신기속으로 주입시키는 것이다. 모노스태틱 레이더의 경우에 때때로 송신기가 재밍되는 혼란스러움이 생기는데 이것은 같은 위치에 송신기와 수신기가 존재하기 때문이다. 그림 2.36은 레이더-재밍 개념을 나타낸다. 재머는 표적으로부터의 반사된 신호에 대한 포착이나 처리과정을 간섭시키는 신호를 레이더 수신기로 주입시킨다. 바이스태틱 레이더에 대해서는 수신기 위치로 재밍신호를 주입시키는 것이 필요하다.

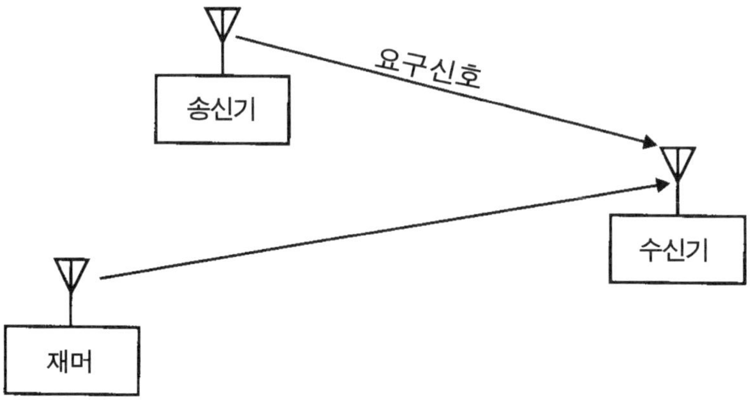

그림 2.35 기본적인 통신-재밍 구조

재밍신호는 위협 신호의 형태, 재밍의 구조(standoff방식 대 self-protection방식), 그리고 재밍기술(엄호적(cover) 방식 대 기만적인(deceptive) 방식)에 의해서 분류된다. 재밍형태로서 디코이가 포함되는 것이 다소 논쟁이 될 수 있지만 디코이는 재머 같이 행동하므로 방정식에 의해 성능이 계산되어질 수 있다.

레이더재밍 대 통신재밍은 쉽게 구별된다. 각각은 관련되는 적의 군사 시설물(asset)이 사용하는 전자기 스펙트럼을 방해한다.

2.4.2 통신 재밍

통신 재머는 그림 2.35와 같은 구조를 갖는다. 재머의 효율은 재밍 대 신호 (J/S) 비로 주어진다. 각각의 신호(신호와 재밍)는 송신기에서 수신기로 전파된다. 4장에서 표현된 식으로부터 계산될 수 있는 수신 전력을 갖는 각각의 신호들이 수신기에 도달한다. 재밍 전력에 신호전력을 나누면 J/S가 된다. J/S의 값이 높을수록 더 효율적인 재밍이 된다. 수신 안테나가 방향성을 갖지 않는다면(전술 통신에서는 극히 드물지만) J/S는 신호 전력에 대한 재머 전력의 비와 재머까지의 거리제곱에 대한 신호 송신기까지의 거리제곱 비의 함수로 주어진다. 이러한 내용이 그림 2.37에 요약되어 있다. 일반적으로 통신 재밍에 대해서는 J/S 값이 10으로 주어진다.

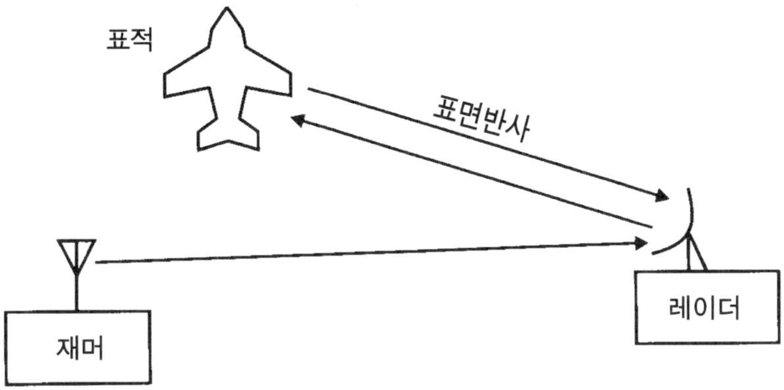

그림 2.36 레이더-재밍 구조

통신 링크에서 LPI 변조의 한 방식이 사용될 때 재밍을 위해서는 확산변조에 의해 주어지는 동기화된 신호에 대한 처리 이득을 극복하기 위해서 아주 높은 J/S가 요구된다.

2.4.3 레이더 재밍

레이더 재밍을 위해서 그림 2.36을 생각해보자. J/S는 레이더 수신기로 되돌아오는 표적 반사신호 전력에 대한 레이더 수신기로 들어오는 재머 전력의 비로 주어진다. 고려해야할 여러 가지 복잡한 요소들이 있다. 첫 번째는, 레이더 안테나의 지향성을 고려해야 한다. 레이더 안테나는 표적을 향해 있으므로 표적 반사 신호는 안테나의 이득에 의해서 두번(한번은 송신기간 동안에 그리고 한번은 수신기간 동안에) 증가된다. 만일 재머가 표적의 위치에 존재한다면 송신된 재머 신호는 재머 안테나 이득과 레이더 안테나의 이득이 합해져서 증가된다. 그렇지 않는 경우는 재머 신호가 안테나 주빔 이득보다는 훨씬 더 작은 이득을 갖는 부엽(side lobe)을 통하여 레이더 안테나로 들어가는 경우이다.

다른 복잡한 요인은 재머 신호가 재머에서 레이더 수신기거리까지의 제곱에 의해서 감소되는 반면에 레이더로 되돌아오는 반사 신호는 표적에서 수신기까지 거리의 4제곱에 의해서 감소된다는 것이다.

그러므로 그림 2.38에서 요약된 바와 같이 레이더 재밍을 위한 J/S는 재머까지 거리의 제곱에 의해 나누어진 표적까지 거리의 4제곱의 함수로 주어진다. 또한 고려해야할 다른 요인은 레이더 전력에 대한 재머 전력 비와 주빔 전력에 대한 부엽빔 전력 비의 함수가 있다. 마지막 고려 요인은 표적의 RCS이다. 그 외의 모든 것이 같은 경우, 더 작은 RCS일수록 더 큰 J/S가 필요하다는 것이다.

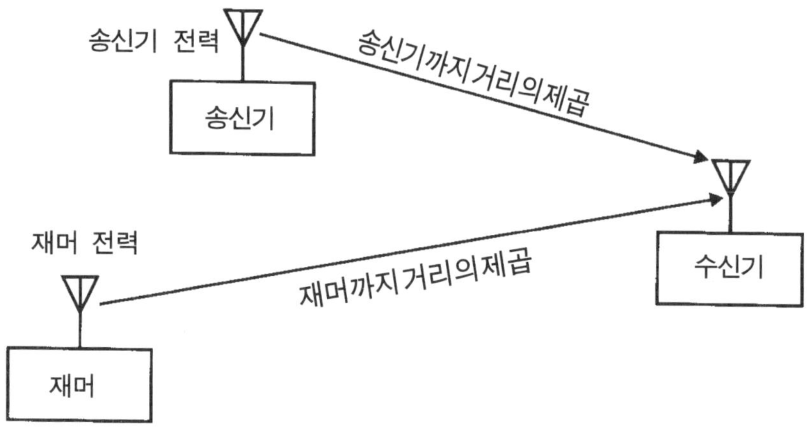

그림 2.37 통신-재밍 J/S 요인

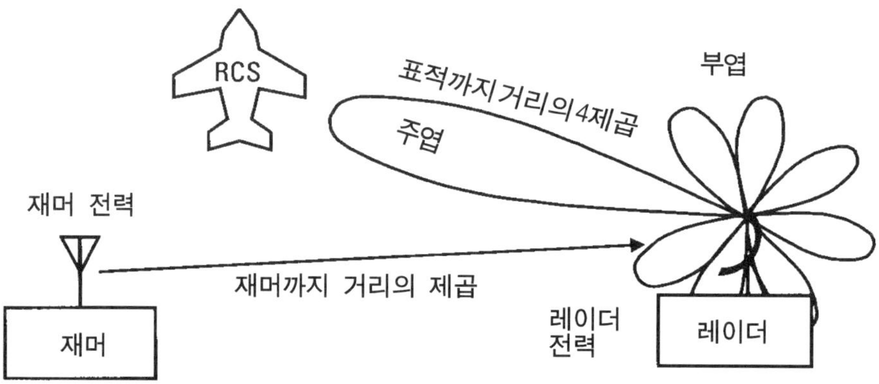

그림 2.38 레이더-재밍 J/S 요인

2.4.4. standoff 재밍

standoff 재밍은 그림 2.39에서 나타낸 바와 같이 적 무기의 치사거리 밖에 있는 재머 항공기에 의해서 적 무기의 치사거리 내에 있는 아군 항공기에 대한 보호 수단이 된다. 치사거리는 적 무기가 아군 항공기를 격추시킬 수 있는 거리이다.

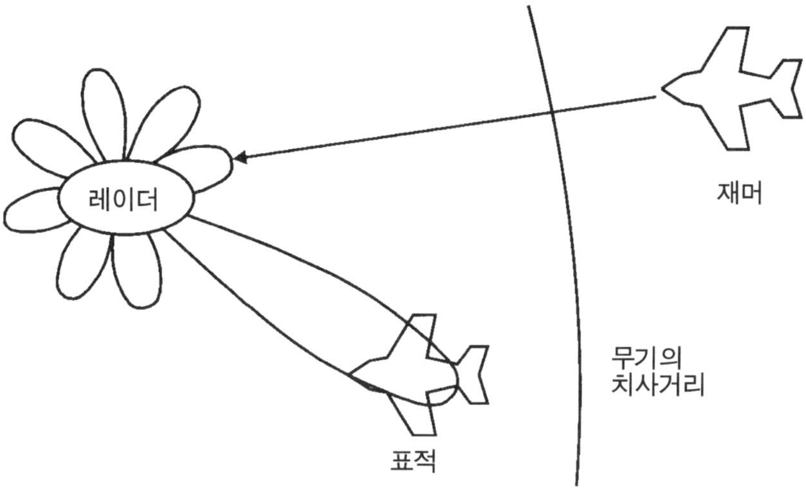

그림 2.39 standoff 재밍 구조

standoff 재밍 항공기는 높은 복사재머 전력을 갖는 큰 재머를 탑재하고 있다. 재머는 보호해야할 표적보다 더 멀리 있기 때문에 standoff 재머는 거리의 제곱이라는 단점을 극복하기 위해 반드시 여분의 재밍 전력을 가져야만 한다. 또한 재머는 적 레이더가 표적(보호되어야 하는 항공기)을 향해 있기 때문에 레이더 안테나 부엽을 통해 재밍 전력이 들어가야 하는 단점을 극복하기 위해서 충분한 전력을 가져야 한다. 공격 항공기는 보통 재머보다 훨씬 더 작은 RCS를 가지지만, 재머보다 레이더에 더 가까이 있다. 적 무기의 자동유도(home-on) 재밍모드는 무기의 치사거리 내에 있는 standoff 재머에 대해서 아주 위협이라는 것을 간과하지 않아야 한다. 아군 공격 항공기가 적의 추적 레이더에 충분히 근접해 있으면 적 레이더는 아군의 재밍 효과를 없앨 수 있다. 이러한 상황이 일어나는 레이더-표적 거리는 재밍시 유효 탐지거리(burn-through range) 라고 불려진다.

일반적으로 standoff 재머는 적의 레이더가 보호되는 아군 항공기를 포착할 수 없도록 방해할 수 있지만 보호되어야 할 항공기가 이미 추적이 되면 적 레이더의 추적 잠금영역(lock of a radar)을 깨트리기 위한 충분한 전력은 되지 않는다.

2.4.5 self-protection 재밍

self-protection 재밍에서의 재머는 표적 자체에 위치한다(그림 2.40 참조). 그러므로, 재머는 적 레이더에 가까이 있다는 장점을 갖는다. 또한 재머 전력은 적 레이더의 주빔

이득에 의해서 증폭된다. 이러한 self-protection 재머는 적 레이더의 추적 잠금영역을 부수기 위한 충분한 전력을 갖는 장점이 있다. 그러나, 만일 표적 항공기가 재밍하고 있다는 사실이 알려지면 적 레이더는 표적 항공기에게 크게 위협이 되는 자동유도 재밍 모드로 변경될 수 있다.

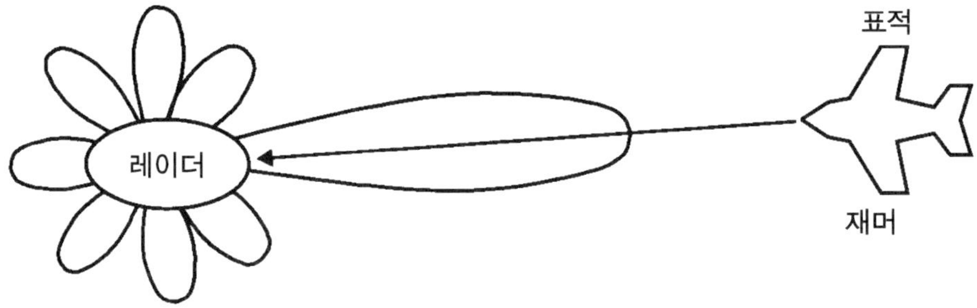

그림 2.40 self-protection 재밍 구조

현대의 스텔스 항공기에 self-protection 재머 방식을 사용하는 것은 아무런 의미가 없다. 이러한 상황은 1,000W 빛을 발산하는 전구를 가지고 어두운 방속으로 몰래 들어가는 것과 같다.

소모성 디코이와 다른 off-board EA 장비들은 자동유도 재밍 모드 위협가 주어지는 항공기와 함정 보호를 위해 아주 유용하다. 이러한 사항들은 2.5절에서 논의된다.

2.4.6 Cover 재밍

cover 재밍의 목적은 적군 수신기로 주어지는 신호의 품질(quality)을 줄이는 것이다. 잡음 변조는 보통 수신기의 주파수 대역 전체에 대해서 신호 전력 감소와 같은 효과를 일으키는 신호 대 잡음비를 줄이기 위해 사용된다. 이러한 변조는 레이더 운영자가 재머 발생 여부를 판단하는 것을 방해할 수 있다.

Cover 재밍은 항상 통신 재밍을 위해 사용되며 일반적으로 standoff 레이더 재머에 의해 사용된다. 그림 2.41은 레이더의 PPI 화면에 주어지는 cover 재밍의 효과를 나타낸다. 숙달된 운영자가 표적을 추적하기 위하여 잡음과 섞여 있는 표적을 알아낼 수 있다고 하더라도 레이더 처리기에 의한 표적 추적이 불가능해질 수 있다. 이러한 것이 무기 시스템과 교전상태에 있는 표적의 수를 줄이는 효과(재머의 관점에서)가 된다. 따라서 통신망은 쉽게 포화될 수 있다.

그림 2.41 PPI 화면상에서 잡음 재밍

Bqrrage 재밍

cover 재밍의 가장 간단한 형태는 barrage 재밍이라 한다. 잡음과 같이 넓은 주파수 스펙트럼 분포를 갖는다. 이러한 재밍 주파수에는 통신 라디오나 레이더가 동작되는 각각의 주파수가 포함된다. 이러한 재밍의 단점은 재밍 전력의 대부분이 낭비된다는 것이다. 적 수신기의 동작 주파수 영역 내에 있는 잡음만이 실제적으로 J/S값에 영향을 미칠 수 있다. 그러나 barrage 재밍의 장점은 신호나 재밍하고자 하는 신호에 대한 정보가 많이 주어질 필요가 없다는 것이다.

Spot 재밍

만일 적의 동작 주파수가 알려진다면 그러한 주파수 대역 근처에 대한 재밍 잡음의 대역폭을 좁게 할 수 있다. 모노스태틱 레이더의 경우에 신호가 수신될 때 이런 정보가 이용될 수 있다. 물론, 문제는 적 수신기를 재밍하는 것보다 더 큰 영향으로 자신의 수신기(훨씬 더 근접한)도 재밍될 수 때문에 재밍하는 동안에 통신 및 레이더 신호가 수신되는 것이 매우 어렵게 된다는 것이다. 재밍을 피하기 위하여(혹은 재밍이 탐지되지 않는 경우 신호 품질을 개선하기 위하여) 적 레이더의 통신 전파나 레이더 전파가 조정될 수 있기 때문에 재밍 감시(look-through) 기법이 요구된다.

재밍감시 기법을 최적화시키기 위한 여러 가지 기술들이 있지만, 재밍하려는 신호를 수신하는 짧은 시간동안에는 재머 동작이 멈추어져야 한다. 이것은 적 레이더에 몇 개의 재밍되지 않은 펄스가 수신되거나 재밍되지 않는 통신이 이루어지는 짧은 시간이 허용될 수 있다는 것을 의미한다. 따라서 재머 성능이 최적화되기 위해서는 재밍과 감시 사이에 적절한 타협이 이루어질 필요가 있다.

Swept Spot 재밍

또 다른 타협적으로 주어지는 잡음-재밍 기술은 적 레이더가 사용하는 전체의 주파수 대역보다 더 작은 주파수 대역에 대해서 잡음을 전송하여 재밍하지만 전체 대역을 좁은 대역으로 나누어 주사하는 것이다. 이것은 적 레이더에게 어떠한 재밍되지 않는 펄스가 제한적으로 포착되더라도, 표적에 대한 자동 추적을 방해하여 적 레이더가 수동으로 추적을 하게 한다는 것을 의미한다. 이러한 재밍방식에 의해서 적의 방어 통신망이 포화가 되게 한다.

2.4.7 Deceptive 재밍

표적에 대해 사격을 하기 위해서는 무기 시스템은 표적에 대한 레이더 추적을 해야 한다. 추적 정보는 표적의 미래 위치에 대한 예측이 가능하도록 거리와 각도로 주어진다. 레이더를 현혹시키는 재머는 표적이 어떠한 곳에 있다고 레이더 신호처리기가 믿게 하는 것이다. 그러므로 거리나 각도상에서 레이더를 혼란시킴으로써 레이더의 추적잠금 영역을 깨뜨린다. Deceptive 재밍은 레이더 신호의 변수들에 대한 정확한 정보가 요구되기 때문에 보통 self-protection 재밍에 대해서만 적용이 가능하다. 다음의 10가지 형태의 deceptive 재밍이 있다.

1. Range Gate pull-off(RGPO);
2. Inbound range gate pull-off(RGPI);
3. Cover Pulse;
4. Inverse gain;
5. AGC jamming;
6. Formation jamming;
7. Blinking;
8. Cross-polarization;
9. Cross-eye;
10. Terrain bounce.

이러한 기술들은 이 장의 초기에서 언급한 EW 참고문헌에 자세하게 설명되어 있다. 여기서는 deceptive 재밍에 대한 개념을 이해하기 위해 거리 게이트 pull-off 방법만 논의한다.

거리 게이트 Pull-off

그림 2.42는 range gate pull-off 재머에 의해서 발생되는 신호를 나타낸다. 그림 2.43은 레이더의 처리기에서 어떠한 사항들이 발생하는지를 나타낸다.

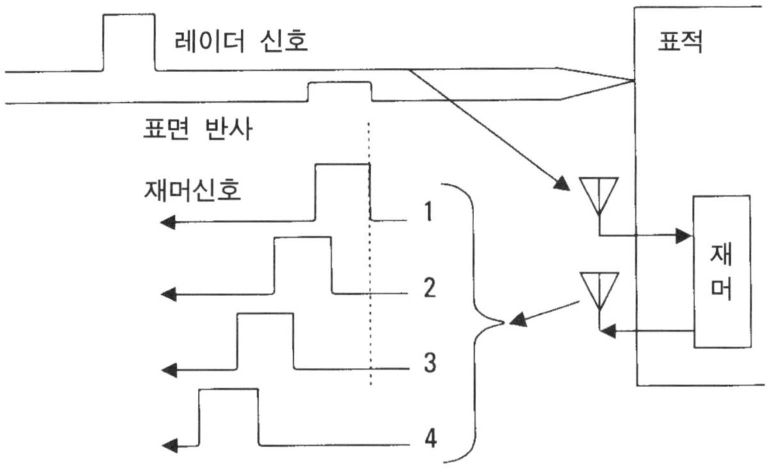

그림 2.42 거리 게이트 pull-off 재머신호

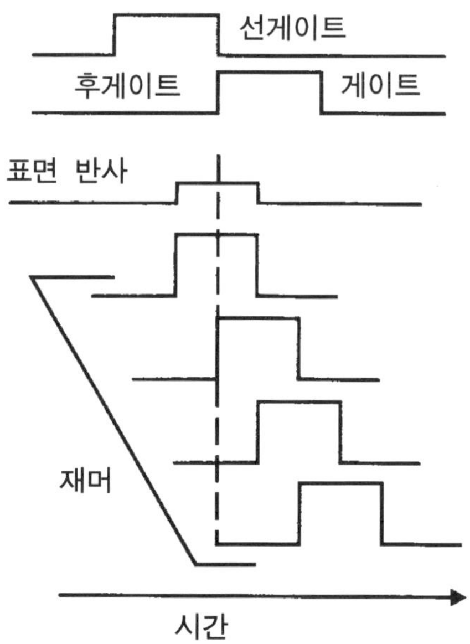

그림 2.43 레이더에서 거리 게이트 pull-off의 영향

표적에 대한 거리추적을 유지하기 위하여 레이더는 표적으로부터 반사되어 되돌아온 펄스에 중심을 둔 선게이트(early gate)와 후게이트(late gate)가 적용된다. 레이더는 반사된 펄스에 대해서 두 게이트의 에너지가 같게 하기 위해 두 펄스사이에 중심을 맞춤으로써 표적까지의 거리를 알아낼 수 있다.

Deceptive 재머는 레이더로부터 수신하는 펄스에 동기화된 더 강한 펄스를 송신한다. 그 다음에 재머는 지연정도를 점차적으로 증가시켜 송신 펄스를 지연시킨다. 따라서 레이더는 후 게이트에서 더 많은 에너지가 관측되면 이러한 것을 보정하기 위해서 선/후 게이트를 지연시키게 된다. 결국, 레이더의 분해능 셀(2.1.4절 참조)이 표적으로부터 멀리 멀어지게 된다. 이렇게 함으로써 표적에 대한 추적이 되지 않게 한다.

2.4.8 deceptive 통신 재밍

통신에서 기만재밍과 같은 것을 가짜 속임(spoofing)라고 한다. 이러한 것은 자신의 전술 통신망으로부터 나오는 것처럼 보이게 하는 방식으로 적 레이더에게 허위 정보를 전송한다. 만일 적 레이더에게 속임수가 발각된다면 적 통신 프로토콜에 대해 아군이 아는 것이 알려지기 때문에 다소 위험한 방식이다.

효과적인 속임수 행위는 적 레이더가 그러한 속임수를 알아채지 못하게 하는 것이다. 어떠한 과정도 반드시 적절히 모방 되어야 하고 만일 사실이 발각되면 속임수 행위는 아주 어려워진다. 이러한 기술의 한 가지는 모방하려고 하는 적 지휘관의 신호전송을 기록하는 것이다. 그리고 단어와 음절이 혼합되기 위해 속임수 합성 시스템이 사용된다. 합성 시스템은 목소리의 음색을 변형시키고 음성 강약을 더함으로써 적의 음성을 모방하여 불량한 전송품질이 되게 한다. 그 다음에 지휘관의 시행 명령이 주어질 때 수신 운영자가 통신 운영과정에서 실수가 일어날 수 있는 어떤 결정적인 순간에 틀린 메시지를 보낸다.

2.4.9. 지향성 에너지 무기

지향성 에너지 무기들은 물리적으로 적의 시설물을 파괴하기 위하여 설계된 고에너지 레이저와 고전력 마이크로파 무기들이다. 미사일 방어 시스템의 이러한 영역에서 많은 연구가 이루어지고 있으며, 실제적인 무기들이 가까운 미래에 전투 배치될 예정이다. 그러나 다른 형태의 지향성 에너지 무기들도 있다. 이러한 무기들은 적의 센서나 통신을 파괴하고 순간적으로 작동이 되지 않도록 하거나 컴퓨터로 조정되는 대부분의 장비(차량 점화 시스템, 무기, 분석 시스템 등)들이 작동될 수 없도록 한다.

이러한 분야에 있는 레이저[저전력 레이저(low-power lasers:LPLs)라고 불려지는]는 지향성 무기로서 수신되어야 하는 신호에 둔감하게 되도록 IR이나 레이저 센서를 눈멀게 한다. 충분한 전력을 갖는 레이저는 적의 센서를 영구적으로 사용이 불가능하게 할 수 있다. 센서 작동이 되지 않게(또는 유도를 방해하는) 하기위해 요구되는 전력은 항공기나 미사일을 물리적으로 파괴하기 위해 요구되는 것보다 훨씬 더 작다. 실제적으로 구멍을 낼 정도의 능력을 갖는 레이저를 고 전력 레이저(high-power laser:HPL) 또는 고 에너지 레이저(high-energy laser:HEL) 라고 한다.

이와 같이 고전력 마이크로파 신호는 적의 마이크로파 센서가 신호를 수신할 수 없도록 하기 위해서 적의 센서로 빔이 겨냥될 수 있다. 더 큰 전력이 사용되면 민감한 구성 장치가 타버리거나 영구적으로 센서가 사용될 수 없게 할 수 있다.

이러한 무기들의 주요 장점은 파괴적인 높은 전력을 가지고 광속도로 전파되어 아주 짧은 시간에 표적을 파괴할 수 있다는 것이다. 레이저 빔은 재충전을 위한 어떠한 지연 시간도 필요 없이 많은 표적을 재빨리 파괴할 수 있다.

그러나 고전력 마이크로파 시스템은 넓은 빔폭을 가지므로 부주의로 아군 시설물이 파괴되지 않도록 고려되어야 한다.

2.4.10 대방사 미사일

EW의 중요한 목적은 그림 2.44에서와 같이 대방사 미사일을 사용하여 적의 SAM 사이트를 물리적으로 파괴하는 것이다. 적의 미사일 사이트가 재밍된다면 잠시 동안만 작동이 되지 않지만 적의 미사일 사이트가 폭파된다면 영구히 제거되는 것이 된다.

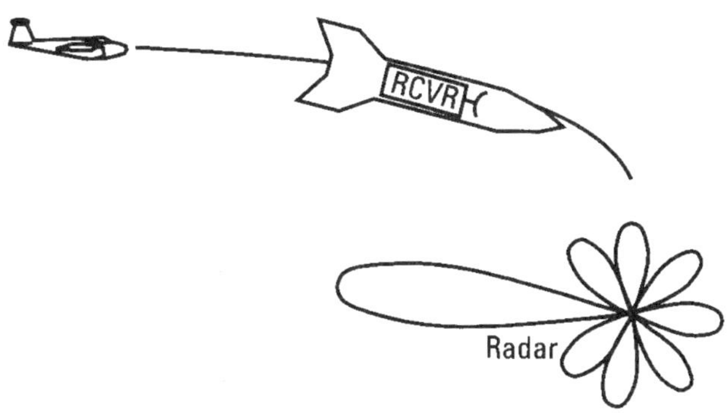

그림 2.44 SAM 사이트에 대한 대방사 미사일 공격

SAM 사이트의 주요 부분을 파괴하기 위해서는 정밀한 유도가 이루어져야 한다. 그러나, 적의 레이더 사이트는 전자파를 방사하므로 효과적으로 이루어지기 위해서는 그러한 방사에 대한 호밍(homing)이 레이더 사이트 근처에 있는 SAM 유도 레이더 안테나 등과 같은 곳으로 이루어지게 하는 것이 더 적절한 방법이 된다. 미사일은 레이더 주파수에 설정된 수신기와 레이더 안테나 위치로 유도될 수 있다. 때때로, 펄스 시간 게이트(Pulse time gates)는 표적 식별을 위해 사용된다. 미사일은 일반적으로 레이더 주빔을 향해 비행하지 않고 오히려 안테나 부엽을 포함하는 빔 전체를 향해 유도된다.

멀리서부터 무기를 유도하는 것보다는 표적에 대해 직접적으로 호밍할 때 높은 정밀도를 얻기가 훨씬 더 쉽다. 이러한 정밀도의 오차는 각도로 주어지며 각도 오차는 거리가 감소함에 따라 더 작아진다.

고속의 대방사 미사일(HARM)은 여러 형태의 항공기에 의해 운송되며, SAM의 사정거리보다 더 멀리서 SAM 사이트를 공격할 수 있다. 이러한 미사일 시스템은 여러 가지의 모드를 갖는다. 어떠한 특정 사이트가 표적화 되었을 때 가장 효율적으로 주어지지만 특정한 표적 없이 발사되어 비행하다가 공중에서 만나게 되는 가장 높은 우선순위의 적 방사기를 공격할 수 있는 동작 모드도 있다. 적의 SAM 운영자가 HARM의 사정거리 내에 있는 항공기를 발견하면 전원을 꺼버리는 경향이 있다. 그러므로, 대방사 미사일의 실제적 가치는 아마도 적 레이더 동작을 억제하는 효과로 주어진다. 따라서 HARM은 단지 주위를 비행함으로써도 효과적으로 여러 곳의 SAM 사이트가 동작되지 않게 할 수 있다.

2.4.11 적외선 대응책

열추적 대공 미사일은 현대 전자전에서 가장 치명적인 무기들이다. 열추적 미사일은 공대공 전투에서 사용되며 값싸고 견착식으로 사격할 수 있는 미사일을 포함하는 지대공 무기와도 같이 사용된다. 이러한 무기들에는 제트 엔진의 뜨거운 부분에 호밍하는 수동 유도방식이 사용된다. IR 미사일 탐색기(seeker)는 그림 2.45와 같이 주어진다. IR 탐색기는 IR 펄스 패턴이 IR 센서로 주어지도록 하는 투명 및 불투명한 조각 패턴으로 이루어진 회전하는 레티클(reticle)을 갖는다. 반드시 표적에 호밍하도록 해야 하므로 미사일은 방향조정을 보정하기 위하여 펄스 패턴을 분석한다.

열추적 대공 미사일에 대한 가장 일차적인 대응책은 공격을 받는 항공기가 플레어(flare)를 발사를 하는 것이다. 플레어는 그림 2.46에서와 같이 열 방출원보다 훨씬 더 뜨겁기 때문에 미사일이 플레어로 호밍되어 미사일을 항공기로부터 멀어지게 한다. 최근의 미사일 추적기들은 추적하는 표적의 온도를 알아내는 두 가지 색깔(two-color) 구별방식을 갖는다. 플레어는 추적되는 항공기보다 훨씬 더 뜨겁기 때문에 훨씬 더 정교한 대응책이 요구되는 이러한 미사일에서는 플레어가 식별될 수 있다.

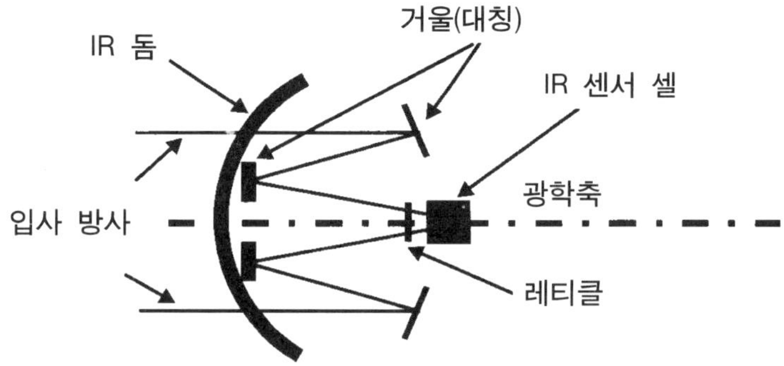

그림 2.45 IR 미사일 탐색기

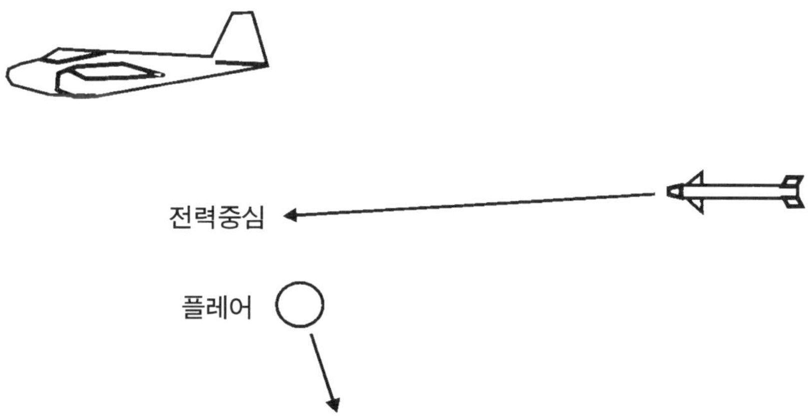

그림 2.46 표적으로부터 멀리 미사일을 벗어나게 하는 플레어

또한 항공기나 다른 군사용 차량에 장착될 수 있는 IR 재머가 있다. 그러한 IR 재머들은 레티클로부터 미사일 내부에 있는 회전하는 IR 센서로 번쩍이는 IR 신호를 발생한다. 이러한 허위의 펄스들은 미사일이 바람직한 유도를 하지 못하게 한다.

2.4.12 채프

채프는 사용된 가장 초기의 레이더 대응책 중의 하나이다. 이것은 레이더 신호가 최적으로 반사되는 길이에 맞추어진 알루미늄 호일(foil)이나 금속 섬유의 작은 조각(strips)으로 구성된다. 넓은 범위의 레이더 주파수 대역이 주어지는 경우 채프는 필요한 주파수 영역에 최적으로 대응되는 길이로 잘려진다. 표적이 추적되지 않도록 가능한 레이더가 채프에 의한 반사 신호를 많은 수신하도록 한다.

채프는 용기(pod), 항공기에 장착된 채프통(cartridge), 그리고 함정에 설치된 로켓-발사관으로부터 펼쳐지게 된다. 그림 2.47과 같이 비행 경로에 뿌려지거나 그림 2.48과 같이 추적 레이더의 추적영역 범위내로 투여될 수 있다.

함정 보호를 위한 채프 로켓은 함정탑재 ESM시스템의 정보에 따라 갑판 발사기로부터 발사된다. 채프 로켓은 채프구름의 유효 RCS가 최대로 되도록 수면위의 최적의 고도에서 채프가 펼쳐지게 한다. 대함 미사일은 함정으로부터 대략 10Km 떨어졌을 때 작동되는 내장된(onboard) 레이더가 사용되어 능동적으로 유도된다. 채프 구름은 미사일을 혼란하게 하거나 채프구름으로 미사일이 유인되도록 펼쳐진다. 혼란방식(Distraction) 채프구름은 미사일 레이더가 함정을 포착하기 전(그림 2.49)에 미사일이 함정 대신에 채프구름으로 유도되도록 함정으로부터 어떠한 거리에서 배열(array) 형태로 분포된다. 유혹방식(seduction) 채프 구름은 함정이 미사일 레이더에 의해 포착된 후에 발사된다. 이러한 채프는 그림 2.50에서와 같이 함정(미사일 레이더의 분해능 셀내에 있는) 가까이에서 펼쳐진다. 채프 구름은 레이더의 추적을 채프방향으로 전환하게 해서 바람과 함정의 운동에 의해 함정으로부터 미사일이 더욱 멀어지게 한다. 이러한 채프 배치(displacement)는 최대의 미사일 실패거리(missile miss distance)가 일어나도록 선택된다.

그림 2.47 아군 항공기를 보호하는 채프회랑(corridor)

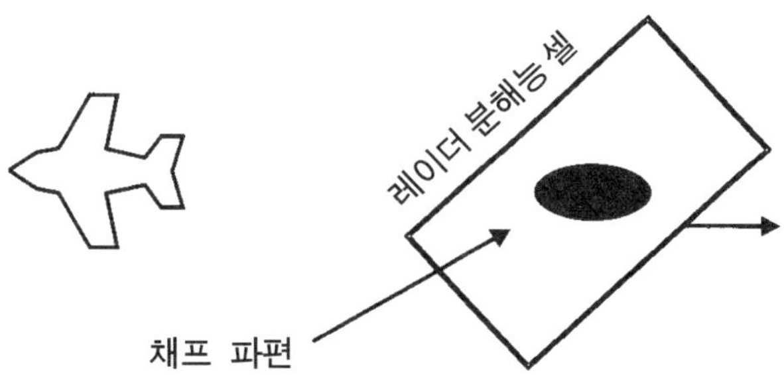

그림 2.48 채프에 대한 break-lock

2.5 디코이

디코이는 두 가지의 고전적인 군사적 응용을 갖는다. 첫 번째는 많은 수의 디코이 사이에 중요한 아군의 시설물을 숨기는 것이다. 두 번째는 적이 큰 가치가 없는 아군의 디코이를 파괴함으로써 적의 귀중한 무기를 낭비하게 하는 것이다. 현재는 적의 방어시설물을 노출시키고 아군의 시설물로부터 적의 유도무기를 멀리 유인하게 하는 더 중요한 디코이 임무가 있다. 이러한 응용을 위해 적이 실제의 표적과 디코이를 쉽게 구별하지 못하게 하는 것이 중요하다.

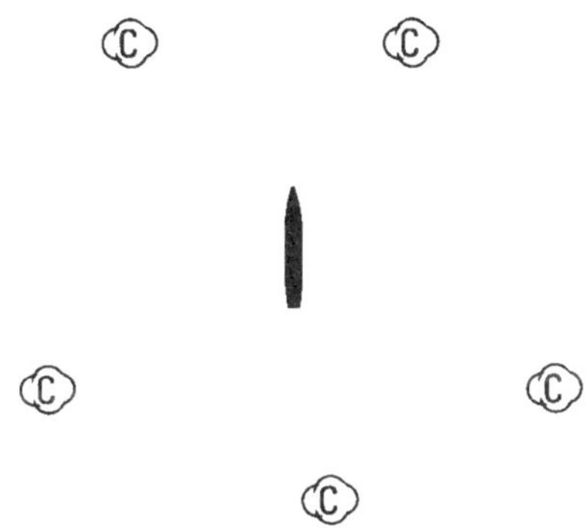

그림 2.49 혼란(distraction)방식 채프

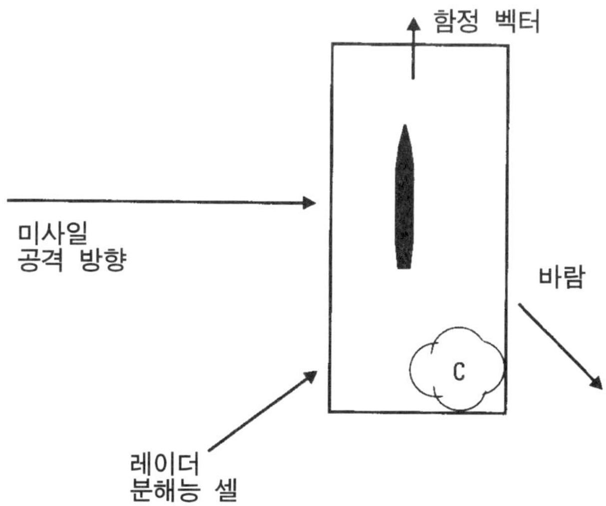

그림 2.50 유혹(seduction)방식 채프

아군 시설물에 대한 적의 전자추적(electronic-tracking)을 포함하는 응용분야를 알아보자. 디코이는 반드시 보호 시설물과 같은 반사 신호를 나타내어야 한다. 디코이는 일반적으로 보호해야 하는 시설물보다 더 작기 때문에 반드시 큰 RCS가 발생되는 높은 효율의 반사기(reflector)로 제작된다. 코너(coner) 반사기는 작은 크기의 실린더의 RCS보다 100배의 더 많은 에너지(레이더로 되돌아오는)를 반사한다.

능동 전자 디코이는 그림 2.51에서와 같이 수신된 신호를 증폭시켜 레이더로 되돌아가게 전송함으로써 RCS가 더욱 커지게 한다. 이러한 증폭이득은 다음 식과 같이 RCS와 연관된다.

$$\sigma = G\lambda^2 / 4\pi$$

여기서

$\sigma =$ RCS;
$\lambda =$ 레이더의 파장;
$G =$ 디코이 이득(안테나와 증폭기의 조합된 이득).

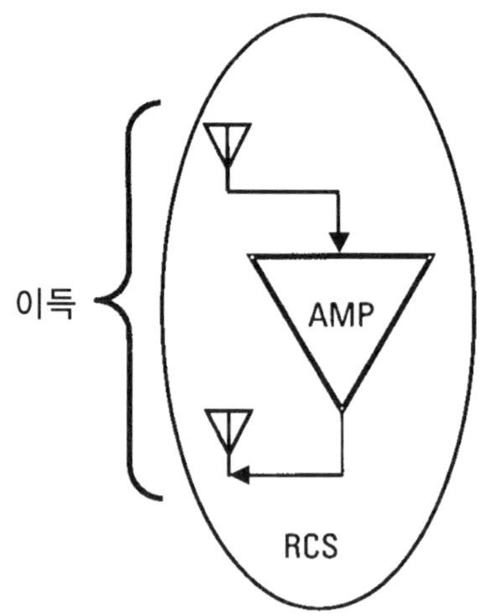

그림 2.51 RCS를 시뮬레이션하는 능동적인 디코이

4장의 dB 형태의 식과는 다른 형태이다. 4가지 디코이 임무가 포함된 전형적인 EW와 관련된 응용은 아래와 같다.

● 무리속에 은폐시킨다(Hide in a crowd):
  • 항공기처럼 비행하는 공중발사 로켓이 사용되고 항공기와 일치하는 큰 RCS를 갖는다.
  • 전략 미사일은 가장 정교한 레이더에 의해서도 구별되기 어려운 많은 디코이를 방출한다.
  • 디코이는 혼란 방식의 채프와 같은 방식으로 함정 방어에 사용된다.

● 적의 귀중한 무기가 낭비되게 한다:
  • 신호를 방사하는 미사일 사이트를 유인하여 값비싼 대방사 미사일을 사용하게 한다.

● 적의 방어시설물이 노출되도록 한다:
  • 추적 레이더를 작동시키는 적의 탐색 레이더에게 실제 항공기처럼 비행하도록 하여 유인한다.
  • 적의 추적 레이더의 위치가 노출되면 대방사 미사일이나 스마트 폭탄을 사용하여 파괴한다.

● 보호되는 시설물로부터 적 레이더의 유도 무기를 멀리 유인한다:
  • 항공기에 매달릴 수 있는 디코이는 보호되는 항공기로부터 멀리 공대공 미사일의 추적을 따돌리기 위해 항공기 밑으로부터 투하된다.
  • 디코이를 실은 이동 플랫폼(헬리곱터나 무인 비행체)은 보호되는 함정으로 부터 대함미사일의 추적영역을 따돌린다.

2.6 전자보호

전자보호는 적의 전자전 시도를 무력화시키는 시스템의 일부분이다. 이것은 아군을 위해서는 전자기 스펙트럼 사용이 가능하게 한다. 이전에는 EP가 대전자 대응책(Electronic counter-countermeasures(ECCMs))라고 불려졌다. 이러한 것은 매우 광범위한 분야이므로 단지 몇 가지의 전형적인 경우만 논의하기로 한다.

레이더는 재밍에 대해 영향을 적게 받도록 내장된 EP 특성이 주어진다. 예를 들면, Dicke-Fix 수신기는 AGC 재밍이라 불리는 기법에 의해서 재밍이 방해되도록 레이더에 추가된 형태이다. 두 번째의 레이더 예는 2.4.7절에서 언급한 바와 같이 거리 게이트 pull-off 재밍을 극복하기 위해 펄스 리딩에지(leading-edge) 추적방식을 사용하는 것이다.

저포착 확률(low-probability-of-intercept:LPI) 기술의 어떠한 형태가 사용되는 통신시스템도 통신 재밍에 더 적게 영향을 받도록 하기 위하여 부분적으로 그러한 방법이 실행된다. 이러한 것이 EP 기술의 예를 나타낸다.

PART 3

시뮬레이션을 위한 수식

이 장에서 기초로 사용되는 4가지의 수식이 있다. 첫 번째는 전파-이론에서 표현되는 dB에 관한 수식이다. 두 번째는 EW관련 모델에서 적용되는 구면 삼각법(spherical trigonometry)에 대한 수식이며 이러한 구면 삼각법을 적용하여 공간상에서 벡터를 다룬다. 세 번째는 에뮬레이션 소자 설계를 위해 요구되는 Poisson 방정식이다. 네 번째는 대부분이 디지털 방식으로 주어지기 때문에 양자화(digitization)에 대한 것이다.

주의	이러한 주제에 익숙한 독자는 이 장을 생략할 수 있으며 표와 그림을 주의 깊게 봄으로써 복습이 충분히 이루어질 수 있다.

3.1 dB

EW 모델링의 전파전파(radio propagation) 계산에서 다양한 신호에 대한 처리에 많은 시간이 요구된다. dB 단위는 일반적으로 신호세기 값을 취급될 때 사용된다. 또한 EW 모델링은 보통 dB 단위로 표현된 안테나 규격(specification)과 RCS값 모두가 사용된다. 마지막으로 무선통신 링크와 레이더 성능 예측에 관련된 많은 식들이 있다. 이러한 식들의 입·출력은 보통 dB 형태로 주어진다. 따라서 dB 형태의 수식에 대해 정확히 아는 것이 중요하다.

dB로 표현된 진폭 크기로써 다른 수들을 비교하는데 편리한 log함수가 있다(dB 형태가 아닌 값들은 이 책에서는 dB 값들과 구별하기 위하여 선형(linear) 값이라 부른다). dB 형태의 수는 다음과 같이 취급하기 쉬운 장점이 있다.

- 선형적인 수를 곱하는 것은 그 수의 로그함수를 더하는 것이다.
- 선형적인 수를 나누는 것은 그 수의 로그함수를 빼는 것이다.
- 선형적인 수를 n차 제곱으로 증대시키는 것은 그 수의 로그함수를 n차로 곱하는 것이다.
- 선형적인 수에 대한 n차 제곱근은 그 수의 로그함수를 n의 수에 의해 나누는 것이다.

이러한 최대 장점을 얻기 위해 가능한 빠른 절차를 통해서 dB형태로 변환시키는 것이 필요하며 마지막에서 다시 선형적인 숫자로 변환시킨다. dB형태로 값이 요구되는 경우에는 선형적인 숫자형태로 다시 변환할 필요가 없다.

dB 단위로 표현된 어떠한 수도 반드시 로그함수로 변환된 비(ratio)로 주어진다. 다음은 일반적인 예를 나타낸다:

- 증폭이득(즉, 입력신호 세기에 대한 출력신호 세기의 비);
- 안테나 이득(증폭비와 같이 취급되지만, 다소 제한이 있는);
- 전송시의 손실(신호 감쇄비)
  - 케이블 연결선;
  - 스위치(차단위치(off position)는 동작위치(on position)보다 훨씬 더 많은 감쇄가 주어지지만 동작 위치도 다소의 손실이 주어진다.)
  - 전력 분배(입력전력에 대한 각각의 출력단자에서의 신호전력 비);
  - 필터;
  - 전파매질(전파 공간이나 대기);

dB 형태의 방정식을 얻기 위해서는 절대값을 dB값으로 나타내는 것이 필요하다. dBm 단위로 주어진 신호세기는 가장 일반적인 예가 된다. dB 값은 반드시 비율로 주어지기 때문에 어떠한 수식적 변환이 요구된다. 변환이란 어떤 고정값에 대한 절대값의 비율을 계산하는 것이고 그 다음으로 그 비율값을 dB 형태로 바꾸는 것이다. 예를 들면, dBm 형태의 신호세기는 1mW에 대한 신호세기의 비로 주어지는 dB 형태이다.

3.1.1 dB 형태로의 변환

dB로의 변환에 대한 기본과정은 다음과 같다.

$$\text{Ratio(in dB)}=10\ \log(\text{linear ratio})$$

예를 들면, 2(1에 대한 2의 비)는 다음과 같이 dB 형태로 변환된다.

$$10\ \log(2)=3\text{dB}$$

(실제로는 3dB의 부근인 3.0103 dB가 된다.) 그 다음으로 1/2(0.5)는 다음과 같다.

$$10\ \log(0.5)=-3\text{dB}$$

변환 과정을 쉽게 하기 위해서 log 함수와 10의 제곱함수 계산 기능을 갖는 과학용(공학용) 계산기가 사용된다. dB로 변환을 하기 위해 다음 과정을 따른다.

1. 선형적인 비율값(예를 들면, 2)을 입력한다.
2. log함수 키를 누른다.
3. 10을 곱한다.
4. dB로 주어지는 답을 읽는다.(3부근 값인 3.0103)

dB 형태로부터 선형 형태로의 역변환 식은 다음과 같이 주어진다:

$$\text{Linear Ratio} =10^{(\text{ratio in dB}/10)}$$

예를 들면;

$$10^{(3/10)} = 10^{(0.3)} = 2$$

계산기를 사용한 방법에서, dB값을 다시 선형 형태로 역변환하기 위해서는 다음 과정이 주어진다.

1. dB 값을 입력한다(예를 들면, 3).
2. 10으로 나눈다(화면상에서 값을 얻기 위하여 "=" 키를 누른다).
3. 10^x 키를 누른다(대부분의 과학용 계산기상에서 이러한 과정은 기능키와 log함수키를 누르는 것이다).
4. 선형비율(2의 근처값인 1.99526)로 주어지는 답을 읽는다.

10^x 함수는 때때로 anti-log 함수라고 하므로 dB 형태로부터 선형형태로 역변환은 dB값의 anti-log값을 10으로 나눔으로써 이루어진다고 할 수 있다.

$$\text{Linear ratio} = \text{anti-log}(\text{dB}/10)$$

3.1.2 dB 형태에서 절대값

위에서 언급한 바와 같이, dB에서 표현되는 절대값의 가장 일반적인 예는 dBm 형태로 주어지는 신호세기이다. 이것은 3.1절에서와 같이 dB 형태로 변환된 1mW에 대한 신호전력의 비율이다.

주의	dBm은 EW모델링에서 많은 주요 식들이 사용되기 때문에 특별히 중요한 단위이다.

예를 들면, 4W를 dBm으로의 변환은 다음과 같다:

$$4\text{W} = 4{,}000\ \text{mW}$$
$$10\ \log(4{,}000) = 36\ \text{dBm}$$

물론,

$$10^{36/10} = 10^{3.6} = 4{,}000\ \text{mW} = 4\text{W}$$

이나

$$\text{Antilog}(36/10) = 4{,}000\ \text{mW} = 4\text{W}$$

이다.

3.1.3. dB 형태의 방정식

dB형태 방정식은 절대값(dBm형태)과 비율값(dB형태)을 같이 사용할 수 있다. 일반적인 식에서는 각각의 항에서 단지 dBm 형태나 두 dBm 값 차이(dB형태)가 사용된다. 가장 간단한 dBm의 식은 그림 3.1의 증폭기 그림에서와 같이 이득 요소(factor)에 입력 신호가 곱해지는 형태이다. 증폭기에 대한 선형값 형태는 다음과 같다.

$$P_O = P_I \times G$$

여기서, P_O 는 출력전력, P_I 는 입력전력, 그리고 G는 증폭기의 이득이다.

두 전력 값은 선형 단위(mW)이고 G는 선형 값(예를 들면, 100)으로 주어지는 이득이다. 만일 입력전력이 1mW이라면, 증폭이득 100으로 인해 100mW의 출력신호를 발생한다.

입력 전력을 dBm으로 그리고 이득을 dB로 변환함으로써 다음과 같이 된다.

$$P_O = P_I + G$$

출력 전력은 dBm으로 표현된다. 따라서 1mW은 0dBm이고 이득이 20dB이 되면 출력은 +20dBm이 된다.(필요시 선형 값인 100mW로 역변환될 수 있다.)

이러한 것은 매우 간단한 예의 경우이지만, 필요치 않으면 dB형태로부터 변환이 필요없다. 일반적인 전자파에 대한 식을 고려해보자. 4장에서와 같이 송신신호는 사용 주파수(F)의 제곱과 송신 안테나로부터의 거리(d) 제곱에 비례하는 전자파가 주어질 때 발생되는 확산손실(spreading loss)에 의해서 감소된다. 그러므로 확산손실은 F의 제곱, d의 제곱, 그리고 다른 항목을 나타내는 어떤 상수의 곱으로 주어지며 공식은 다음과 같다.

$$L = K \times F^2 \times d^2$$

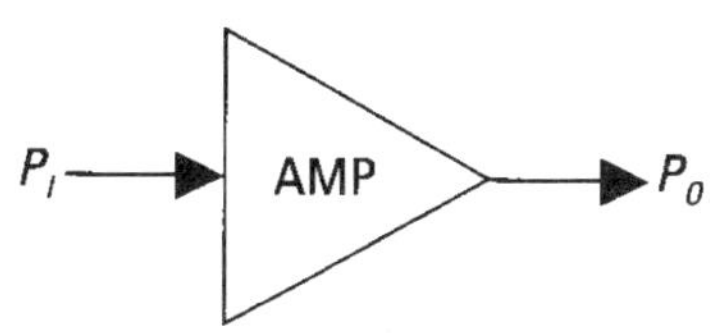

그림 3.1 입력 신호에 이득요소를 곱한 증폭기

dB형태에서, F(dB)는 10 $log(F)$가 된다. F^2는 $2[10\ log(F)]$이나 20 $log(F)$가 되고, 같은 방법으로 d^2 은 20 $log(d)$가 된다. 상수 또한 dB형태로 변환될 수 있지만, 입력값이 변환요소에 의해서 가장 편리한 단위로 수정되어야 된다. 이러한 경우에, K 값은 주파수는 MHz 단위로 그리고 거리는 Km 단위로 주어지도록 변환 요소(conversion factor)에 의하여 곱해진다. 이러한 값의 log값이 10에 의해서 곱해지면 32.44가 된다. dB로 주어지는 확산손실은 다음 식에 의해서 구해질 수 있다.

$$L_S = 32 + 20\ log(F) + 20\ log(d)$$

여기서,

$L_S =$ 확산손실(dB);
$F =$ 주파수(MHz);
$d =$ 거리(km).

이다.

EW 모델링과 같은 실제의 응용에서는 이러한 식이 자주 사용된다. 4장에서는 여러 가지의 단방향(one-way)에 대한 dB 식과 레이더 전파 관련 식들이 표현된다.

이러한 식에서 상수의 역할을 이해하는 것이 중요하다. 상수는 단위변환 요인이 포함되어 있기 때문에 적절한 단위로 값들이 입력되어야 한다. 이 책에서 각 항(term)에 대한 단위는 dB 식 뒤에 바로 주어진다..

3.1.4 dB 값으로의 빠른 변환

표 3.1은 선형의 비율 값과 등가적으로 주어지는 dB 값들을 나타낸다. 예를 들면, 선형적인 수에 1.25의 값을 곱하는 것은 dB형태에서 1dB를 더하는 것과 같다($1mW \times 1.25$는 $0dBm + 1dB$과 같으므로 $1.25mW = 1dBm$이다).

이러한 표는 계산기를 사용하지 않고도 근사적으로 dB값을 빠르게 알게 해주므로 아주 유용하게 사용된다. 여기서는 어떻게 그러한 것이 주어지는지 알아본다.

먼저, 적절한 차수의 크기(order of magnitude)로 주어지는 하나의 숫자를 나타낸다. 선형적인 수를 10배로 곱한다는 것은 이러한 선형적인 수의 dB형태에 10dB를 단순하게 더하는 것과 같기 때문에 이러한 과정은 쉽다. 마찬가지로, 선형적인 수를 10으로 나누는 것은 dB 형태의 값으로부터 10을 빼는 것과 같다. 그 다음에, 요구된 수에 가까운 값를 얻기 위하여 표 3.1로부터 비율을 사용한다.

표 3.1
공통적인 dB 값

비율	dB 값	비율	dB 값
1/10	-10	1.25	+1
1/4	-6	2	+3
1/2	-3	4	+6
1	0	10	+10

예를 들면, 400은 $10 \times 10 \times 4$이다. dB 형태에서 이러한 곱셈은 $10dB + 10dB + 6dB$로 주어진다. 다른 방법은 400은 20dB(100에 대한 dB값)+6dB(4를 곱하는 것에 대한 dB값)=26dB 이다. 그리고 500은 근사적으로 30dB(=1000)-3dB(2로나눔)=27dB로 주어진다. 0dB에 대해서 혼동하지 않도록 주의하라. 사실, 두 수에 대해서 0dB 비율이라는 것은 단지 두 수가 같다(즉, 1의 비율을 갖는다)는 것을 의미한다.

표 3.2는 다양한 선형 전력값에 대한 dBm 전력값을 나타낸다. 다음의 장에 있는 예제에서 이러한 값이 사용된다.

표 3.2
dBm으로 주어진 신호세기

dBm	신호세기	dBm	신호세기
+90	1 MW	+20	100 mW
+80	100 kW	+10	10 mW
+70	10 kW	0	1 mW
+60	1 kW	-10	100 μW
+50	100 W	-20	10 μW
+40	10 W	-30	1 μW
+30	1 W	-40	0.1 μW

dB 형태로 표현된 다른 값들은 표 3.3에서 주어진다. 보통 dB 값에 대해서 혼란이 일어난다. 전압 값은 자주 dB 형태로 표현되는데 전압에 대한 변환식은 다음과 같다.

$$\text{전압비율(dB)}=20\log(\text{선형전압 비})$$

이러한 것에 대한 기본지식은 $P=V^2/R$ 이므로 두 개의 전력값에 대한 비율은 그러한 두 전압 제곱값에 대한 비율과 등가적이라는 것이다.

3.2 구면 삼각법

구면 삼각법(trig)은 EW 교전과 EW 장비의 동작을 이해하는데 중요한 도구가 된다. 이 절에서는 구면 삼각형법에 대한 기본 식을 알아보고 여러 가지 실제적인 EW 문제에서 어떻게 구면 삼각법이 적용되는지를 알아본다.

3.2.1 구면 삼각형

구면 삼각형은 그림 3.2에서와 같이 반경이 1인 단위 구(unit sphere)에서 정의된다. 이러한 구의 원점은 항해 문제에서는 지구의 중심, 안테나 빔의 각도상에서는 안테나의 중심, 그리고 교전 상태에서는 항공기나 무기의 중심이 된다. 물론, 많은 응용에서 구의 중심은 삼각법의 계산에 의해 산출되는 정보로부터 주어진다.

구면 삼각형의 변(side)은 단위구의 대원(great circle)이 되는데 즉, 구의 원점을 통과하는 평면과 구의 표면이 만나는 교차선(intersection)이 된다.

표 3.3
공통적인 dB값의 정의

dBm = 전력 / 1mW의 dB 값
dBw = 전력 / 1W의 dB 값
dBsm = 면적 / 1m^2의 dB 값*
DBi = 등방성 안테나 이득** 과 관련된 안테나 이득의 dB값

* RCS에서 공통적으로 사용
** 5장에서 정의

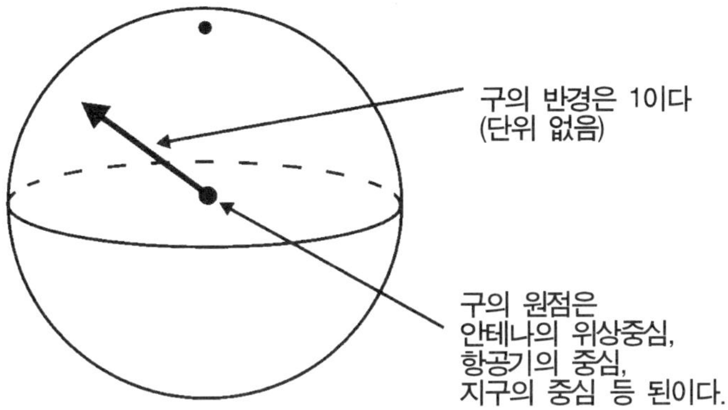

그림 3.2 단위 구

삼각형의 각은 이러한 평면들이 교차하는 각도이다. 구면 삼각형의 변과 각도 모두는 도(degree)로 주어진다. 변의 크기는 변의 두 끝점이 구의 원점에서 만드는 각도로 주어진다. 변은 소문자로 표현되고 각도는 그림 3.3.에서와 같이 각도와 반대에 주어지는 변과 일치하는 대문자로 표현된다.

평면 삼각형에 대한 특성(quality)이 구면 삼각형에는 적용되지 않는다. 예를 들면, 구면 삼각형에서 모든 3개의 각도는 90도가 될 수 있다.

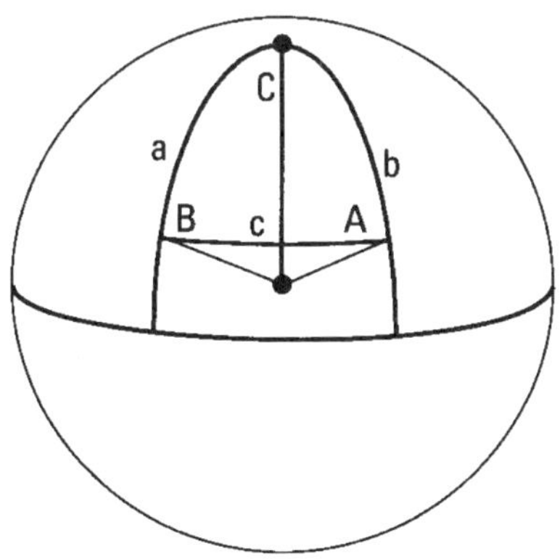

그림 3.3 구면상의 삼각형

3.2.2 구면 삼각형에서 삼각관계

많은 삼각 공식이 있지만, EW 응용에서 가장 공통적으로 사용되는 3개의 식은 sine 법칙, 변에 대한 cosine법칙, 그리고 각도에 대한 cosine법칙이다. 이러한 식은 다음과 같이 정의된다.

- 구면 삼각형에 대한 sine 법칙

$$\frac{\sin a}{sin A} = \frac{\sin b}{sin B} = \frac{\sin c}{sin C}$$

- 변에 대한 cosine 법칙

$$\cos a = cos\ b\ \cos\ c + sin b\ \sin c\ \cos A$$

- 각도에 대한 cosine 법칙

$$cos A = - cos B\ cos C + sin B\ sin C\ \cos a$$

물론, $\sin a$는 주어지는 삼각형의 어떠한 변이 되고 A는 해당되는 변의 각도이다. 간단한 수준의 삼각함수를 이해한다면 이러한 3개의 공식들이 평면 삼각형의 공식과 등가적으로 유사하다는 것을 알 수 있다.

$$\frac{\sin a}{sin A} = \frac{\sin b}{sin B} = \frac{\sin c}{sin C}$$

$$a^2 = b^2 + c^2 - 2bc\ \ cos A$$

$$a = b\ cos C + c\ cos B$$

3.2.3 직각 구면 삼각형

그림 3.4에서와 같이 직각 구면 삼각형은 하나의 90도 각도를 갖는다. 이러한 그림은 항해 문제에서 지구 표면상의 한점에 대한 위도와 경도가 주어지면 많은 EW 응용들이 유사한 직각 구면 삼각형을 적용하여 해석될 수 있는 방법을 보여준다.

직각 구면 삼각형은 Napier 규칙에 의한 삼각 방정식으로 설명된다. 그림 3.5에 있는

5개의 원판 조각은 90도 각도를 제외한 모든 직각 구면 삼각형을 나타낸다. 또한 세 부분은 접두어 "co-"가 주어진다. 이것은 "co-"가 붙여지는 함수는 반드시 Napier 규칙에서와 같이 여함수(cofunction)로 변환되어져야 한다는 것을 의미한다(즉, sine함수는 cosine 함수로 된다).

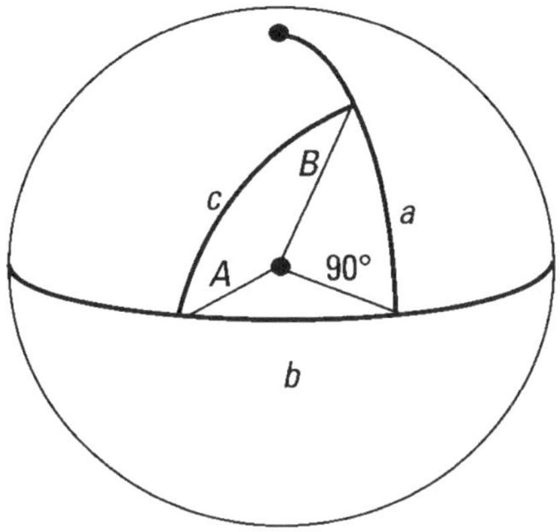

그림 3.4 직각 구면 삼각형

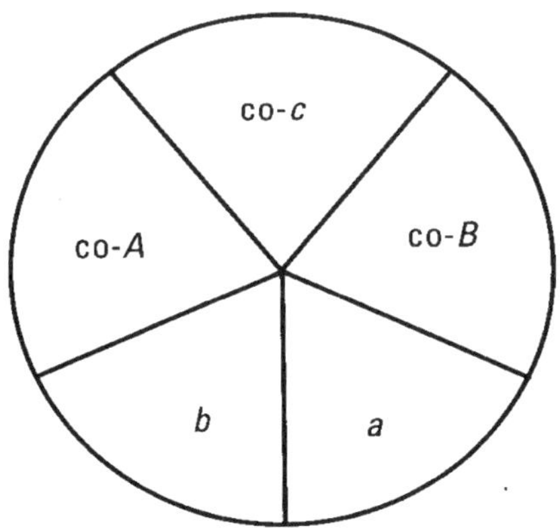

그림 3.5 Napier 규칙 챠트

Napier 규칙은 다음과 같다.

- 중간 부분에 대한 sine은 인접 부분의 tan 값의 곱과 같다.("co-"를 기억하라)
- 중간 부분에 대한 sine은 반대 부분의 cos 값의 곱과 같다.("co-"를 기억하라)

Napier 규칙에 의한 몇 가지 공식에 대한 예는 다음과 같다.

$$\sin a = \tan b \quad cotan\, B$$
$$cos A = cotan\ c \ \tan b$$
$$\cos c = \cos a \quad \cos b$$
$$\sin a = \sin A \ \sin c$$

실제적인 EW 문제에 응용될 때와 같이 이러한 공식들은 직각 구면 삼각형을 포함하는 문제가 주어질 때 구에 대한 수식을 아주 단순하게 한다.

3.2.4 구면 삼각법의 EW 적용

구면 삼각법은 3차원 문제를 처리하는 하나의 방법이며, 센서 관점의 공간적인 관계를 다룬다는 장점을 갖는다.

다음 예는 모델링과 시뮬레이션 응용에서 아주 많이 주어지는 EW 문제의 중요한 사항이다.

도플러 편이

송신기와 수신기 모두(두 항공기에 설치된)는 이동한다. 각각은 임의의 방향을 갖는 속도 벡터를 갖는다. 도플러 편이는 송신기와 수신기 사이의 거리 변화율 함수이다. 두 속도 벡터에 대한 함수로써 송신기와 수신기사이의 거리변화율은 어떻게 주어지는지 알아보자.

송신기와 수신기 사이의 거리변화율을 구하기 위해서는 각각의 속도벡터 사이의 각도와 송신기와 수신기 사이의 직선거리가 필요하다. 따라서 거리변화율은 (송신기 속도)×(송신기에서 이러한 각도에 대한 cosine)+(수신기 속도)×(수신기에서 이러한 각도에 대한 cosine) 으로 주어진다.

송, 수신기 위치와 각각의 위치에 대한 속도 벡터의 방향을 정의하는 것은 어려운 문제이다. 송신기와 수신기의 위치를 그림 3.6에서와 같이 y축은 북쪽, x축은 동쪽, z축은 위쪽 방향으로 주어지는 직각 좌표계를 고려한다. 송신기는 X_T, Y_T, Z_T 에 그리고 수신기는 X_R, Y_R, Z_R 에 위치한다. 그러면 속도벡터의 방향은 그림 3.7에서 주어지는 것과 같이 고각(x,y 평면 위나 아래)과 방위각 방향(x,y평면의 북쪽에서부터 시계방향의 각도)으로 주어진다.

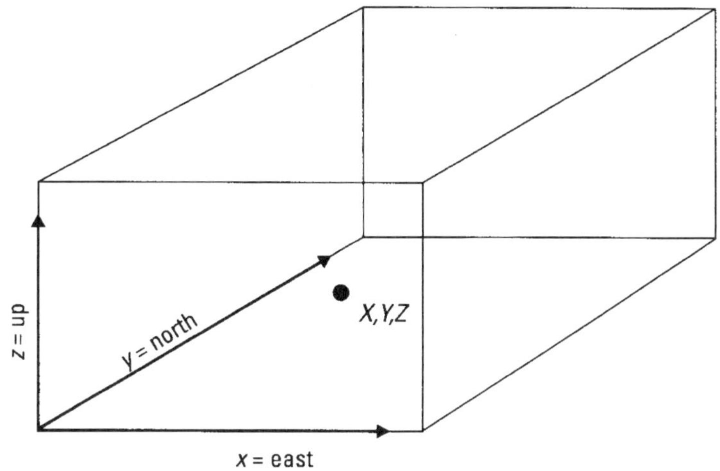

그림 3.6 직각 좌표계

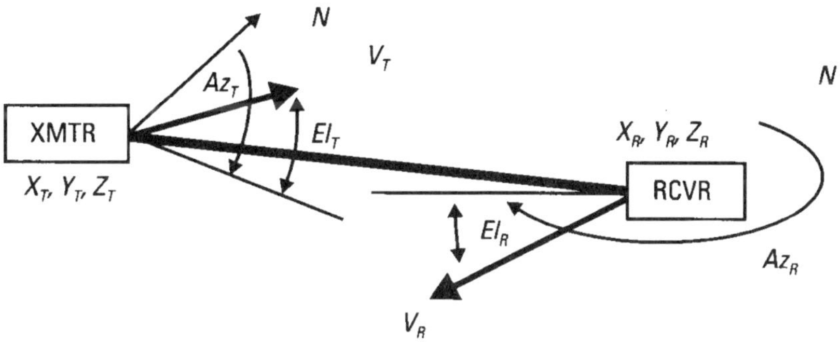

그림 3.7 속도벡터의 방향

평면 삼각법을 적용하여 수신기(송신기로부터의)의 방위와 고도를 구할 수 있다.

$$Az_R = arctan[(X_R - X_T)/(Y_R - Y_T)] \tag{3.1}$$

$$El_R = arctan\{(Z_R - Z_T)/SQRT[(X_R - X_T)^2 + (Y_R - Y_T)^2]\} \tag{3.2}$$

그림 3.8에서와 같이 송신기에서 각도 변환을 고려해보자. 이것은 송신기 위치를 원점으로 하는 구에서 구면상의 삼각형으로 주어진다. N은 북쪽방향, V는 속도벡터의 방향, 그리고 R은 수신기를 향하는 방향이다.

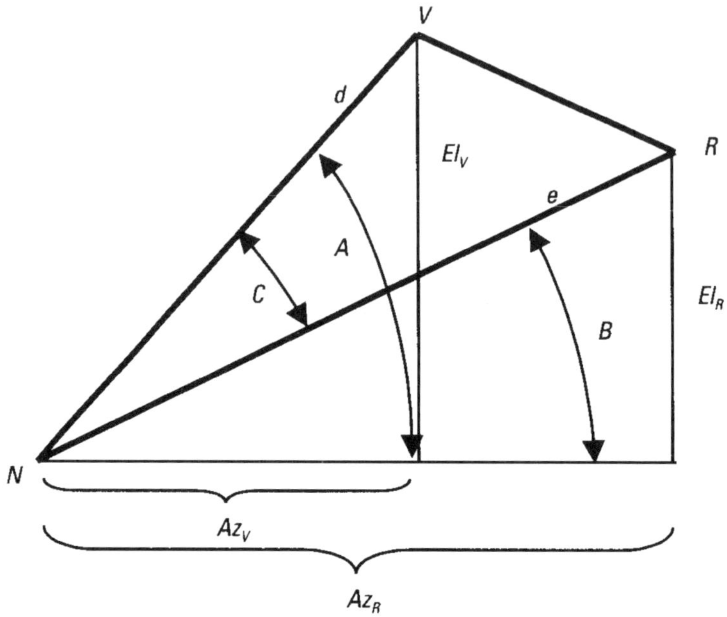

그림 3.8 송신기 속도벡터의 각도 변환

북쪽에서부터 속도벡터까지의 각도는 속도벡터의 방위각과 고각에 의해서 이루지는 직각 구면 삼각형을 적용하여 구해질 수 있다. 이와 같이, 북쪽에서 수신기까지의 각도는 그것의 방위각과 고도에 의해서 형성되는 직각 구면 삼각형으로부터 결정될 수 있다. Napier 법칙으로부터 다음 식을 얻을 수 있다.

$$cos(d) = cos(Az_V) \times cos(E\ell_V) \tag{3.3}$$

$$cos(e) = cos(Az_R) \times cos(El_R) \tag{3.4}$$

각도 A와 B는 다음 식(또는 Napier 법칙)으로부터 구할 수 있다.

$$ctn(A) = sin(Az_V) / tan(El_V) \tag{3.5}$$

$$ctn(B) = sin(Az_R) / tan(El_R) \tag{3.6}$$

$$C = A - B \tag{3.7}$$

그 다음으로 변에 대한 cosine 법칙을 적용하여 N, V, 그리고 R 사이의 구면 삼각형(직각 구면 삼각형이 아닌)으로부터 송신기의 속도벡터와 수신기 사이의 각도를 구할 수 있다.

$$cos(VR) = cos(d)cos(e) + sin(d)sin(e)cos(C) \tag{3.8}$$

수신기 방향으로의 송신기의 속도벡터의 성분은 속도에 $cos(VR)$을 곱함으로써 구해질 수 있다. 이와 같은 방법을 통해 송신기가 있는 방향으로 수신기의 속도벡터 성분이 결정될 수 있다.

송신기와 수신기 사이의 거리 변화율(V_{REL})을 구하기 위해 두개의 속도벡터가 더해진다. 따라서 도플러 편이는 다음 식과 같다.

$$\Delta f = f\ V_{RE}/c \tag{3.9}$$

방위각 방향탐지 시스템에서 고도에 의한 오차

방향탐지 시스템은 단지 도착되는 신호의 방위각만을 측정한다. 그러나 DF 센서가 방사기가 위치한다고 예측하는 방위각 평면이외로 신호가 주어질 수 있다. 방사기가 평면 위의 고도 함수로 주어질 때 방위각 상에서 오차는 얼마로 주어지는가?

이러한 예를 위해 간단한 진폭 비교 DF를 고려해 본다. 어떤 특별한 형태의 방향탐지 기술에 이러한 방법을 적용하기 위해서는 도착 방향을 결정하는 방법(예를 들면, 5.5절에서 논의되는 간섭적으로 주어지는 삼각형)을 이해하는 것이 필요하다.

DF시스템은 기준 방향(일반적으로 안테나 baseline의 중앙)에서 신호가 도착하는 방향까지의 실제의 각도를 측정한다. 방위각을 측정하는 시스템에서 이러한 측정된 각도는 도착 신호의 방위각으로 주어진다(측정된 각도에 기준 방향의 방위각을 더함으로써).

그림 3.9에서와 같이 측정된 각도는 실제의 방위각과 고도가 주어지는 직각 구면 삼각형으로 나타내진다. 측정된 각도는 M으로 주어진다. 다음의 Napier 규칙으로부터 실제의 방위각이 구해진다.

$$cos(AZ) = cos(EL)/cos(M) \tag{3.10}$$

방위각 계산에서 실제 고도의 함수로 주어지는 오차는 다음과 같이 주어진다.

$$Error = M - arc\ \ cos[cos(El)/cos(M)] \tag{3.11}$$

이러한 오차는 DF 시스템의 기준 방향으로부터 45도의 방위각 차이를 가질 때 최대값을 나타낸다.

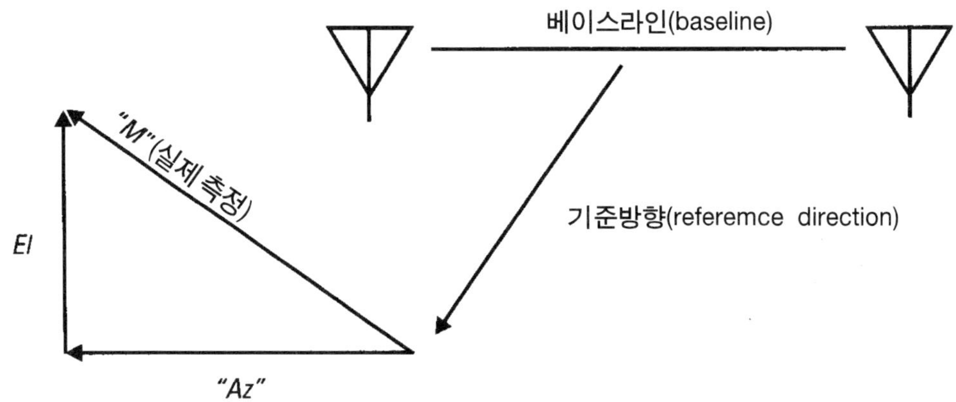

그림 3.9 측정된 각도 대 실제 방위와 고도

3차원 교전에서 관측 각도

T는 표적이고 A는 기동하는 항공기로서 3차원 공간에 주어진다. yaw평면에 수직으로 앉아있는 항공기 A의 조종사는 항공기의 roll 축을 향하고 있다. 조종사 A의 관점으로부터 T에 대해 관측된 수평각과 수직각은 얼마일까? 이러한 것은 head-up display(HUD) 상에서 위협 표적의 위치를 결정하기 위해 반드시 해결되어야 하는 문제이다.

그림 3.10은 그림 3.6의 3차원 게임영역에 있는 표적과 항공기를 나타낸다. 표적은 X_T, Y_T, Z_T에, 항공기는 X_A, Y_A, Z_A에 위치하고 있다. roll축은 게임영역 좌표계에 관련되는 방위와 고도에 의해서 정의된다. 항공기 위치로부터 표적의 방위와 고도는 식 (3.1)과 (3.2)에서와 같이 다음 식과 같이 주어진다.

$$Az_T = arctan[(X_T - X_A)/(Y_T - Y_A)] \tag{3.12}$$

$$El_T = arctan\{(Z_T - Z_A)/SQRT[(X_T - X_A)^2 + (Y_T - Y_A)^2]\} \tag{3.13}$$

그림 3.11의 두개의 직각 구면 삼각형과 하나의 비직각 구면 삼각형은 식 (3.3)에서 (3.7)까지의 방법을 사용하여 roll축으로부터 표적(j)까지의 각도 거리가 계산될 수 있다.

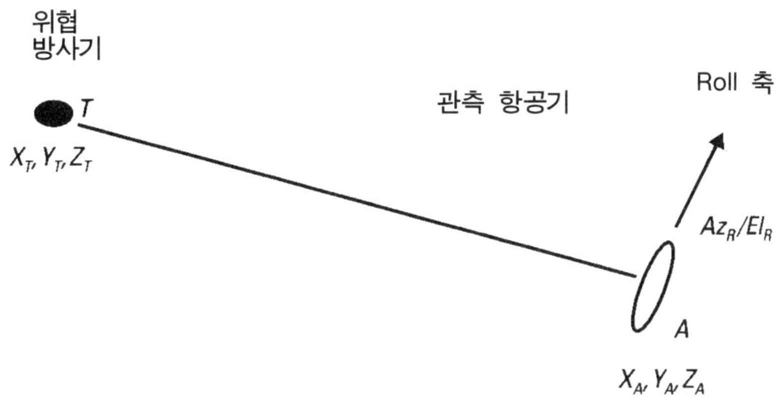

그림 3.10 roll축과 관련된 표적의 위치

$$cos(f) = cos(Az_T) \times cos(El_T) \tag{3.14}$$

$$cos(b) = cos(Az_R) \times cos(El_R) \tag{3.15}$$

$$ctn(C) = sin(Az_T)/tan(El_T) \tag{3.16}$$

$$ctn(D) = sin(Az_R)/tan(El_R) \tag{3.17}$$

$$J = 180 degree - C - D \tag{3.18}$$

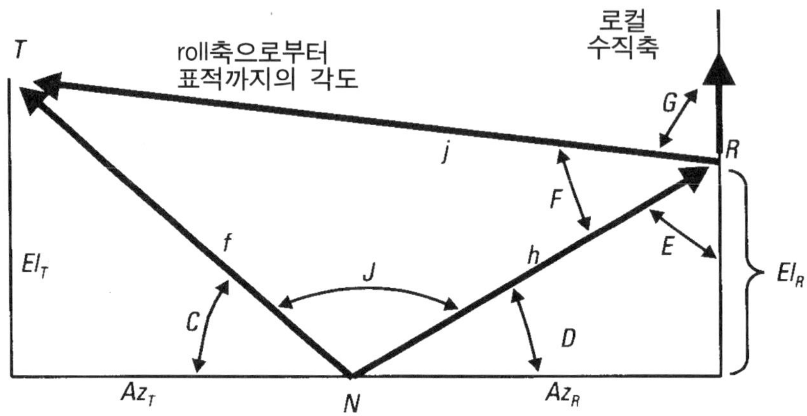

그림 3.11 roll축에서부터 표적까지의 각도에 대한 구면 삼각형

$$cos(j) = cos(f)cos(b) + sin(f)sin(b)cos(J) \tag{3.19}$$

각도 E는 다음과 같이 Napier 법칙으로부터 구해진다.

$$ctn(E) = sin(El_R)/tan(Az_R) \tag{3.20}$$

각도 F 또한 다음의 sin법칙으로부터 구해진다.

$$sin(F) = sin(J) \times sin(f)/sin(j) \tag{3.21}$$

그 다음에 항공기에서 수직으로부터 위협표적의 offset 각도는 다음 식과 같이 주어진다.

$$G = 180 - E - F \tag{3.22}$$

마지막으로, 그림 3.12에서와 같이 각도 G와 수직으로부터의 항공기의 roll 각도의 합에 의해서 head-up 표시에서 위협의 위치는 각도상의 거리 j와 head-up 표시에서의 offset (항공기에서 주어지는 roll에 의한)을 나타내는 거리로 주어진다.

중요한 실제적인 두 지점은 구면 삼각형을 실제 문제로 적절히 적용하기 위하여 반드시 이해되어야 한다. 먼저, spreadsheet(혹은 MathCAD)에서 삼각 함수를 적용하는 것에 주의해야 한다. 부호(sign)는 사분면(quadrant)에 따라 변하게 되며 tan함수는 90도에서 무한대로 발산한다.

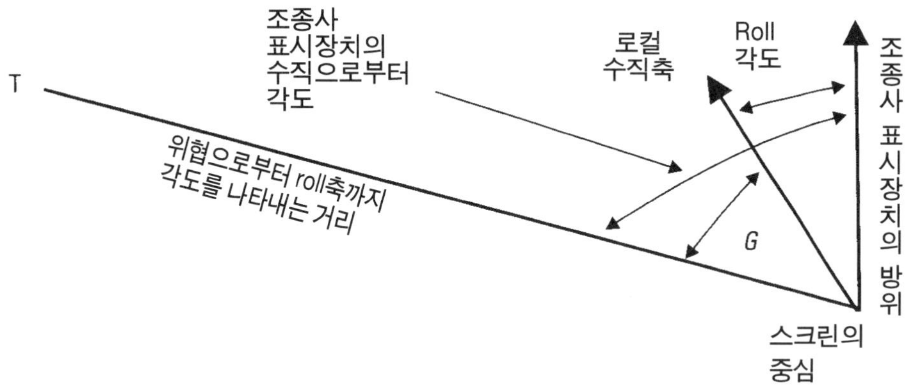

그림 3.12 HUD상에서 위협표적의 위치

두 번째로, 방정식을 적절하게 놓음으로써 roll의 방향과 벡터의 상대적인 위치를 알 수 있다. 이러한 문제는 간단하게 주어지지 않으므로 그림에 대해 방정식을 잘 설정해야 한다.

3.3 Poisson 정리

EW와 또한 EW 시뮬레이션에서는, 보통 여러 불규칙한 사건들이 발생되는 시간을 예측하는 것이 필요하다. 다음은 중요한 예이다:

- 많은 펄스신호 환경에서 겹쳐지는 펄스들에 대한 백분율;
- 복잡한 통신 환경에서 수신기가 탐지 동작을 할 때 사용되는 채널의 수;
- 평균적으로 주어지는 메시지 전송시간 동안에 불규칙인 신호가 시스템에 주어 지는 확률

Poisson 정리는 직접적으로 확률이론에 기초를 둔다. 만일 항아리(urn)내에 검은색과 흰색의 공이 어떠한 비율로 주어진다면, n번의 시도에서 정확히 k번의 검은 공을 집어낼 수 있는 확률이 예측될 수 있다. 시도 횟수가 아주 커지면(컴퓨터 용량 내에서) 컴퓨터에서 이러한 방정식에 대한 계산 결과는 바로 구해질 수 있다. 또한, 이러한 방정식은 적어도 제한된 시도에서도 성공 횟수가 발생되는 확률을 구하는데 적용될 수 있다. 방정식에서 발생되는 사건들은 불규칙적이라고 가정한다. 적용되는 이러한 식은 펄스 열

같이 많은 주기적인 사건들이 취급될 때 다소 논쟁의 여지가 있을 수 있다. 일시적으로 어떠한 사건들이 조화적(harmonically)으로 발생될 수 있지만, 많은 사건들이 조화적으로 발생된다고 해도 대부분 무시한다. 기본 방정식은 다음과 같다.

$$P_n(k) = \frac{n!}{k!(n-k)!} \; p^k(1-p)^{n-k}$$

여기서,

$P_n(k)$ = n번의 시도에서 정확히 k번의 성공에 대한 확률
P = 한번의 시도에서 성공확률

이러한 공식을 간단하게 하여 컴퓨터를 이용하여 결과를 얻는다. 결과는 컴퓨터 처리 능력에 의해 제한될 수 있다. 예를 들면 다음 식과 같다.

$$P_n(0) = (1-p)^n$$

$$P_n(1) = n\ p(1-p)^{n-1}$$

$$P_n(2) = [n(n-1)/2]\ p^2(1-p)^{n-2}$$

$$P_n(3) = [n(n-1)(n-2)/6]\ p^3(1-p)^{n-3}$$

spreadsheet에서 다루어지는 또 다른 방법은 $P_n(3)$을 사용하는 다음 예와 같다.

$$P_n(3) = P_n(2)[(n-2)/3][p/(1-p)]$$

어떠한 횟수에서 성공 확률을 구하기 위해서는 1로부터 정확히 그러한 공식에 의한 값을 뺀다. 예를 들면, 9번의 시도에서 하나 이상의 성공이 주어지는 확률을 구하기 위해서 다음 식을 계산한다.

$$P_9(\geqq 1) = 1 - P_9(0) = 1 - (1-p)^9$$

만일 각 시도에서 5%의 성공 기회가 주어진다면, 9번의 시도에서 적어도 하나의 성공확률은 37%가 된다. 9번의 시도에서 적어도 2개의 성공은 7%의 기회가 되고 적어도 3개가 성공할 확률은 0.9%가 된다.

3.4 양자화(Digitization)

모델링과 시뮬레이션의 디지털 분야에 대해서 좀 더 이해하기 위해 중요한 사항을 간단히 알아본다. 양자화 기술에 대한 참고문헌은 *Advanced Techniques for Digital Receivers*, by Phillip E.Pace, (Norwood, MA: Artech House, 2000)가 있다.

샘플링 비

적절한 통신품질로 신호를 양자화 하기 위해서는 일반적으로 신호의 최대 주파수의 2배로 신호를 샘플링 하는 것이 필요하다. 즉, 어떠한 고주파에 있는 신호의 주파수 대역(예를 들면 중간 주파수 출력)이 주어지면 대역폭의 2배와 같은 비율로 샘플링 된다. 또한 소자(device) 제작에서 규정되는 주파수의 제한이 주어질 수 있다.

또 다른 샘플링에 대한 고려사항은 만일 신호가 위상 직교(quadrature) 관계(I와 Q샘플을 갖는)를 갖는 두개의 양자기로 샘플링 된다면 각각의 양자기는 대역폭과 같은 샘플비율로 동작될 수 있다는 것이다.

양자화 비트의 수

양자화의 수준(level)은 디지털 신호가 나중에 원래의 아날로그 형태로 복원되는 정도를 결정한다.

디지털은 2진수로 주어지기 때문에 각각의 샘플로부터 발생된 디지털 단어(word)가 몇 개의 비트 수로 관련되는지를 나타내는 양자화 수준이 있다. 예를 들면, 1 비트는 두 개의 상태를 나타내고 4 비트는 16개의 상태(0000, 0001, 0010, ..., 1111)를 나타낼 수 있다. 이러한 것에 관련된 식은 다음과 같다.

$$QL = 2^m$$

여기서,

QL = 양자화 수준의 수

m = 샘플당 비트의 수

또한 샘플당 비트 수와 관련되는 등가신호 대 잡음수준(SNR)이 있다. 이것은 실제의 SNR이 아니라, 신호 대 양자화 수준에 대한 SNR이 된다. 이러한 것은 양자화에 의해서 발생되는 신호 왜곡에 대한 신호의 비율이다. 식은 다음과 같다.

$$S / N = 3 \times 2^{(2m-1)}$$

여기서,

S/N = 신호 대 양자화(잡음) 수준
m = 샘플당 비트의 수

표 3.4는 샘플당 다양한 비트 수에 대한 양자화 수준과 등가 SNR 값을 나타낸다.

표 3.4
샘플당 비트 수에 대한 양자화와 SNR

비트/샘플	양자화 수준	등가적인 SNR(dB)
1	2	8
2	4	14
3	8	20
4	16	26
5	32	32
6	64	38
7	128	44
8	256	50
9	512	56
10	1,024	62
11	2,048	68
12	4,096	74

PART 4

전자파 전파

EW 모델링을 수행하기 위해서는 전자파의 전파에 대한 기본 사항을 이해하는 것이 필요하다. 이 장은 단방향 링크 방정식, 레이더 거리 방정식, 그리고 여러가지 중요한 링크 방정식을 다룬다.

4.1 단방향 링크 방정식

그림 4.1은 기본적인 통신 링크이다. 통신 링크의 목적은 정보를 송신기로부터 수신기로 전달하는 것이다. 링크는 송신기, 수신기, 두 개의 안테나, 그리고 두 안테나 사이에서 발생하는 전파 요인(factor)들로 정의된다. 그림 4.2는 링크를 통하는 신호세기를 나타낸다. 링크 경로는 척도(scale)상으로 표현되지 않고 정보원으로부터 전달되는 각각의 요인에서 어떠한 일이 발생되는지를 중심으로 논의된다.

송신기는 무선주파수 신호를 어떤 신호세기(송신기 출력(P_T))로 출력한다. EW에서는 dBm 단위로 송신전력을 나타내는 것이 가장 일반적이다. 신호는 어떠한 이득(dB)을 갖는 송신기 안테나를 통해 전파된다. 그림에서 이러한 이득은 양(+)의 값으로 주어지며, 안테나 이득(dB단위)이 양(+)이나 음(-)으로 주어지는 경우 모두 항상 송신기 출력에 이득이 더해진다. 이 장에서 안테나의 이득은 최대 값이 아닐지라도 보통 수신기 방향으로의 이득을 나타낸다. 5.1절에서는 안테나의 형태와 매개변수 사이에 관련된 사항들을 논의한다.

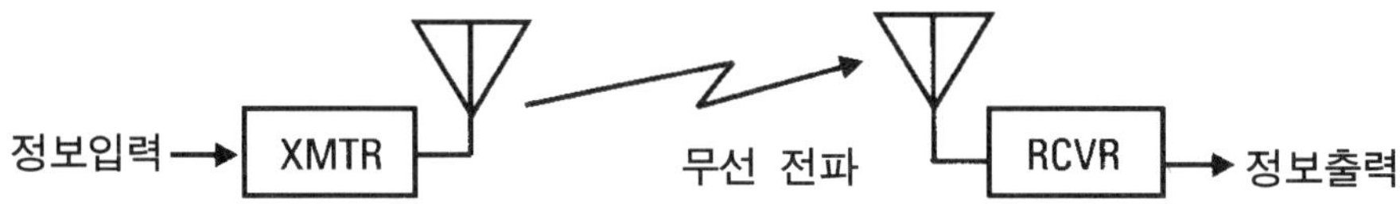

그림 4.1 기본 통신 링크

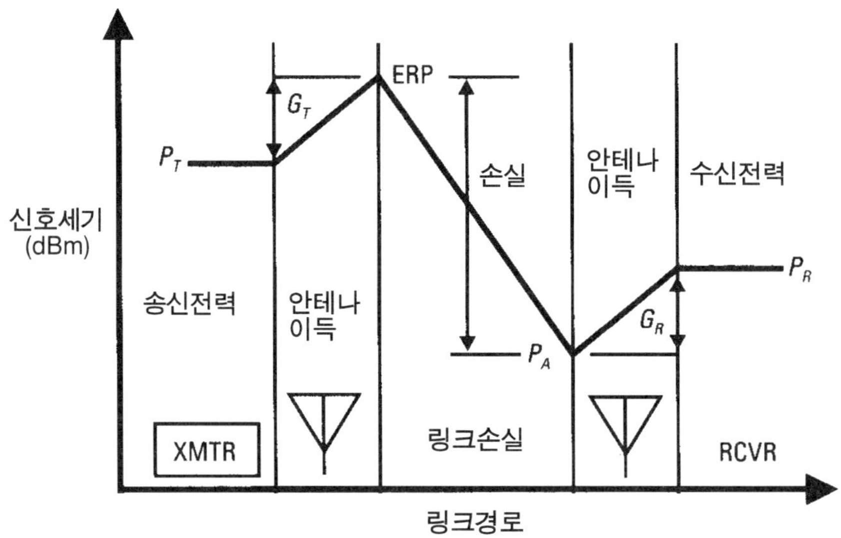

그림 4.2 링크를 통한 신호 세기

송신 안테나의 출력 신호세기는 유효 방사전력(effective radiated power;ERP)이라 불려지며 dBm이나 dBW로 주어진다. ERP는 송신전력과 송신 안테나 이득(수신기 방향에서)의 합(dB)으로 주어진다. ERP에 대한 공식은 다음과 같다.

$$ERP = P_T + G_T$$

여기서,

ERP = 유효 방사전력(dBm);
P_T = 송신전력(dBm);
G_T = 송신 안테나 이득(dB);

신호는 전파 매질(보통, 대기나 공간)을 통해 수신 안테나로 전파된다. 전파 매질에서 여러 형태의 손실이 일어난다. 주요한 손실은 두 안테나 사이의 거리함수로 주어진다. 이러한 손실을 *공간손실(space loss)* 혹은 *확산손실(spreading loss)*이라 한다. 또한 대기 흡수와 비에 의한 손실이 있다. 송신 안테나와 수신 안테나사이에 분명한 가시선(line of sight)이 주어지지 않는 경우에는, 지구의 곡률이나 산능선의 굴절에 의해서 발생되는 손실이 있을 수 있다. 이러한 함수에 의해 등방성(0 dB이득) 안테나사이의 전송손실 지수(dB로 주어지는)가 계산될 수 있다. 링크 손실은 양(+)의 dB값으로 주어지며 신호의 세기는 이러한 링크손실에 의해 감소된다.

수신기에 도착하는 신호의 크기는 P_A (수신기 안테나에서 전력)라고 한다. 이러한 것은 링크손실에서 전파손실(즉, ERP로부터 P_A까지) 영향을 분리시킬 수 있기 때문에 유용하게 사용된다.

수신기에서 신호는 양이나 음으로 주어지는 이득(dB단위)을 갖는 수신 안테나에 의해 포착된다. 이 장에서 수신 안테나 이득은 송신기 방향으로의 이득(안테나의 최대 이득이 아닌)을 나타낸다.

수신 안테나에 의해 포착된 전력을 수신전력(P_R)이라 한다. 이것은 수신 시스템에 입력으로 주어지며 dBm으로 표현된다. EW의 많은 전파(propagation)에 관련된 사항에서 신호세기는 전체 링크에서 dBm으로 나타내진다. 이러한 표현은 편리하지만, 반드시 그러한 것은 아니다. 두 안테나사이의 전송매질 이외에는 보통 μV/m 단위로 표현되는 전계 세기가 있다. dBm값으로 표현하기 위하여 이상적으로 주어지는 0dB 이득 안테나를 사용한다. 이상적인 안테나의 출력은 dBm으로 주어지며 전파 경로(ERP와 P_A를 포함하는)의 임의의 위치에서 어떠한 크기로 나타내어진다.

단방향 링크 방정식은 다음과 같이 표현될 수 있다.

전송전력
\+ 송신안테나 이득
\- 링크손실
\+ 수신안테나 이득
= 수신전력

그림 4.2에 있는 도표는 실제의 링크 방정식이며, 하나의 예는 다음과 같다.

송신기 전력=10W(=40dBm)
송신 안테나 이득=6dB
링크손실=100dB
<u>수신 안테나 이득=-2dB</u>
수신된 전력=-56dBm

특별한 링크에 대한 자세한 해석을 할 경우에는 다른 구성 값에서 포함되었다고 가정되는 내부 손실(안테나로 주어지는 케이블 손실)이 독립적으로 적용될 수 있다.

4.2 전파손실

이 절에서는 비가시선 손실(non line-of-sight loss)이 모델링에서 거의 언급되지 않으므로 확산손실, 대기손실, 그리고 강우손실(rain loss)에 대해 논의하고자 한다. 일반적으로 가시선 영역이외나 4/3 지구 전파 수평선너머로 주어지는 어떠한 가시 경로도 EW 모델링과 시뮬레이션에서는 무한대의 손실로 처리된다. 실제적으로 가시선 손실은 아주 확률적이고 특별한 경우로 주어지며 보통 자세한 전파 시뮬레이션에서만 고려된다. 특별한 상황에서의 시뮬레이션에 대한 손실은 IEEE(ISBN:0-8493-8349-8) 규정을 적용한다.

4.2.1 확산손실(Spreading Loss)

가장 중요한 손실 요인는 확산손실 L_S인데 이것은 대부분 링크손실을 나타내기 때문이다. 다음 식은 0dB 이득을 갖는 등방성 안테나사이의 확산손실에 대한 것이다. 이러한 손실은 거리 제곱과 주파수 제곱으로 주어지는 함수가 된다. 가장 일반적으로 사용되는 형태는 다음과 같다.

$$L_S = 32 + 20log(F) + 20log(d)$$

여기서

$L_S =$ 확산손실(dB);

F = 주파수(MHz);

d = 거리(km);

32는 언급된 단위(MHz, km)에서만 적용되는 상수이다. 대부분의 다른 dB 식에서와 같이 적용된 단위에 의해 다르게 표현된다. 또한, 상수는 대략 1dB(일반적인)의 값으로 주어진다. 마지막으로, 식에서 사용된 log는 반드시 밑수가 10인 log이다. 링크 거리의 공통적인 단위에 대한 상수는 표 4.1에 주어진다.

그림 4.3은 주파수와 거리의 함수로 주어지는 확산손실을 빠르게 구할 수 있게 하는 계산도표(nomograph)이다.

표 4.1
확산손실 상수

거리 단위	방정식 상수	근사값
km	32.44	32
mile	36.52	37
nmile	37.73	38

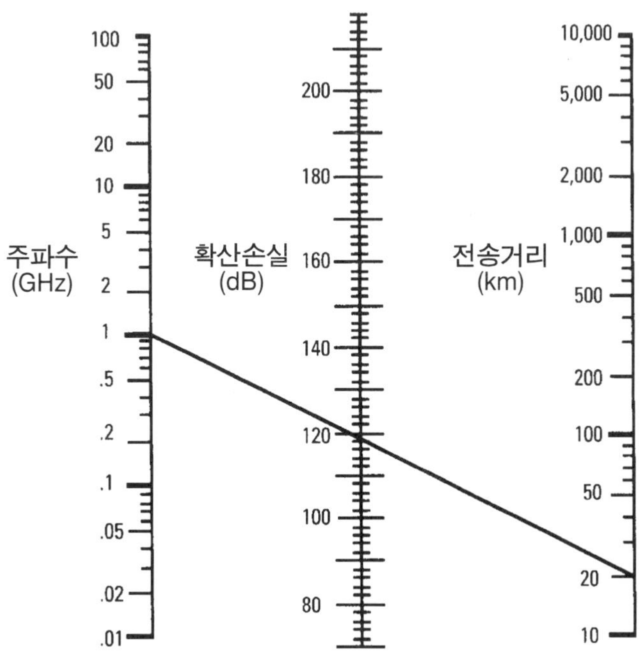

그림 4.3 확산손실 계산도표

요구되는 주파수와 거리사이에 직선을 긋고 중앙의 dB 단위로 주어지는 손실을 읽는다. 그림 4.3에서 1GHz와 20km의 직선경로는 근사적으로 118.5dB의 확산손실을 나타낸다.

4.2.2 대기 손실

지구의 대기에서, 무선 신호는 일차적으로 산소와 수증기에 의해서 흡수된다. 그림 4.4는 해상에서 km당 주파수에 대한 대기손실을 나타낸다. 주어진 주파수로부터 흡수곡선으로 직선을 그은 후 왼쪽의 km당 dB 값으로 직선을 긋는다. 그 다음에 송신 안테나와 수신 안테나사이의 km 숫자를 그 값에 곱한다. 이 손실이 확산손실에 추가적으로 더해진다.

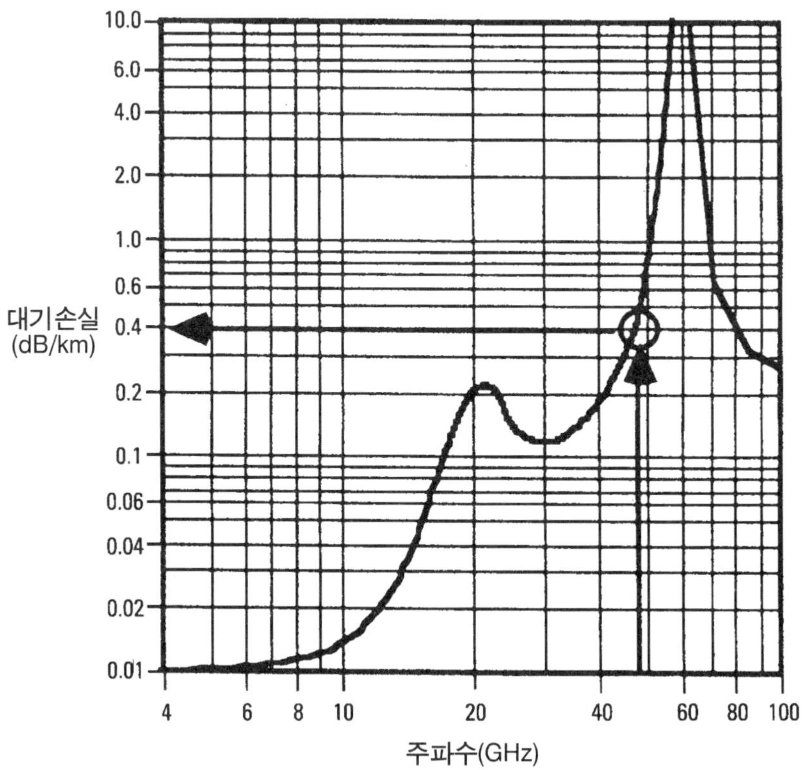

그림 4.4 대기손실

22GHz 근처에서 어떠한 피크 손실이 있음을 알 수 있다. 이것은 수증기에 의해 발생된다. 60GHz의 더 높은 손실은 산소에 의해 흡수되는 손실이다. 이런 피크값은 20dB/km

정도이다. 이러한 것은 60GHz 근처에서는 지상-공간 링크는 사용되지 않지만, 많은 위성 대 위성 링크는 사용되는 이유를 나타낸다.

4.2.3. 강우손실

비는 일정하게 주어지지 않는다는 것을 경험으로부터 알 수 있다. 대부분의 기후에서는, 보통 어떠한 긴 시간동안에 일정하게 많은 비가 내리더라도, 짧은 시간동안에는 폭우로 바뀔 수 있다. 물론, 열대 강우 숲 지역이나 높은 산악지역에서는 한 시간 동안 매우 많은 비가 내릴 수 있다. 그러므로 중간수준으로 비가 내리는 경우에 대한 통신링크를 설계하는 것이 적절하다. 일단 모델이 설정되면 링크에 대한 비의 특성을 적용하기 위하여 주파수를 포함하는 다양한 형태(configuration)에 대한 타협이 이루어진다. 일반적인 강우 모델은 그림 4.5와 같이 주어진다. 링크 전체에서 50km 구간은 약한 비가 내리지만, 10km 구간에서는 폭우가 내린다(즉, 40km는 약한 비가, 10km는 폭우가 내리는).

그림 4.6의 도표는 주파수에 대해서 다양한 강우세기에 대한 km당 감쇄를 나타낸다. 대기손실에서와 같이 이러한 도표가 사용된다. 링크 주파수에서, 선을 위로 긋고 그 다음에 km당 dB를 구하기 위해서 감쇄곡선에서 왼쪽으로 잇는다. 다음으로 이러한 값을 전파경로 길이(km)를 곱한다. 도표에서 보여진 예제의 경우, 15GHz의 주파수에서 전체 8.9dB의 손실은 폭우가 주어지는 10km 구간에서는 7.5dB의 손실이, 약한 비가 내리는 40km 구간에서는 1.4dB의 손실이 발생됨을 나타낸다.

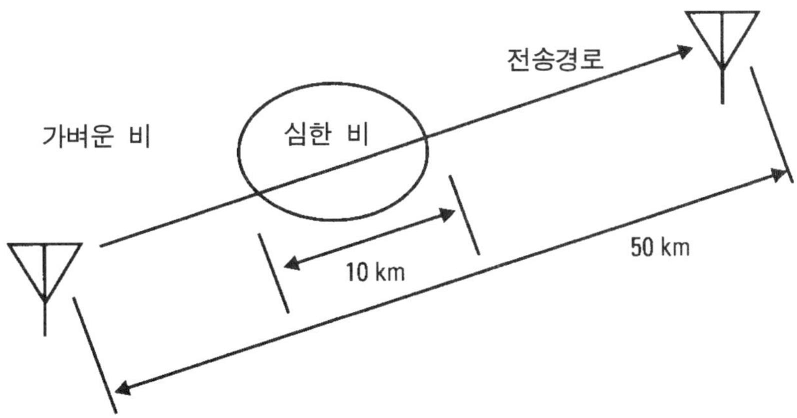

그림 4.5 전형적인 강우모델

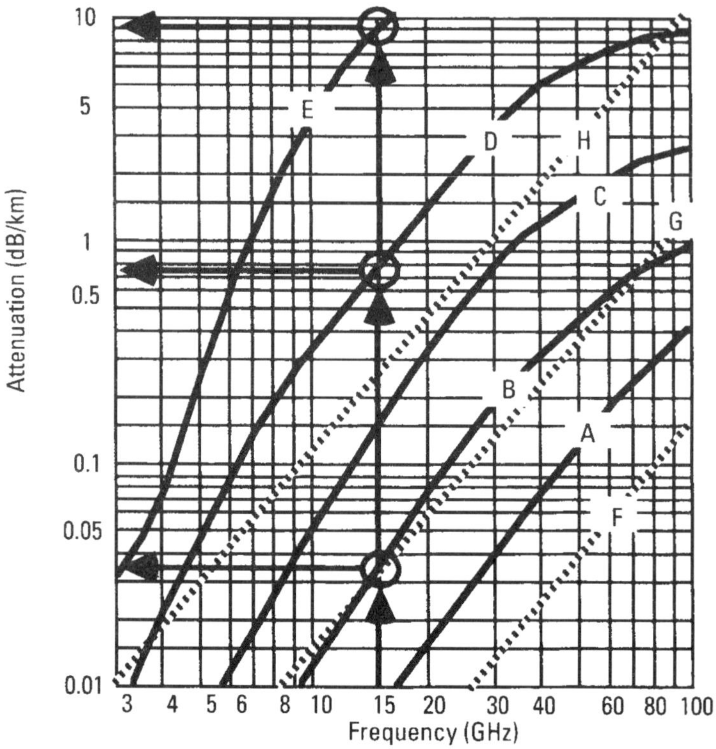

비	A	0.25 mm/hr	0.01 in/hr	이슬비
	B	1.0 mm/hr	0.04 in/hr	가벼운 정도의 비
	C	4.0 mm/hr	0.16 in/hr	중간정도의 비
	D	16 mm/hr	0.64 in/hr	심한 비
	E	100 mm/hr	4.0 in/hr	매우 심한 비

안개	F	0.032 gm/m³	600m보다 더 긴 가시성
	G	0.32 gm/m³	약 120m 정도의 가시성
	H	2.3 gm/m³	약 30m 정도의 가시성

그림 4.6 비와 안개에 의한 감쇄

4.3 수신기 감도

수신기의 감도는 수신이 가능한 최소 신호를 나타낸다. 여기에서는 수신기 시스템의 감도에 대해서 알아본다. 이를 위해 안테나 신호를 포착할 수 있는 한개 또는 더 많은 수신기와 필요한 케이블, 스위치 등을 고려한다.

4.2절에는 수신 신호 세기(즉, 수신 시스템의 입력에 도착하는 신호의 전력 크기)를 예측하기 위한 식이 주어진다. 수신 시스템의 감도가 도달한 수신호보다 같거나 작다면 링크는 동작된다. 수신 신호가 수신기의 감도보다 더 크게 주어진다면, 두 값사이의 차(보통, dB로 표현되는)로 주어지는 링크 여유(link margin)가 있다고 한다.

그림 4.7에서와 같이 감도에는 kTB, 잡음지수, 그리고 SNR인 3가지의 성분이 있다.

kTB

kTB는 이상적 수신기의 잡음으로서, K는 Boltzmann 상수, T는 절대온도(K^o), B는 수신기의 유효 대역폭이다. 지구의 대기 온도는 모든 EW 응용에서 $290K^o$로 가정된다.

$$kTB = -114\ dBm + 10 log(BW)$$

여기서, kTB는 dBm단위, BW는 유효 수신기 대역폭(MHz단위)이다. 그림 4.8은 수신기의 유효 대역폭 대 kTB를 나타내는 도표이다.

잡음지수

시스템의 잡음지수는 kTB 이상으로 시스템에 더해지는 잡음의 양이며 이러한 잡음은 수신기의 입력(안테나의 출력)으로 다시 되돌려 지는 양이 된다. 시스템 잡음이 없는 경우에는 측정된 출력 잡음을 발생시키기 위해 입력에 연결된 잡음 발생기에 의해 더해질 수 있는 잡음의 양으로 정의된다.

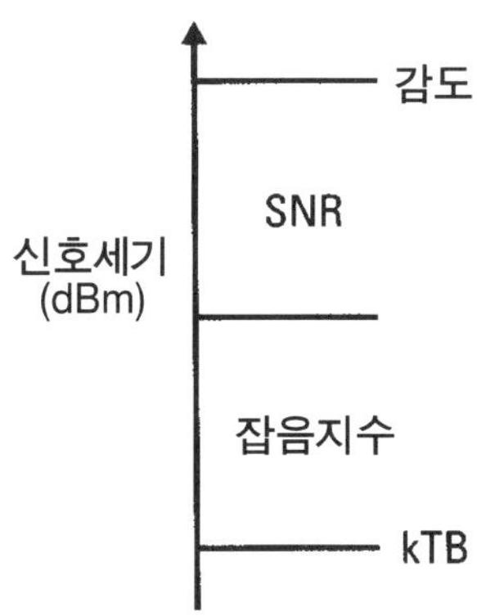

그림 4.7 감도의 구성성분

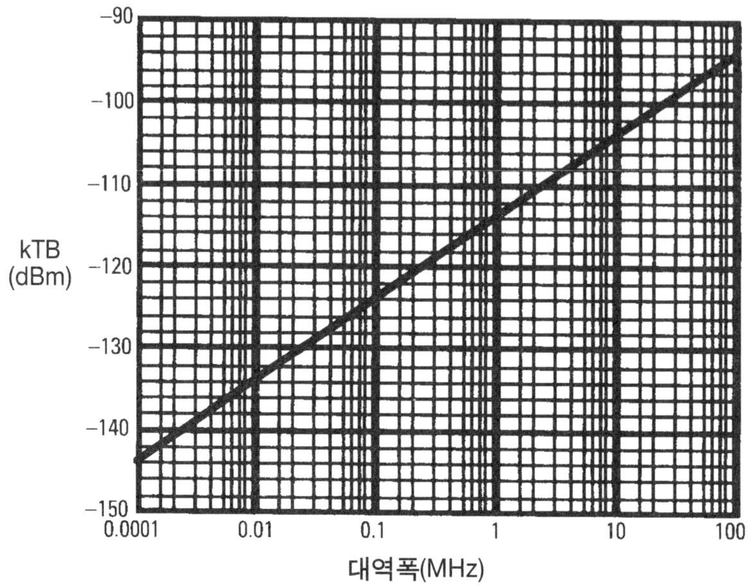

그림 4.8 kTB 대 대역폭

잡음지수가 낮을수록 더 좋은 감도를 갖는다. 시스템 잡음지수를 줄이는 방법은 전치증폭기(pre-amplifier)를 사용하고 안테나, 수신기 그리고 전치증폭기 사이의 케이블 손실을 최소화하고 잡음지수가 감소된 증폭기와 수신기를 사용하는 것이다. 일반적인 시스템 잡음지수는 전치 증폭기가 사용되지 않을 경우에는 20dB 정도이지만 안테나 가까이에 전치증폭기가 사용된다면 4～6dB 정도로 줄어든다.

신호 대 잡음비

SNR은 신호의 품질(quality)을 정량화하는 방법으로 주어진다. SNR은 신호의 형태, 수신기가 신호로부터 얻는 정보, 그리고 요구되는 출력 품질에 대한 함수로 주어진다. 관심을 갖는 SNR은 수신기 입력에서에의 SNR이다. 이것은 때때로 시스템의 음성이나 영상 출력의 SNR 값이지만 변조형태와는 무관하다. 이러한 입력 SNR은 *반송파 대 잡음비(carrier-to-noise ratio : CNR)* 혹은 더 정확하게 RF SNR이라 한다.

표 4.2는 일반적인 RF SNR값을 나타낸다. 공통적으로 평균값으로 주어지지만, 사용되는 장비의 형태, 환경, 그리고 전송되는 정보의 특성이나 적 수신기에 의해 이루어지는 분석 방법에 따라 매우 다양하게 주어진다.

표 4.2
다양한 형태의 신호에 대해 요구되는 RF SNR

신호형태	요구되는 RF SNR(dB)
방송 TV 화면	40
음성 무전기 AM파	15
음성 무전기 FM파	12
펄스 영상-전문가용	8
펄스 영상-자동	15
컴퓨터 처리	
SEI 분석	30-50
레이더	13

감도 계산 예(Sensitivity Calculation Example)

잡음지수가 18dB, 수신기의 유효 대역폭이 10KHz이고 펄스열(pulse train) 형태의 신호라면 수신기의 감도는 다음과 같다.

(KTB) - 114dBm +10log(10) = -104 dBm
+(잡음지수) 18dB
+(요구되는 SNR) 15dB
= -71 dBm

4.4 유효거리

링크의 유효거리는 수신전력이 수신 시스템 감도와 같아질 때의 거리로 주어진다. 확산손실만 고려한다면, 수신전력은 다음 식과 같이 표현된다.

$$P_R = ERP - 32 - 20log(F) - 20log(d) + G_R$$

여기서,

$P_R =$ 수신전력(dBm);

ERP = 송신기의 유효 방사전력(dBm);
F = 주파수(MHz);
d = 거리(km);
G_R = 수신안테나 이득(dB).

감도(sens)와 같게 P_R을 두면 다음 식과 같이 된다.

$$Sens = ERP - 32 - 20log(F) - 20log(d) + G_R$$

따라서 $20log(d)$로 나타내면 다음과 같다.

$$20log(d) = ERP - sens - 32 - 20log(F) + G_R$$

감도와 ERP는 dBm단위로, 주파수는 MHz, 그리고 거리는 km 단위이다. 거리 d에 대해서 풀면 다음과 같다.

$$d = antilog\{20log(d)/20\}$$

유효 거리 예

레이더 신호가 $10GHz$의 주파수에서 $1MW$의 ERP를 가지며 수신기가 $-71dBm$의 감도, 수신 안테나가 $2dB$ 이득을 갖는다면 유효거리(즉, 수신기가 레이더 신호를 적절하게 수신할 수 있는 거리)는 다음과 같이 계산된다.

$$ERP = 1MW = +90dBm$$
$$20log(F) = 20log(10,000)\{1GHz = 1,000MHz\} = 80$$
$$20log(d) = 90dBm - (-71dBm) - 32 - 80 + 2 = 51$$
$$d = antilog(51/20) = antilog(2.55) = 355km$$

이러한 특정한 값은 레이더의 *탐지가능 거리(detectability range)*라고 한다. 대기와 강우손실이 포함되는 유효거리를 구하기 위해서는 먼저 손실이 포함되지 않은 거리를 계산한 후 대기와 강우손실(거리의 함수로 주어지는)을 포함시키는 것이 일반적인 실행

순서이다. 그러므로 $20log(d)$로부터 이러한 손실들을 빼고 난 뒤 d를 계산한다. 적절한 정확성을 얻기 위해 여러 번 반복 계산되어질 수 있다.

4.5 레이더 거리 방정식

레이더 거리 방정식은 레이더 송신기와 수신기가 분리되어 있다고 가정하였을 때 레이더 수신기에서 수신된 에너지에 대한 표현이다. 이 식은 일반적으로 확산손실만을 고려하며 다음 형태로 주어진다.

$$E_R = [P_T G^2 \sigma \lambda^2 T] / [(4\pi)^3 R^4]$$

여기서,

E_R = 수신에너지(W/s);
P_T = 레이더 송신전력(W);
G = 레이더 안테나 이득(dB로 주어지지 않는);
σ = 표적의 레이더 단면적(m^2);
λ = 레이더 신호의 파장(m);
T = 표적이 투시되는 시간(sec);
R = 표적까지의 거리(m).

이 식은 레이더 수신기가 수신하는 것을 나타내며 레이더 성능을 알아보는데 유용하다. 그러나, EW의 관점(특별히 EW 모델링과 시뮬레이션 관점)에서 표적까지의 송신과 수신기로 되돌아오는 수신 과정동안에 무엇이 진행되는가에 대한 좋은 직감(feeling)을 가지는 것이 필요로 하지만 여기서는 단지 수신전력에 대해서만 고려하고자 한다. 확산손실만을 고려하는 레이더 거리 방정식의 다른 형태를 생각해보자. 이 형태는 dBm 단위로 주어지며 그림 4.9에서와 같이 여러 부분(segment)으로 분리된다.

송신 안테나의 출력(P_1)의 신호 세기는 ERP이고, dBm 단위로써 다음과 같이 주어진다.

$$P_1 = P_T + G$$

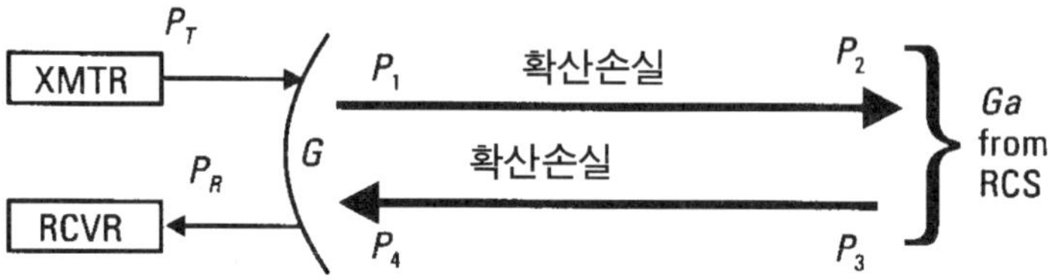

그림 4.9 레이더 거리 방정식 부분

여기서,

P_T = 송신전력(dBm);
G = 안테나 이득(dB).

표적에 도착하는 신호세기(P_2)는 확산손실[$L_S = 32 + 20log(F) + 20log(R)$]에 의해 감소된다.

$$P_2 = P_T + G - 32 - 20log(F) - 20log(R)$$

여기서,

P_T = 안테나 전력(dBm);
G = 안테나 이득(dB);
F = 레이더 송신 주파수(MHz);
R = 표적까지 거리(km).

표적에서 반사된 레이더 신호는 RCS와 주파수의 영향을 받는 효율로 나타내어질 수 있다. 표적반사(dB형태) 동안에 신호이득(즉, $P_3 - P_2$)에 대한 식은 다음과 같다.

$$G_a = -39 + 20log(F) + 10log(\sigma)$$

여기서,

G_a = 유효 반사이득(dB);
F = 주파수(MHz);
σ = 레이더 부엽(side lobe) 이득(dB).

그러므로 표적으로부터 주어지는 레이더 신호 세기(P_3)는 다음 식과 같이 정의된다.

$$P_3 = P_T + G - 71 - 20log(R) + 10log(\sigma)$$

여기서,

P_T = 송신전력(dBm);
G = 안테나 이득(dB);
R = 표적까지의 거리(km);
σ = RCS(m^2).

이 방정식은 위에서 주어진 dB형태가 아닌 것(시간 항은 제거되고 파장은 주파수로 변환되며 단위 변환 인자(factor)는 함께 묶여져서 dB 형태로 주어지는)과 같다.

4.6 변조로부터 발생되는 거리 제한

펄스폭과 펄스 반복주기 또한 레이더 거리를 제한한다. 펄스폭은 최소거리를 결정한다. 기본적으로, 반사펄스의 포착은 송신펄스의 방사가 끝날 때까지는 할 수 없다(그림 4.10 참조). 따라서 왕복(round-trip) 거리는 펄스폭 동안에 빛 속도로 진행할 수 있는 거리보다 작아질 수 없다.

펄스 반복구간은 그림 4.11에서와 같이 레이더로부터 최대의 모호하지 않는 거리(maximum unambiguous range)를 제한한다. 만일 두 번째 펄스가 송신되기 전에 첫 번째의 펄스가 수신되지 않으면 표적거리가 모호해질 수 있다. 그러므로, 최대로 모호하지 않는 거리는 신호가 펄스반복 구간동안에 빛 속도로 이동하는 왕복거리가 된다.

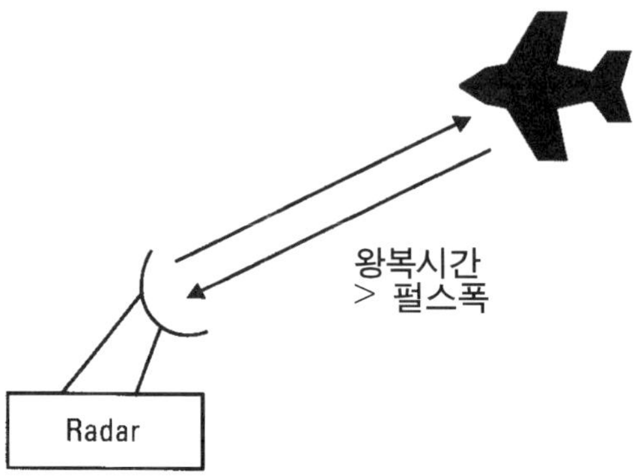

그림 4.10 최소거리에 의한 펄스폭 제한

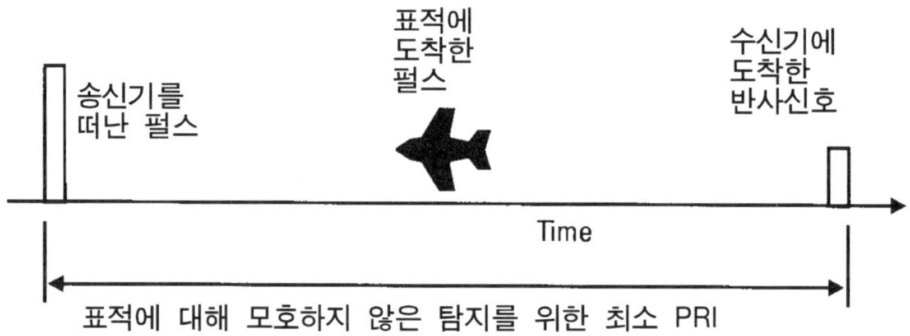

그림 4.11 최대거리에 의한 PRI 제한

4.7 레이더 탐지 거리

레이더 수신기는 4.3절에서 나타낸 것과 같은 감도를 갖는다. 이런 감도는 수신전력 관점에서 레이더 거리 방정식과 연관된다. 그러므로 방정식은 수신전력이 레이더 수신기의 감도와 같게 되는 거리를 구하기 위해 적용될 수 있으며 다음과 같이 표현된다.

$$Sens = P_T + 2G - 103 - 40log(R) - 20log(F) + 10log(\sigma)$$

그 다음으로 $40log(R)$에 대해 정리하면 다음과 같다.

$$40log(R) = P_T + 2G - 103 - 20log(F) + 10log(\sigma) - sens$$

다음 식에 의해 R에 대해서 풀 수 있다.

$$R = antilog\{40log(R)/40\}$$

예를 들면, 레이더 송신 전력이 $1,000\,W$, 안테나 이득은 $30dB$, 주파수는 $10GHz$, 표적의 RCS는 $10\,m^2$, 그리고 감도가 $-71dBm$ 이라면 거리 R은 다음과 같다.

$$1,000\,W = +60dBm$$

$$\begin{aligned} 40log(R) &= +60dBm + 2(30dB) - 103 - 20log(10,000) \\ &\quad + 10log(10) - (-71dBm) \\ &= +60 + 60 - 103 - 80 + 10 + 71 = 18 \end{aligned}$$

$$R = antilog\{18/40\} = 2.8\ km$$

이것은 이러한 조건에 대한 레이더의 탐지거리가 된다.

4.8 재밍 대 신호비

J/S 비는 수신기에 수신되는 두 신호세기의 비율이다. 각 신호는 전자파(radio)의 전파(propagation) 매개변수에 의해서 영향을 받는다. 통신재밍, 레이더의 standoff 재밍, 그리고 self-protection 재밍의 3가지 경우를 살펴보기로 한다.

4.8.1 통신 재밍

통신재밍은 전술통신, 데이터 링크, 그리고 원거리의 데이터 전송이 주어지는 경우에 적용된다. 통신재밍에 포함되는 전파(propagation)는 그림 4.12과 같다.

재머로부터 수신기(송신기와 반대적인)가 항상 재밍된다. 각각의 통신기가 소형 무선통신기(transceiver)로 구성되는 전술통신에서 재밍에 의해서 영향을 받는 것은 재밍되는 위치로 송신하는 링크가 된다. 전술통신은 360° 방향으로 전파되는 안테나를 사용한다고 하더라도 재머와 수신 안테나 이득에 의해서 영향을 받는다. J/S 비는 재머 신호세기(J)가 신호의 수신 신호세기(S)로 나누어지는 비율이다. 수신된 신호크기는 다음 식과 같다.

$$J = ERP_J - 32 - 20log(F) - 20log(d_J) + G_{RJ}$$

여기서,

J = 수신기로 들어가는 재머 신호세기(dBm);
ERP_J = 재머의 유효 방사전력(dBm);
F = 통신주파수(MHz);
G_{RJ} = 재머 방향에서의 수신 안테나 이득(dB);
d_J = 재머에서 수신기까지 거리(km).

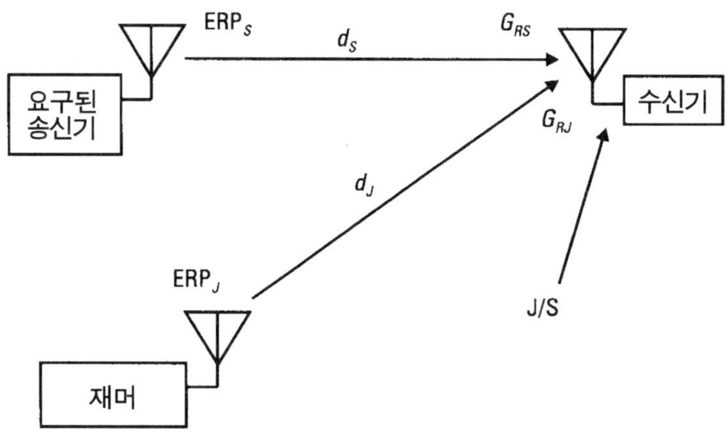

그림 4.12 통신-재밍 구조

수신신호 크기는 다음과 같다.

$$S = ERP_S - 32 - 20log(F) - 20log(d_S) + G_{RS}$$

여기서,

S = 수신기로 들어가는 요구되는 신호세기(dBm)
ERP = 요구되는 송신기의 유효 방사전력(dBm)
F = 통신주파수(MHz)
G_{RS} = 요구되는 신호의 송신기방향에서 수신안테나 이득(dB)
d_S = 신호의 송신기에서 수신기까지의 거리(km)

재밍 대 신호비(J/S)는 다음 식에서와 같이 dB단위에서 두 수의 차이($J-S$)로 주어진다.

$$J/S = ERP_J - ERP_S - 20log(d_J) + 20log(d_S) + G_{GJ} - G_{RS}$$

송신기와 재머가 같은 주파수를 사용하기 때문에 주파수 항목은 제외되었다. 예를 들면, 수신기로부터 $10km$인 위치에서 요구되는 신호의 ERP는 $10W$, $40km$에서 재머의 ERP는 $1kW$, 그리고 수신 안테나가 등방성 특성으로 주어진다면 J/S는 다음과 같다.

$$10W = +40dBm$$
$$1kW = +60dBm$$
$$20log(10) = 20$$
$$20log(40) = 32$$

두 안테나의 이득은 같은 항목이므로 제거된다.

$$J/S = +60 - 40 - 32 + 20 = 8dB$$

4.8.2 Standoff 재밍

Standoff 재밍은 그림 4.13의 구조를 갖는다. 재머는 레이더에 의해 조정되는 무기의 치사거리 밖에 있으므로 레이더와 표적 사이의 거리와는 다르다고 가정한다.

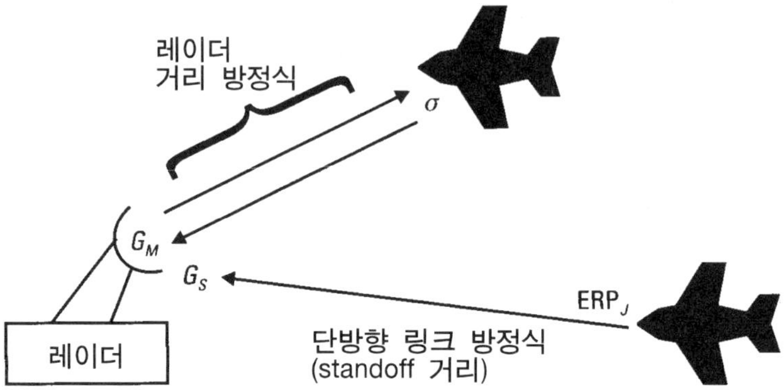

그림 4.13 Standoff 재밍 구조

레이더 안테나는 주빔을 통해 표적을 향하므로 standoff 재밍은 주빔 외부에 있다고 가정한다. 또한 5장에서 설명한 바와 같이 재머신호는 부엽으로 수신된다고 가정한다. 표적 반사로부터의 주어지는 수신전력은 레이더 거리 방정식에 의해 주어진다. 주빔 이득을 설명하기 위해서 안테나 이득 설계(gain designation) 값을 변화시킨다.

$$S = P_T + 2G_M - 103 - 40log(R_T) - 20log(F) + 10log(\sigma)$$

여기서,

S = 표면반사 신호세기(dBm);
P_T = 송신전력(dBm);
G_M = 레이더의 주빔 이득(dB);
R_T = 표적까지의 거리(km);
F = 주파수(MHz);
σ = RCS(m^2).

재머로부터의 수신전력은 다음 식과 같다.

$$J = ERP_J - 32 - 20log(F) - 20log(R_J) + G_S$$

여기서,

J= 레이더로 주어지는 재머신호 세기(dBm);
ERP_J=재머 유효 방사전력(dBm);
F= 레이더 주파수(MHz);
G_S= 레이더의 부엽이득(dB);
R_J=재머로부터 레이더까지의 거리(km).

J/S 비는 이러한 두 방정식(dB로 주어지는)으로부터 구해질 수 있다.

$$J/S = ERP_J - P_T + 71 - 20log(R_J) + 40log(R_T) - 10log(\sigma) + G_S - 2G_M$$

예를 들면, 레이더가 $0dB$의 부엽 이득과 $30dB$의 주엽의 안테나 이득을 나타내는 $1,000\,W$ 송신기를 가지며, $10km$ 거리의 $10m^2$ RCS를 갖는 표적, 그리고 $30km$에서 $1,000\,W$ ERP를 갖는 재머가 주어진다면, J/S 는 다음과 같다.

$$1,000\,W = +60dBm, \quad 10,000\,W = +70dBm$$
$$40log(10) = 40, \quad 20log(30) = 30$$
$$J/S = +70 - 60 + 71 - 30 + 40 - 10 + 0 - 60 = 21dB$$

표적까지의 거리가 감소됨에 따라 J/S 는 거리의 4제곱 근으로 감소된다. 재밍이 주어지더라도 레이더가 표적을 추적할 수 있는 거리를 *burn-through range* 라고 한다.

4.8.3 Self-Protection 재밍

재머가 표적 자체에 주어질 때(그림 4.14) self-protection 재밍이 이루어진다. 이런 형태의 재밍은 보통 재머가 레이더의 주엽 안테나 이득에 영향을 미치기 때문에 훨씬 더 큰 J/S 비율을 얻을 수 있는 장점을 가진다.

반사 신호세기에 대한 표현은 standoff 재밍과 같지만 재머 신호세기에 대한 식은 다음과 같이 다소의 차이가 있다.

$$J = ERP_J - 32 - 20log(F) - 20log(R_T) + G_M$$

여기서,

J= 레이더로 들어가는 재머신호 세기(dBm);
ERP_J=재머의 유효 방사전력(dBm);
F= 레이더 주파수(MHz);
G_M=레이더의 주엽 이득(dB);
R_T=재머와 표적으로부터 레이더까지의 거리(km).

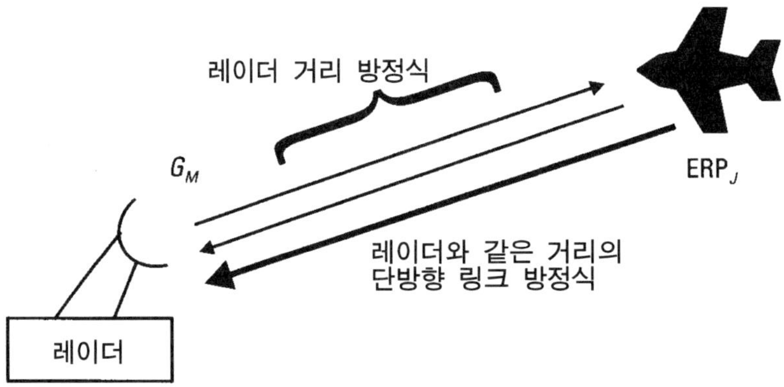

그림 4.14 Self-Protection 재밍 구조

거리와 레이더 안테나 이득이 J와 S식에서 모두 같게 주어지므로 J/S 식은 훨씬 더 간단한 형태로 표현될 수 있다. 따라서 J/S 에 대한 식은 다음과 같다.

$$J/S = ERP_J - P_T + 71 + 20log(R_T) - 10log(\sigma) - G_M$$

예를 들면, $30dB$ 이득의 안테나로 $1,000\,W$ 송신출력이 주어지고 $100\,W$ ERP를 갖는 self-protection 재머가 주어질 때, $10km$ 거리에서 $10m^2$의 RCS 표적이 주어지면, J/S는 다음과 같다.

$$ERP_J = 100\,W = +\,50dBm;$$
$$P_T = 1,000\,W = +\,60dBm;$$
$$20log(R_T) = 20log(10) = 20;$$

$$10log(\sigma) = 10log(10) = 10;$$
$$G_M = 30dB.$$

$$J/S = +50 - 60 + 71 + 20 - 10 - 30 = 41dB$$

J/S 는 거리의 제곱으로 감소되며 재밍이 주어지더라도 추적이 이루어지는 거리를 *burn-through range*라고 한다.

PART 5

EW장비의 특성

장비의 일부분에 대한 모델에 기초를 둔 시뮬레이션이 개발되기 위해서는 먼저 장비가 실제적으로 어떻게 작동되는지를 이해하고 제어, 입력, 그리고 그러한 장비의 출력사이의 관계들을 이해하는 것이 필요하다. 이 장에서는 안테나, 송신기, 수신기, 신호 처리기, 그리고 방향탐지 서브시스템에 대해 논의한다. 먼저, EW에서 그러한 요소(element)들의 역할과 EW에서 적용되는 다른 형태의 방법을 알아보고 입력 요구사항, 운영자와 자동제어, 그리고 요소들로부터의 출력에 대해 논의하기로 한다. 이장의 목적은 그러한 요소들의 성능을 모델링하기 위하여 어떠한 것이 요구되는지를 알아보는 것이다.

5.1 안테나

안테나는 이득과 방향성(directivity)에 의해서 특성화된다. 수신 안테나가 방사기의 방향으로 주어지면, 방사기로부터의 수신된 신호는 안테나 이득(안테나의 형태, 크기 및 신호 주파수에 따라 $-20dB$에서 $+55dB$로 변하는)에 의해 증가된다. 안테나의 방향성은 안테나의 이득 패턴에 의해서 주어진다.

EW와 위협 시스템에서는 두 가지 부류(class) 안테나가 사용된다. 첫 번째의 형태는 전방향성 안테나이며 두 번째는 지향성 안테나이다. 360도의 모든 방향으로 빔을 방사하는 안테나를 *전방향성 안테나(omnidirectional antennas)*라고 하지만, 때때로 명칭으로 인해 오해가 발생할 여지가 있다. 진정한 전방향성 안테나, 혹은 등방향성 안테나는 3차원의 구(sphere)의 공간으로 똑같이 에너지를 송신하거나 수신하는 안테나이다. 진정한 등방향성 안테나는 지지 구조물(support structure) 등의 왜곡 때문에 주어지지 않지만, 단위(unity) 이득(0dB)으로 정의되는 가상적인 등방성 안테나를 기준으로 상대적인 모든 형태의 안테나의 이득을 정의하기 때문에 그러한 개념은 유용하게 사용된다.

5.1.1 안테나 패턴 정의

이득패턴은 안테나 빔 중심축(bore sight)으로부터 신호 도착방향으로의 각도 함수로 주어지는 안테나의 상대적인 이득을 나타낸다. 이득패턴은 무반사실(anechoic chamber)에서 안테나를 설치하고 송신 안테나로부터의 신호가 수신 안테나를 회전시킴으로써 구해진다. 안테나에 부착된 수신기는 안테나가 한바퀴의 회전을 할 때 수신신호 세기를 기록한다. 이득 패턴은 보통 두개의 상호적으로 수직인 축(예를 들면, 수평과 수직) 상에서 수신 안테나를 360도 회전시킴으로써 구해진다. 그림 5.1은 하나의 평면에서 방향성 안테나의 이득 패턴을 나타낸다. 수평패턴에서는 360도의 전 방향으로는 매우 일정하게 주어지지만 수직패턴은 그림과 같다.

그림 5.1은 극좌표계로 주어지는 안테나 이득을 나타낸다. 이득값이 큰 부분을 *주빔(main beam)* 또는 *주엽(main lobe)*이라 부른다. 안테나는 주빔의 특성을 중심으로 설계된다. 이득패턴에서 주빔 이외의 빔(후엽(back lobe)를 포함하는)들을 *부엽(side lobe)*라고 부른다.

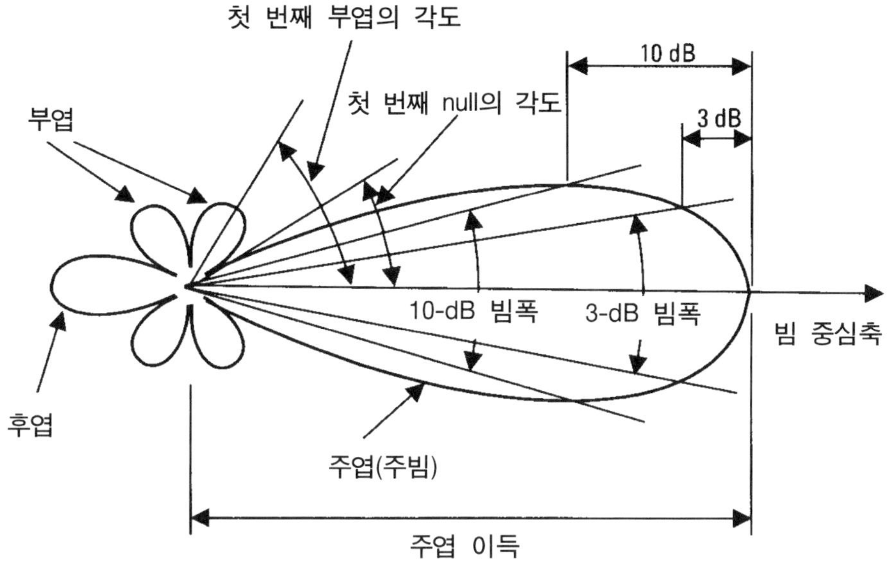

그림 5.1 안테나 이득패턴 정의

안테나의 빔 중심축은 일반적으로 주빔의 최대 이득을 나타낸다. 이것은 안테나가 바라보는 방향이다. 4장에서 언급한 것과 같이 최적의 링크 성능은 빔 중심축이 수신기(혹은 송신기)를 향하거나 레이더 안테나의 빔 중심축이 표적을 향할 때 일어난다.

일반적으로 안테나-지시-정확도(antenna-pointing-accuracy)에 대한 규정이 있는데 빔 중심축이 잘못 지정되어질 수 있는 최대 허용 각도가 주어진다. 안테나 지시 오차(pointing error)로 인해서 링크에서나 레이더 거리 방정식에서 안테나의 이득이 감소될 수 있다. 안테나의 완전한 패턴은 $sin(x/x)$의 곡선(여기서 x는 빔 중심축으로부터의 각도)과 유사하게 주어지지만 실제의 안테나 이득 패턴은 안테나 제작시 측정을 통해 알려진다.

주빔의 방향성은 보통 안테나 빔폭에 의해서 정의된다. 일반적으로 빔폭은 $3dB$ 빔폭으로 주어진다. $3dB$ 지점은 안테나 이득이 최대 값의 $1/2$(최대 이득보다 $3dB$ 낮은)로 감소되는 빔 중심축으로부터의 각도이다. $3dB$ 빔폭은 두 $3dB$ 지점 사이의 각도가 된다. 또한 $10dB$ 빔폭은 안테나 이득이 최대값의 10%로 감소되는 두 지점사이의 각도로서 정의된다. 간섭 조건이 고려될 때 첫 번째 null(즉, 주엽과 첫 번째 부엽사이의 이득이 최소가 되는 지점)의 각도와 빔 중심축에서부터 첫 번째 부엽의 최대값까지의 각도가 때때로 요구된다.

부엽은 안테나 설계자의 관점에서 볼 때 바람직하지 않게 주어지는 빔이다. 방향성 안테나의 품질 요소(quality factor)중의 하나는 부엽의 이득과 주엽의 최대 이득과의 차이다. 보통 EW에서 부엽의 크기는 알려지지 않는다. 그러므로, 보통 부엽이득은 $0dB$라고 가정한다. 이것은 주엽이득 값에서 볼 때 부엽이 주엽이득보다 얼마나 작게 주어지는가를 의미한다. 또 다른 방법은 부엽이 등방성 안테나의 이득을 갖는다고 가정하는 것이다.

5.1.2 편파(Polarization)

안테나의 편파는 안테나의 형태와 빔이 진행하는 특성으로 주어진다. 안테나는 선형 편파(수직, 수평, 또는 수직과 수평사이의 어떤 각도)이거나 원형 편파(시계 방향 또는 반시계 방향으로 회전하는 원)가 될 수 있다. 링크에서 송수신 모두의 안테나가 같은 편파를 갖는다면 편파손실은 발생하지 않는다.

만일 송수신 안테나가 서로 다른 편파를 갖는다면, 그림 5.2에서와 같이 수신신호의 크기가 감소되는 손실이 일어난다.

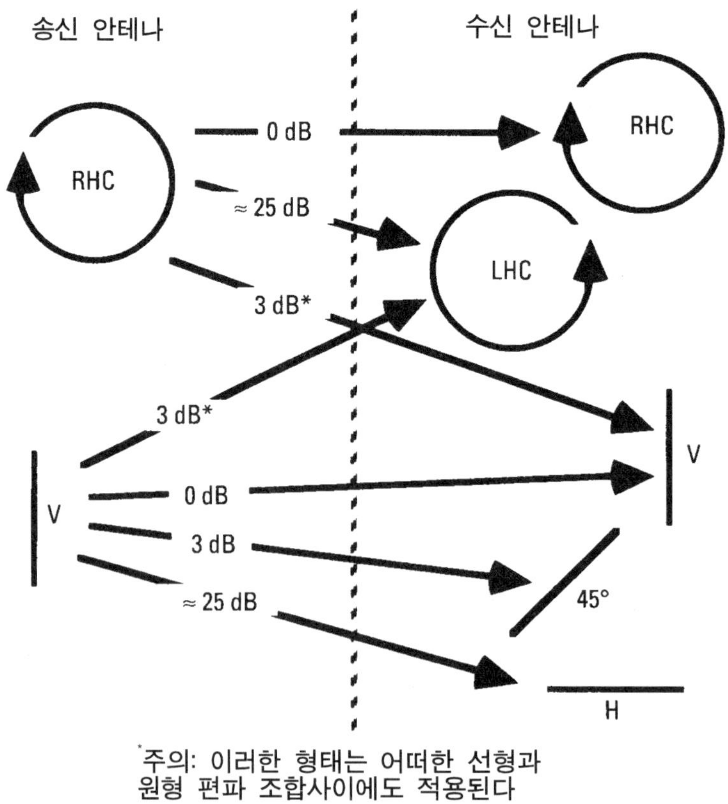

그림 5.2 안테나의 편파 손실

수직 대 수평 편파의 불일치로 인해 대략 $25dB$의 편파손실이 발생될 수 있다. 이것은 안테나 설치시 환경에 의해 발생되는 큰 교차편파(cross-polarization) 성분은 제외된 것이다. 반시계 방향에 대한 시계 방향으로 인한 원형편파 손실 또한 대략 $25dB$로 주어진다. 작은 나선형(spiral) 안테나는 $10dB$의 교차편파 손실을 가지며 편파 손실에 대해 아주 민감한 설계가 필요한 우주선의 안테나와 지상 링크 안테나는 $33dB$의 큰 편파 손실을 가진다고 가정할 수 있다.

이 장에서 흥미있는 항목은 원형편파와 어떤 선형편파사이의 $3dB$ 손실 값이다. EW에서 위협 송신기의 편파가 예측될 수 없을 때 편파 불일치로 인한 손실을 피하기 위하여 넓게 사용되는 하나의 값이다.

5.1.3 안테나 형태

많은 형태의 안테나가 있지만 EW응용에서는 중요한 몇 개의 전형적인 안테나만 고려하기로 한다. 첫 번째의 안테나는 360도의 방위각을 제공하는 안테나이다.

휩 안테나(Whip Antenna)

그림 5.3에서와 같이 휩 안테나는 전술통신 송수신기에서 일반적으로 사용되며 통신 전자지원과 COMINT 시스템에 일차적으로 위협을 주는 안테나이다. 휩 안테나는 차량이나 휴대용(man-pack) 응용분야에 보편적으로 사용되는 안테나이다. 알려진 바와 같이 접지면에 대한 휩 안테나의 수직 패턴은 협대역 주파수범위에서 모든 방위각 방향으로 대략 $2dBi$ 의 아주 일정한 이득을 제공하는 빔 형태이다. 휩 안테나는 HF, VHF, 그리고 UHF 주파수 영역에서 공통적으로 사용되며 수직 편파를 갖는다.

안테나의 높이가 고려될 때 휩 안테나의 유효 방사중심은 휩의 밑바닥으로부터 $1/4$가 된다.

다이폴 안테나

다이폴 안테나(그림 5.4)는 EW에서 중요한 많은 응용분야에서 사용된다. 보통 다른 형태 안테나 혹은 어레이 안테나의 안테나 요소(element)로 사용된다. 항공기에서 수신 안테나는 보통 접혀진(folded) 다이폴이 사용된다. 다이폴의 패턴은 안테나에 중심을 둔 도너츠처럼 주어진다. 안테나의 끝부분에서는 빔이 존재하지 않으며 안테나에 수직방향으로 최대이득이 주어지는 볼록한 형태의 빔을 가지며 안테나의 수직방향으로 $\pm 30 \sim 45^\circ$ 의 빔패턴을 갖는다. 다이폴의 최대이득은 협대역 주파수 범위에서는 $3dBi$ 로 주어진다.

다이폴의 편파는 안테나 방향과 같게 주어지는 선형편파이다. 다이폴은 HF에서 마이크로파 주파수까지 사용된다.

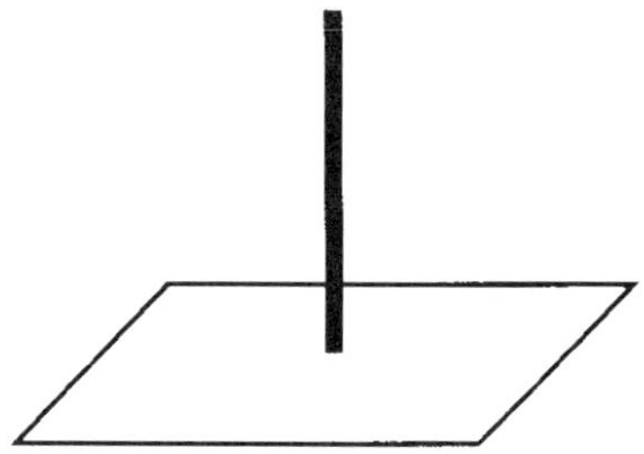

그림 5.3 휩 안테나

그림 5.4 다이폴 안테나

야기 안테나

야기 안테나는 빔을 형성하기 위하여 길이가 다른 다이폴 안테나가 요소(element)로 배열된 안테나이다. 그림 5.5에서와 같이 수평적으로 배열된 야기 안테나는 수평편파를 갖는다. 야기 안테나는 수직으로 90도 정도의 빔폭을 가지며 수평으로는 50도의 빔폭을 가지므로 고도에서보다는 방위각 평면에서 더 좁은 이득 패턴을 갖는다. 보통 VHF와 UHF 주파수 범위에서 사용된다. 최대이득은 $5 \sim 15dB$로 주어지며 5%의 주파수 대역폭에서 적용될 수 있다.

Log-Periodic Antenna

야기와 비슷한 형태의 안테나는 log periodic안테나이다. 이것은 사용 주파수 범위를 증가시키기 위하여 길이와 간격이 다른 다이폴의 배열로 주어진다. Log periodic 안테나는 야기와 비슷한 빔폭을 갖지만 대략 $6 \sim 8dBi$ 이득을 갖는다. 그러나 이 안테나는 야기보다 10배의 더 큰 대역폭을 갖는다. 야기 안테나와 같이 다이폴 요소 방향의 평면에서 선형 편파로 주어진다. 이런 안테나들은 HF에서 마이크로파까지 사용된다. 안테나의 이득과 넓은 주파수 범위가 요구되는 지상 요격(intercept)과 재밍 시스템은 보통 편파를 맞추기 위해서 안테나의 축 주위로 회전될 수 있고 표적방향으로 회전이 가능한 마스트를 갖는 log-periodic 안테나를 사용한다.

그림 5.5 야기 안테나

방향탐지 어레이

방향 탐지(DF) 시스템은 어레이 안테나를 필요로 하며 보통 수직 다이폴의 어레이로 주어진다. 그림 5.6은 여러 형태의 DF시스템을 위해 사용된 다이폴 어레이 구조를 나타낸다. 탐지 기술과 요구되는 정확도에 따라서 3개의 다이폴이나 12개(혹은 그 이상의)의 어레이가 사용될 수 있다. 각 다이폴은 지지 구조물과 다른 다이폴에 의해서 다소 왜곡이 될 수 있지만 표준적인 다이폴 이득 패턴을 갖는다. 이러한 어레이에 있는 다이폴들은 넓은 주파수 범위에서 사용되기 때문에 보통 매우 낮은 이득을 가진다.

때때로 같은 마스트 상에 두개나 혹은 3개의 어레이가 주어지는 크리스마스 트리 형태의 어레이가 있다. 안테나와 설치대의 팔(arm)길이는 위치가 높아질수록 더 짧아진다. 이러한 구조로 인해 여러 주파수 범위까지 DF시스템이 사용될 수 있다.

Cavity-Backed Spiral Antenna

Cavity-Backed Spiral 안테나는 작으며 넓은 주파수 영역을 가지므로 레이더 경보 수신기(radar warning receiver:PWR) 시스템에서 넓게 사용된다. 그림 5.7에서 보여진 일반적 형태는 단일 안테나에서 2~18GHz의 주파수 범위를 갖는다. 또한 VHF에서 마이크로파 영역까지의 응용에 사용될 수 있다.

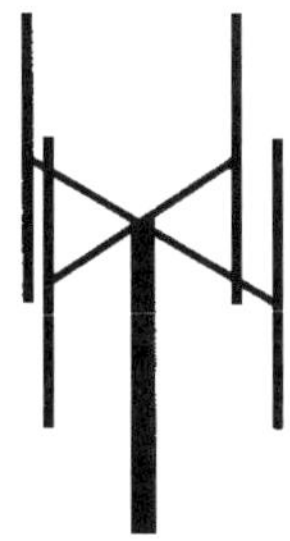

그림 5.6 VHF 또는 UHF 어레이

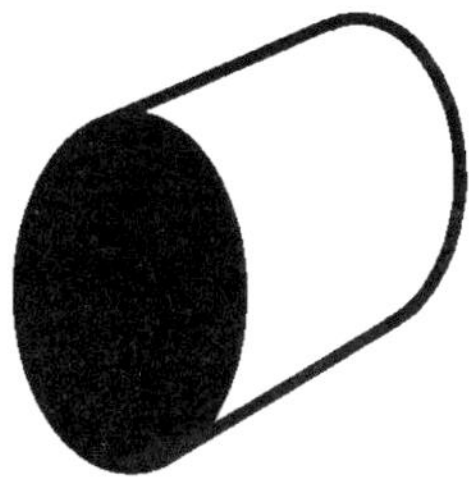

그림 5.7 Cavity-backed 스파이럴 안테나

안테나의 피크이득은 주파수에 따라 크게 변한다. 예를 들면, 2~18GHz대역의 안테나는 최대 주파수에서 대략 $2dBi$ 의 이득을 가지며 최소 주파수에서는 대략 $-12dBi$ 의 이득을 갖는다. 이득 패턴은 근사적으로 $cosine^2$ 함수형태이다. 빔 패턴은 안테나의 표면에 놓여있는 공(ball)처럼 보여진다. 현대의 PWR 안테나는 모든 주파수에 대해서 빔 중심축으로부터의 ±90도 방향 각도에 대해서 선형 이득변화를 갖도록 설계된다. Cavity-backed 스파이럴은 나선모양에 의해 결정되는 원형편파로 주어진다. 똑 같은 외부 모양을 갖지만 다른 위상이 주어지는 다이폴로 구성되는 새로운 안테나가 있다. 이러한 안테나는 반시계 방향이나 시계 방향으로 회전하는 원형편파로 전환될 수 있다.

항공기 주위에 대략 각각 90도 방향을 담당하는 4개의 cavity-backed 안테나는 항공기의 yaw 평면에서 360도에 대해서 거의 일정한 이득을 나타낸다.

혼 안테나

혼 안테나는 빔을 양호하게 방출하는 나팔관 형태의 도파관이다. 그림 5.8은 전형적인 혼을 나타낸다. VHF에서 밀리미터파 대역까지 사용되며 보통 5~10dB의 이득을 갖는다. 일반적인 빔폭은 40도×40도 정도가 된다. 혼 안테나는 선형편파를 가지지만, 혼의 목부분은 선형편파를 원형편파로 변환하는 편파기(polarizer)에 의해서 주어진다. 혼 안테나는 대략 60%의 효율(즉, 전체 방사전력에 대해서 $3dB$ 빔폭내로 방사되는 전력(%))을 가질 수 있다.

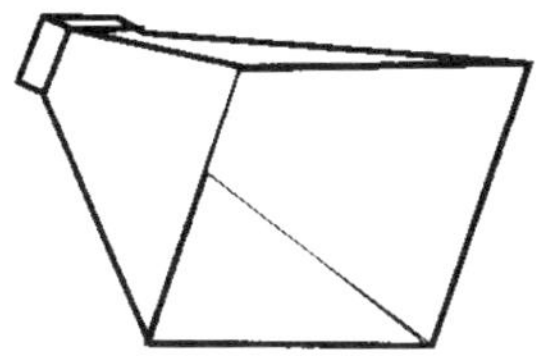

그림 5.8 혼 안테나

위상-어레이 안테나

위상 어레이 안테나는 그림 5.9에서와 같이 각각 대략 반파장 떨어져 위치하며 상대적으로 넓은 각도의 방사영역을 갖는 안테나들의 배열로 이루어진다. 위상 지연선로는 신호가 어떤 특정한 방향으로부터 어레이에 도착할 때 신호 세기가 보강적으로(constructively) 더해지도록(즉, 각각의 다른 신호와 동위상이 되도록) 배열된 각각의 안테나 위상을 변화시킨다. 그림은 평면상에서 방향성을 나타내는 선형 어레이를 나타낸다. 위상 어레이 안테나의 한 형태는 평판의 표면으로부터 어떠한 각도로 빔을 형성하기 위한 일정한 지연선로를 갖는다. 빔의 방향은 평판을 회전시킴으로써 변화시킬 수 있다. 다른 형태는 안테나는 고정되어 있지만 회로상에서 개별적으로 정교한(coordinated) 위상지연 조정을 함으로써 빔의 방향을 전자적으로 바뀌게 할 수 있다. 전자적으로 빔이 조종되는(steering) 안테나에서는 임의의 각도에서 다른 각도로 순간적으로 빔 방향의 전환이 가능하다. 기계적으로 조종되는 안테나에서는 임의의 각도에서 다른 각도로 빔방향 전환은 선형적으로만 이루어질 수 있다.

어레이에 있는 안테나 요소는 보통, 다이폴, 혼, 또는 cavity-backed 스파이럴 안테나로 구성될 수 있다. 어레이 안테나의 편파는 구성하는 안테나의 편파에 의해서 결정된다. 어레이 안테나의 효율은 일반적으로 대략 30% 정도이다.

많은 현대적인 레이더에서는 위상 어레이가 사용된다. 때때로 전투기에서는 빔 방향이 고정된 위상 어레이가 기계적으로 조향되는 평면 안테나가 사용된다. 많은 새로운 대공 레이더에서는 방위각 방향으로는 기계적으로 조향되고 고도방향으로는 전자적으로 조향되는 방식이 적용되기도 한다.

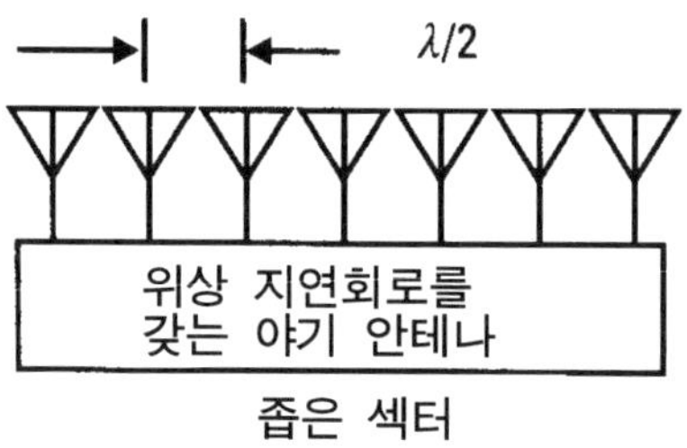

그림 5.9 위상 어레이

포물면 접시 안테나(Parabolic Dish Antenna)

대부분의 레이더에서 사용되는 포물면 안테나(그림 5.10 참조)는 EW에서 가장 중요한 안테나이다. 접시 자체는 포물면의 일부이다.

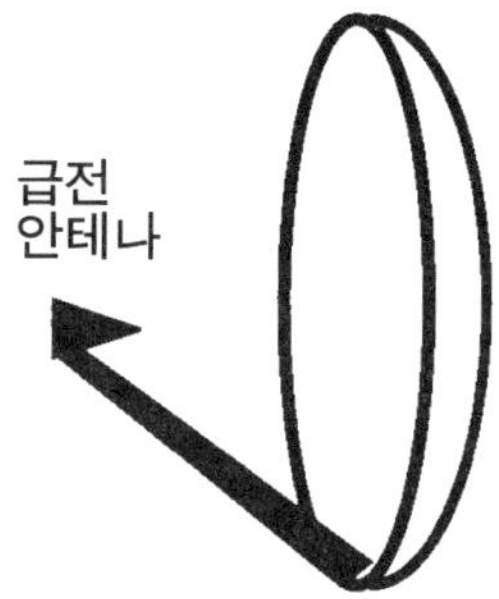

그림 5.10 포물면의 접시

포물선의 곡선은 포물면의 촛점으로부터 나온 전자파를 서로 평행한 경로로 전자파를 반사시킨다. 포물면 안테나에서는 촛점 위치에 어떤 종류의 급전(feed) 안테나가 주어진다. 급전 안테나는 대부분의 안테나가 사용될 수 있지만 보통 log periodic, 스파이럴, 또는 혼 안테나가 사용된다. 최적의 접시 안테나 설계시 급전된 안테나에 의해서 방사된 에너지의 90%가 반사기에 주어질 수 있다. 협대역(대략 10%의 대역폭)의 접시 안테나의 효율은 55%까지 주어질 수 있다. 대역이 넓을수록 안테나는 효율이 낮아진다(예를 들면, 2~18GHz의 접시 안테나는 대략 30%의 효율을 가진다).

5.1.4 안테나 이득과 빔폭사이의 관계

그림 5.11의 도표는 55%의 효율을 갖는 안테나의 3dB 빔폭에 대한 이득을 나타낸다. 이 도표의 값은 안테나로부터 예측될 수 있는 최대 성능을 나타낸다. 레이더는 단일 주파수나 협대역의 주파수에 대해서 동작하기 때문에 위협 레이더에 대한 정보가 주어지지 않을 경우 위협 레이더가 55%의 효율을 가진다고 일반적으로 가정한다.

그림 5.12는 특정한 주파수에서 주어진 크기의 반사기를 갖는 안테나 이득을 나타내는 계산도표(nomograph)이다. 안테나는 대칭적(즉, 둥근 접시)이고 55%의 효율을 갖는다고 가정한 것이다. 효율이 다르게 주어진다면, 이득은 표 5.1에서와 같이 조정된다.

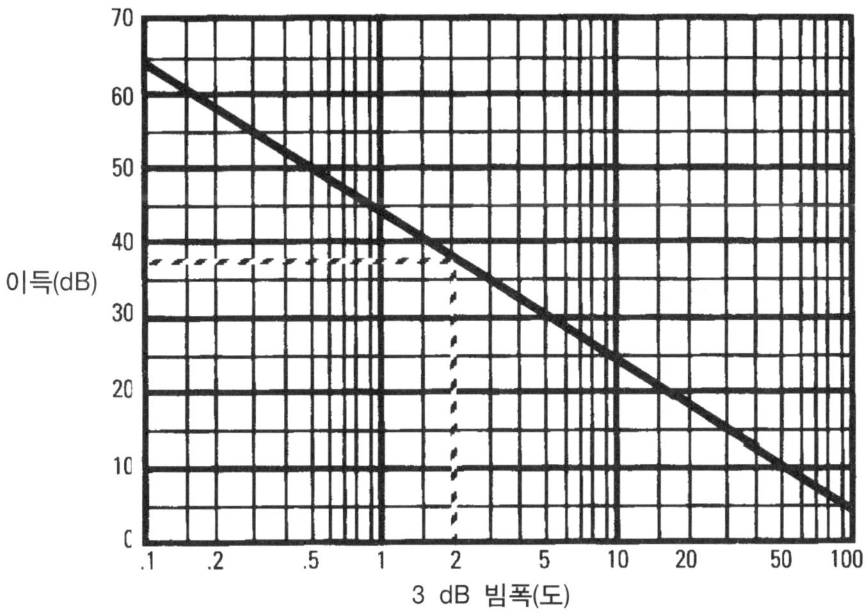

그림 5.11 55%의 효율을 갖는 안테나에서 이득 대 빔폭

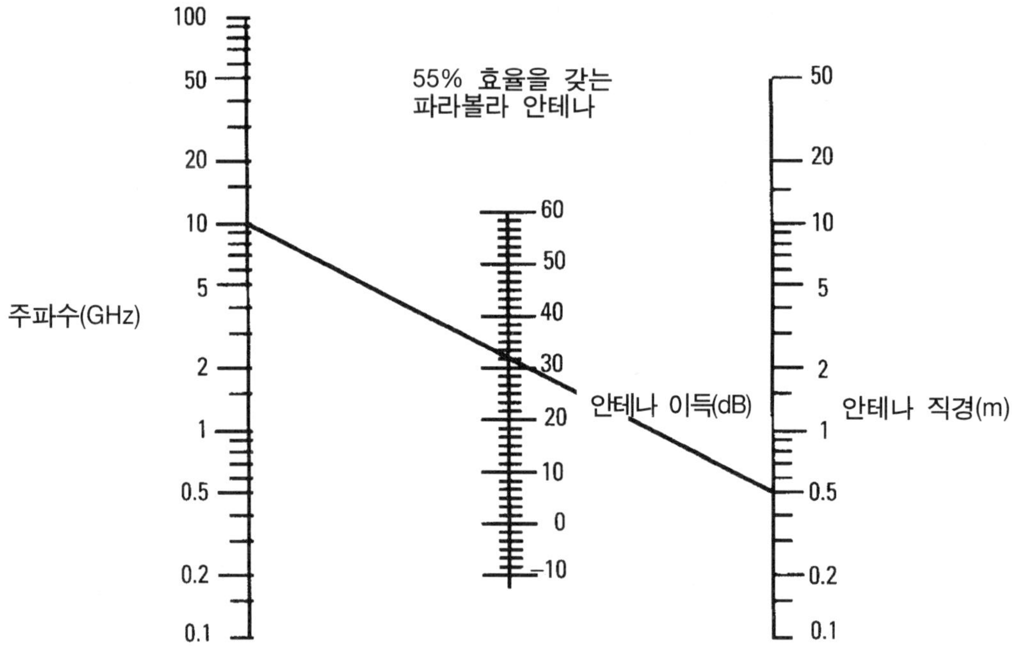

그림 5.12 파라볼라 안테나의 이득 대 직경 대 주파수

표 5.1

이득 조정 대 효율

안테나 효율(%)	그림 5.12의 이득으로 조정하기 위한 값(dB)
60	+0.4
50	-0.4
45	-0.9
40	-1.4
35	-2
30	-2.6

여러 안테나 제작사들은 크기, 주파수, 효율, 그리고 이득사이의 타협점을 직접적으로 계산할 수 있도록 안테나에 대한 slide-rule를 가지고 있다. 이러한 사항들은 통신제조업체(9324 Topanga Canyon Blvd., Chatsworth, CA 91311-5795;(818)341-4010)로부터 구해질 수 있다.

비대칭 안테나의 이득 대 빔폭

안테나의 반사기가 대칭이 아닌 경우, 반사기가 더 넓어지면 출력 빔은 더 커지게 된다. 그러한 안테나의 이득을 구하기 위한 유용한 식들이 있다. 55% 효율이 주어진 파라볼라 안테나의 이득은 다음과 같다.

$$Gain(not \quad in \quad dB) = 29,000/(\theta_1 \times \theta_2)$$

여기서, θ_1과 θ_2는 두개의 직교하는 3-dB 빔폭이다. 60% 효율을 갖는 혼 안테나에 대한 식은 다음과 같다.

$$Gain(not \quad in \quad dB) = 31,000/(\theta_1 \times \theta_2)$$

5.1.5 안테나 크기 결정

EW 모델링에서 안테나 빔폭과 이득을 예측하기 위하여 안테나의 크기가 요구된다. 때때로 위협 안테나의 크기가 알려지지 않더라도 장착되어 있는 미사일의 직경이나 혹은 항공기의 앞부분(nose)의 크기에 의해 쉽게 안테나 크기가 구해질 수 있다. 이동체의 직경을 안테나의 직경으로 변환하는데 경험적으로 주어진 유용한 규칙이 있다. 안테나가 기계적으로 접시 방향이 조향되는 경우라면 안테나의 직경은 이동체 직경의 85%. 그리고 안테나가 기계적으로 조향되는 위상 어레이 안테나라면 이동체 직경의 90%이라고 가정한다. 또한 안테나가 전자적으로 조향되는 위상 어레이라면 안테나 직경은 이동체 직경의 95%가 된다고 가정하는 것이다.

5.1.6 안테나 성능 모델링

피크이득을 더하고 이득 패턴으로부터 주어지는 이득 감소를 조정함으로써 안테나 영향을 모델링하는 것이 공통적이다. 이득은 dB로 주어지고 신호세기는 dBm으로 주어진다.

360도 방향의 통신 안테나는 일정한 이득패턴을 갖는다고 가정한다. 송신 안테나의 경우, 수신기 방향으로의 ERP를 구하기 위하여 간단하게 송신기 전력에 안테나 이득을 더한다. 수신 안테나의 경우, 수신 전력을 구하기 위하여 수신전력(P_A)에 안테나 이득을 더한다.

방향성 안테나가 주어진다면, 그림 5.13에서와 같이 좀 더 복잡해진다. 안테나 주빔 방향의 최대 이득으로부터 어떤 주어진 오프셋(offset) 각도의 이득을 빼면 된다.

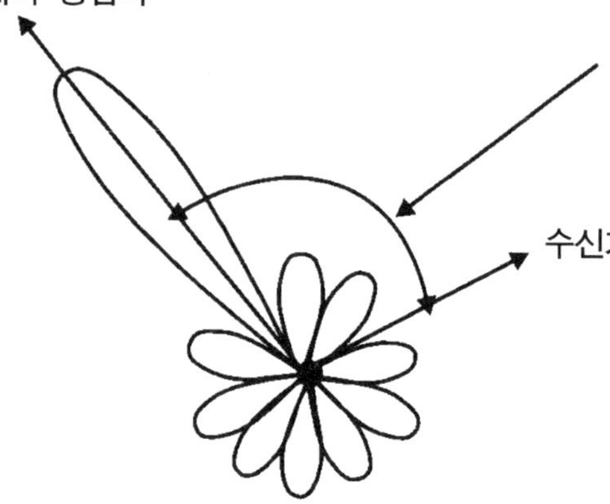

그림 5.13 송신안테나의 모델링

송신 안테나 경우, 안테나 빔축과 수신기 위치사이의 각도를 결정한다. 그러한 offset 각도에 대해서 위에서와 같이 이득을 결정하고 ERP(수신방향에서)를 구하기 위하여 송신전력 값을 더한다. 수신 안테나에 대해서는 안테나 빔축과 송신 위치사이의 각도를 결정한다. offset 각도에 대한 이득 감소를 결정하고 빔 중심축으로부터 이득감소를 뺀다. 그 다음에 수신전력을 결정하기 위하여 P_A에 이득을 더한다.

5.2 송신기

EW모델링과 시뮬레이션에서 중요한 송신기의 품질은 다음과 같이 구해진다.

- 송신기의 위치(이 위치에서 송신신호가 시작);
- 수신전력(ERP를 구하기 위해 안테나 이득에 dB 단위로 더해지는);
- 신호의 RF주파수;
- 신호의 변조.

송신기의 전체적인 기능은 그림 5.14와 같다.

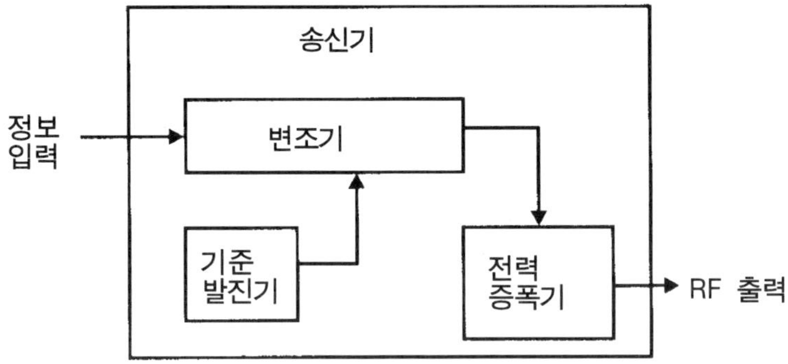

그림 5.14 송신기의 기능

송신기 내부의 내용은 그림에 보여진 배치와 다를 수 있지만 송신기가 어떻게 동작되는지를 나타낸다. 정보신호는 RF 발진기에 의해서 발생된 반송파를 변조한다. 변조된 신호는 요구되는 송신 신호크기로 증폭된다.

EW에서 사용되는 변조는 펄스, 연속적인 진폭변조, 연속적인 주파수변조, 펄스상에서의 주파수변조(chirp), 펄스상에서 이진(binary) 위상변조, 또는 디지털 데이터와 관련된 변조 등 이다.

EW모델에서 송신기는 보통 위협신호를 표현하므로 위협신호의 위치는 위협 송신기의 위치를 나타낸다. 예를 들면 AAA 레이더와 SAM 레이더는 어떠한 적군의 시설을 보호하기 때문에 위협 위치는 보통 집단으로 주어진다. 통신 송신기는 통합된 방공망(air defense network)에 있는 레이더에 가까이 위치한다.

위협신호는 어떠한 아군 시설물(아군 항공기나 함정)의 이동에 따라서 움직일 수 있기 때문에 위협 송신기의 위치는 아군 위치의 함수로 표현될 수 있다. 예를 들면, 적 전투기(AI)는 아군 전투기의 정면이나 뒤에서 공격을 할 수 있다.

레이더 위협신호는 일반적으로 그림 5.15에서와 같이 아군의 위치에 따라서 모드가 변경된다. 예를 들면, 사격 통제 레이더는 아군 항공기나 함정이 추적거리 내에 있을 때 탐색모드에서 추적모드로 변경되고 또한 무기의 치사거리 내에 있을 때는 발사(launch) 모드로 변경된다. 이러한 모드 변경에서는 변조방식이나 레이더 안테나의 주사(scan) 방식도 변경된다.

위협 송신기의 이동에 대한 다른 예는 함정에 호밍되는 대함 미사일이다. 송신기는 함정으로부터 대략 10km지점에서부터 작동되며 이동하는 함정으로 미사일 속도로 접근한다. 함정 방어 대응책이 사용된다면, 미사일이 함정으로부터 먼 위치로 방향이 바꾸어질 수 있다.

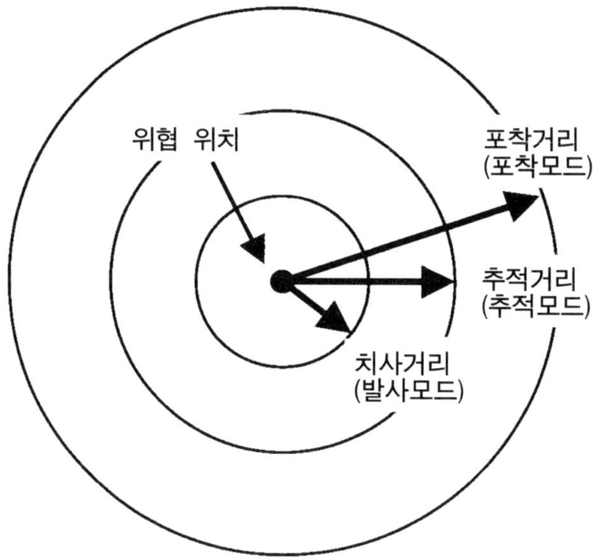

그림 5.15 아군 시설물 위치에 대한 위협모드

5.3 수신기

이 절은 EW 시스템에서 사용되는 수신기의 형태, 일반적인 동작 특성, 감도, 제어 구조, 그리고 EW모델에서 특성화된 방법을 논의한다.

5.3.1 수신기의 형태

EW 수신기는 광대역과 협대역 형태로 나누어진다. 수정(crystal) 비디오, IFM, 압축, 채널 그리고 디지털 신호로 주어지는 여러 가지 광대역 신호 형태가 있다. 중요한 협대역 형태는 고정 동조(tune) 방식과 슈퍼헤테로다인 방식이다. 표 5.2는 수신기 특성을 나타낸다. 다음으로 수신기 시뮬레이터에 대한 준비 과정으로써 각각의 수신기 형태의 출력(예를 들면 디지털 주파수로 주어지는 RF 신호)을 논의한다.

수정 비디오 수신기(Crystal Video Receiver)

수정 비디오 수신기(CVR)는 일차적으로 펄스 수신기로서 주어지며 초고주파 대역(VHF 대역으로 낮아져서 사용될 수 있더라도)에서 우선적으로 사용된다. 이러한 수신기는 거의 모든 레이더 경보 수신기에서 사용된다.

그림 5.16에서와 같이, CVR 수신기는 넓은 주파수 대역에서 작동되며 직접적으로 어떤 신호의 진폭변조를 탐지하고 log 비디오 증폭기에서 출력되는 비디오 신호를 증폭한다.

표 5.2
EW 수신기의 형태

수신기 형태	주파수 범위	감도	특성
수정 비디오	VHF-초고주파	낮음	주파수 범위에 있는 모든 펄스를 수신한다. 한번에 단지 하나의 신호만 수신할 수 있다.
IFM	초고주파	낮음	신호 주파수만을 구별한다. 한번에 단지 하나의 신호만을 수신할 수 있다.
압축	VHF-초고주파	높음	신호의 주파수만을 구별한다. 동시에 존재하는 신호를 수신할 수 있다.
채널	HF-초고주파	높음	복조를 한다. 동시에 존재하는 신호를 수신할 수 있다.
디지털	모든 주파수	높음	소프트웨어로 제어한다. 실제적으로 어떠한 수신 기능도 할 수 있다.
고정 동조	모든 주파수	높음	복조를 한다. 하나의 주파수 신호만을 수신할 수 있다.
슈퍼헤테로	모든 주파수	높음	복조를 한다. 신호 환경으로부터 하나의 신호를 분리시킬 수 있다.

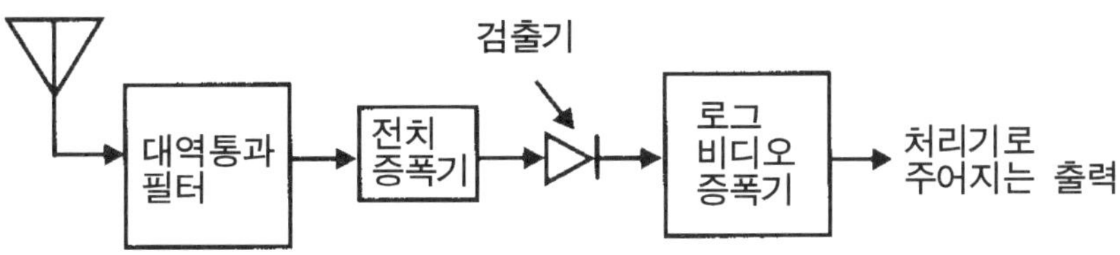

그림 5.16 수정 비디오 수신기

비디오 출력은 존재하는 각 신호의 변조를 포함하므로 수신기는 낮은 duty 사이클을 갖는 펄스신호 환경에서 가장 잘 동작된다. 다른 신호로부터 펄스가 중복될 때 각각의 펄스는 깨끗하게 수신될 수 없다. 적용되는 대역폭에서 어떠한 강한 CW신호가 주어진다면, CVR의 출력은 현저하게 감소된다.

현대의 CVR의 감도는 근사적으로 -40dBm 정도로 주어진다. 적절한 전치증폭기(preamplifier)가 사용되면 감도는 대략 -65dBm 까지 개선되어질 수 있다. 그러므로 레이더가 일반적인 항공기를 수신할 수 있는 거리보다 더 먼 거리에 대해서는 레이더의 주빔으로 수신하는 것이 적절하지만 레이더의 부엽으로 전송된 신호를 수신하는 것은 바람직하지 않다.

CVR의 처리 결과는 비디오 신호로 주어지는 RF이다. CVR의 출력에는 감도 이상으로 주어지는 어떠한 송신기의 펄스도 포함된다. 비디오 출력은 수신된 RF 신호세기에 log 함수적으로 비례한다.

수신펄스 신호와 같은 크기의 진폭을 갖는 강한 CW 신호가 존재할 때 출력 펄스는 감소되며 수신신호 세기는 신뢰성이 있게 측정될 수 없다. 중복되는 펄스도 같은 효과를 주기 때문에 주파수대역 내에 있는 어떠한 주파수로 주어지는 펄스 도플러 레이더의 높은 PRF는 사실상 쓸모없는 CVT 출력을 발생시킨다.

순간 주파수 측정 수신기

순간 주파수 측정(IFM) 수신기는 매우 짧은 시간(대략 50ns)에서 수신신호의 주파수를 결정할 수 있다. 그림 5.17에서와 같이 IFM은 강제제한(hard limiting) 증폭기가 요구된다. 이것은 IMF 회로의 출력이 신호세기와 주파수에 따라 변하기 때문이다. 이러한 구조에서 IFM는 입력신호의 주파수에 대한 디지털 출력을 나타낸다. IMF는 반드시 매우 짧은 측정기간 동안에 단일 신호에서 동작해야 한다. 만일 하나보다 더 많은 신호가 주어진다면, 출력은 무의미하게 된다.

CVR과 같이 대역의 어떠한 주파수로 주어지는 단일 CW 신호가 존재한다면 IMF는 유용하지 않게 된다. 그러나 IFM의 높은 속도에 의해서 중복되지 않는 펄스의 일부분 동안에 주파수를 측정함으로써 중복되는 펄스를 조절하는 것이 가능하게 된다.

IFM의 감도는 근사적으로 CVR의 감도와 같다. IFM은 사용되는 주파수 대역의 대략 0.1%에 대한 주파수를 측정할 수 있다.

압축 수신기

마이크로스캔(microscan) 수신기 라고 불리는 압축 수신기는 넓은 주파수 영역에서 존재하는 각 신호의 주파수를 측정한다. IFM보다 더 좋은 감도를 가지며 IMF와는 달리 다중 동시 신호(simultaneous signal)를 처리할 수 있다.

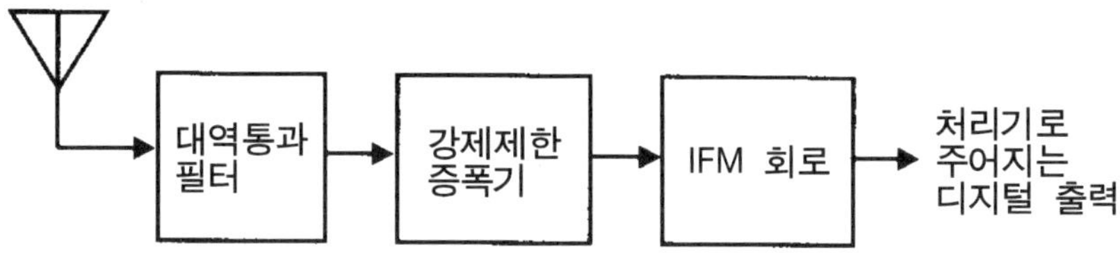

그림 5.17 IFM 수신기

압축 수신기의 동작 원리는 매우 높은 속도비율로 국부발진기(LO)를 주사하는(sweeping) 것이다. 그러나 그림 5.18에서와 같이 검출기는 압축 필터의 하위 부분(downstream)에 위치한다. 이러한 필터는 주파수에 비례하는 지연을 발생시킨다. 주파수에 대한 지연 기울기는 LO의 주사비율(sweep rate)과 같으며 실제로 신호가 검출되도록 충분히 길게 주어진다. 이러한 과정이 복조를 방해한다고 하더라도 주사된 대역폭에 있는 모든 신호의 RF 주파수 측정을 가능하게 한다. 압축 수신기의 유용한 점은 알려지지 않은 주파수를 사용하는 위협신호의 주파수에 협대역 수신기를 즉시 맞출 수 있다는 것이다.

수신기의 처리 결과는 디지털 주파수 출력으로 주어지는 RF 신호이다. 즉, 언제나 신호는 주사된 주파수 영역내에 존재하며 이러한 주파수에 대한 디지털 표현은 수신기에 의한 주파수 출력 목록(list)으로 주어진다.

채널 수신기

채널 수신기는 하나의 주파수 범위에 동작하는 일련의 고정 동조 수신기로 구성된다. 그림 5.19에서와 같이 입력신호는 수신기의 bank속으로 각각 주어진다. 인접한 필터가 3-dB점에서 특성이 겹쳐지도록 각각의 수신기에 필터를 설계하는 것이 일반적이다.

채널 수신기에 있는 개별적 수신기는 완전한 복조 능력을 가질 수 있기 때문에, 처리 결과는 복조된 오디오 또는 비디오로 주어지는 RF 신호가 된다. 주어지는 주파수에서 적절한 변조 형태를 갖는 신호가 존재하면 채널은 절절한 변조를 출력시킨다.

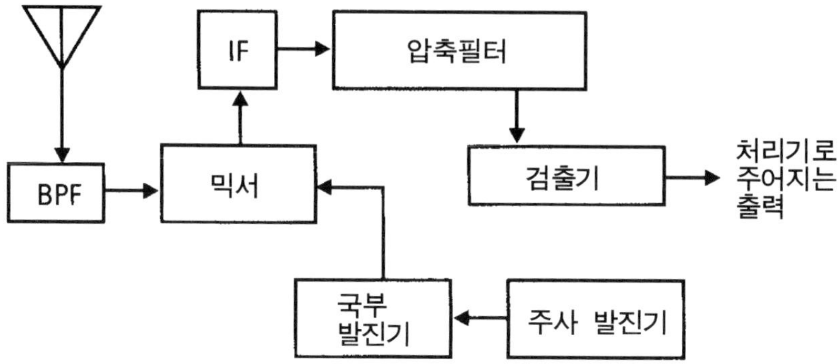

그림 5.18 압축 수신기

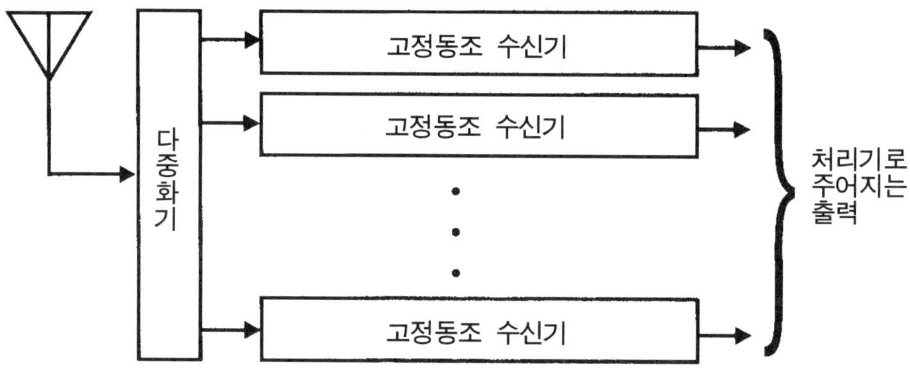

그림 5.19 채널 수신기

디지털 수신기

EW의 미래는 다양한 탐지와 분석 기능이 가능하고 상대적으로 넓은 주파수 범위에서 동작하는 디지털 수신기에 큰 영향을 받는다. 그림 5.20에서와 같이 디지털 수신기는 실제적으로 양자화기(digitizer)이며 컴퓨터이다. 양자화기는 주파수를 디지털 단어(words)로 변환하며 컴퓨터는 모든 일반적인 수신기 기능을 소프트웨어적으로 수행한다. 또한 소프트웨어 기능이 이용되면 하드웨어적으로 어려운 어떠한 분석 기법도 수행될 수 있다.

초기의 디지털 수신기는 주파수의 하위 경계(lower edge)가 매우 낮은 주파수로 주어지는 0 IF를 양자화시킨다. 고성능의 아날로그-디지털변환기(ADC)가 적용됨으로써 수신기 설계가 간단하게 되고 출력 품질이 개선되는 실제의 IF 주파수 양자화가 가능해진다.

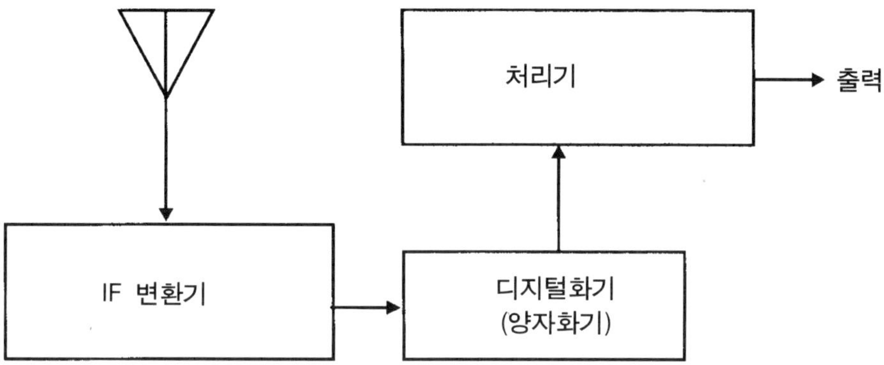

그림 5.20 디지털 수신기

일반적으로 이러한 고성능의 디지털 처리기가 이용되어 고속 푸리에 변환(FFT)이 수행된다. FFT의 출력은 디지털 스펙트럼으로 주어진다. 주파수 분해능 요소(resolution element)들을 *채널* 이라 부른다. 만일 위상 직교(quadrature)에 있는 두 가지의 디지털 입력이 주어진다면, 컴퓨터에 의해 각 채널에서 신호의 위상이 결정될 수 있다.(이러한 것은 5.5절에서 논의되는 방향탐지 기법에서 적용된다.) 또한 컴퓨터에 의해 각 FFT채널에서 변조가 결정될 수 있고 신호가 복조될 수 있다.

그러한 큰 유연성으로 인해 디지털 수신기는 대부분의 어떠한 것도 수행할 수 있다. 그러나, EW의 응용에서 디지털 수신기는 보통 신호변조와 디지털 주파수 정보를 갖는 RF 입력에 의해서 특성화될 수 있다. 신호는 언제나 디지털 수신기의 동작 범위내에 있으며 출력은 존재하는 모든 신호의 주파수를 나타내고 운영자에 의해 설정되거나 자동 모드 명령에 영향을 받는 채널로부터 복조가 이루어진다.

고정 동조 수신기

고정 동조 수신기는 중요한 연속함수를 감시하는데 유용하다. 하나의 예로는 시간이나 날씨에 대해서 적용되는 채널 수신기가 될 수 있다. 더욱 흥미가 주어지는 응용분야는 지구 위치 시스템(Global Positioning System:GPS) 수신기이다. GPS는 다른 위성으로부터 모두가 같은 주파수로 주어지지만 신호 스펙트럼을 확산시키는 다른 디지털 코드로 변조되는 신호를 수신하도록 설계된다. 수신기에서 어떠한 적절한 코드가 적용되면 단지 하나의 신호만 수신되며 모든 다른 신호는 제거된다.

고정 동조 수신기의 출력은 수신된 변조 신호에 대한 어떤 특정한 주파수의 신호로 주어진다. 항상 적절한 변조로 된 신호는 수신기가 동조되는 주파수에서 주어지며 그러한 신호의 변조는 수신기 출력에 나타난다.

GPS수신기 출력은 보통 정확한 시간과 위치정보를 나타내며 수신기는 항상 하늘의 넓은 각도의 가시선(line of sight)이 확보되도록 위치해야 한다.

슈퍼헤테로다인 수신기

슈퍼헤테로다인 또는 superhet, 수신기는 높은 감도를 제공하며 어떤 형태의 신호에 대해서도 사용될 수 있다. 슈퍼헤테로다인 수신기는 통신대역 탐지와 방사기 위치시스템, 그리고 초고주파용 해군 ESM 시스템에서 광범위하게 사용된다. 또한 CW와 펄스 도플러 신호가 사용되는 현대 PWR에서도 사용된다.

superhet 수신기는 상대적으로 높은 감도가 주어지는 좁은 주파수영역에서 작동된다. 그림 5.21에서와 같이, superhet는 보통 입력 주파수 영역의 일부분을 분리시키는 동조된 사전선택(preselection) 필터를 갖는다.

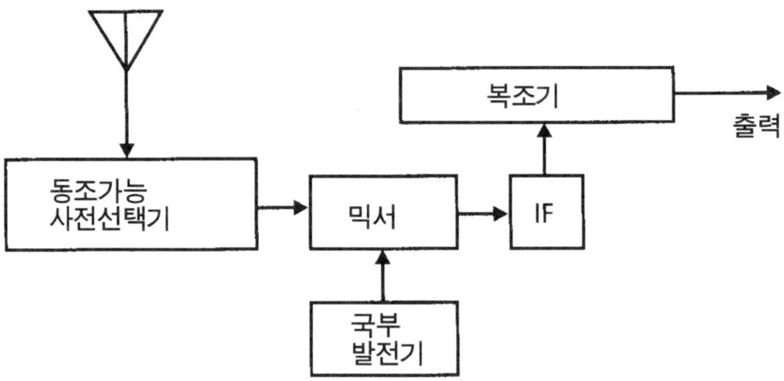

그림 5.21 슈퍼헤테로다인 수신기

그 다음에 국부 발진기는 선택된 주파수 영역을 고정된 중간주파수(IF)로 변환시켜 IF 증폭기에서 증폭되고 필터링되게 한다(도표에서 간단하게 IF라 부른다). 어떠한 주파수 대역을 다른 RF 주파수로 변환하는 과정을 *heterodyning*라고 한다.

superhet 수신기 결과는 수신 신호의 변조에 동조되는 주파수의 RF로 주어진다. 항상 동조 명령(수동이나 자동으로 발생된)은 superhet 수신기가 동조범위에 주어지는 신호의 주파수에 위치하도록 하고 절절한 복조가 선택되어 정보가 수신기의 출력에 나타나도록 한다. 어떤 superhet 수신기는 선택할 수 있는 IF 대역을 가질 수 있으며, 보통 대역폭이 더 좁아질수록 출력잡음은 감소된다(즉, 더 높은 출력 SNR을 발생시킨다).

5.3.2 수신기 서브시스템(Receiver Subsystems)

위에서 설명된 형태의 수신기는 보통 혼합적으로 사용된다. 다음은 공통적으로 주어지는 구성(configuration)이다:

- *각각 레이더 위협주파수 대역의 일부분을 담당하는 다중 CVRs* : 넓은 주파수 영역(2-18GHz)이 여러 대역(4GHz인 4개 대역)으로 나누어지도록 한다;
- *다중 CVRs와 하나의 IFM 수신기* : IFM 수신기는 어떠한 CVR 영역도 처리될 수 있도록 전환이 가능한 주파수 변환기(translator)로 구성된다. 4개의 대역은 또한 단일 주파수 대역(IFM 입력에 존재하는 모든 주파수) 속으로 포개어질 수 있다. IFM은 입력 대역에 있는 어떤 펄스신호 주파수를 측정하고 CVR(분리된 역역에 있는)은 측정된 펄스의 대역을 분해한다(시간일치를 시킴으로써). 그 다음에 처리기는 각각의 측정된 신호의 실제 RF 주파수를 결정한다.
- *여러 개의 superhet 수신기를 갖는 압축 수신기* : 압축 수신기는 신호의 주파수를 결정하고 superhet 수신기는 신호탐지와 처리를 위하여 그러한 주파수에 동조된다.
- *하나 또는 그 이상의 superhet을 갖는 방향-탐지(DF) 서브시스템을 적용한 여러 통신 대역의 superhet 모니터 수신기* : DF시스템은 자동적으로 모니터 수신기의 주파수에 동조되며 운영자에 의해서 요구될 때 도착 신호의 방향을 측정한다.

5.4 신호 처리기

처리기는 EW시스템에서 광범위한 기능을 수행한다. 처리기는 시스템 부품들을 제어하고, 신호를 de-interleave하며, 또한 신호 분류, 방사 위치 알고리즘 수행, 운영자 명령 판독 및 실행, 그리고 표시장치를 구동시킨다.

일반적으로, 처리기가 모델링되는 방법은 단순히 EW시스템 처리기가 모델이나 시뮬레이션에서 주어지는 신호와 명령 입력에 의해 발생되는 결과들을 컴퓨터에 의해 발생시킨다고 가정하는 것이다.

5.4.1 신호 식별(Signal Identification)

일반적으로 신호 식별(identification)는 다음 내용을 포함한다:

- 표에서 고려되는 모든 신호 형태에 대한 매개변수의 저장;
- 표에 수록된 값과 수집된 신호에 대한 매개변수 비교;
- 표에서 주어진 신호형태의 매개변수와 일치하는 신호에 대한 보고(reporting)
- 일치하지 않은 신호에 대한 보고

이러한 과정은 신호형태 사이에 모호성(ambiguities)이 존재할 때 다소 더 복잡해진다. 그러한 분석과정이 모델링될 때 모호성이 어떻게 해결할 것인가(또는 해결되지 못하는가)에 대한 규정(rule)이 필요하다.

처리기 모델링에 대한 또 다른 흥미를 갖는 측면(aspect)은 특별한 EW시스템에서의 성능 변칙성(anomalies)에 대한 표현이다. 모델링에서는 변칙성이 발생될 수 있는 상황(즉, 높은 중력이 주어지는 선회, 어떤 특정한 수준 이상의 환경 밀도, 어떤 기하학적인 관계에서 두개 이상의 특별한 신호의 동시 존재)이 주어지는 것에 대한 규정이 반드시 포함되어야한다. 그 다음으로 처리과정에 의한 출력이 반드시 적절히 주어져야 한다.

5.4.2 운영자 인터페이스

현대 EW시스템에서 운영자 인터페이스는 주로 컴퓨터에 의해 제어되므로 모델이 설정될때 어려운 점은 거의 없으며, 실제 시스템과 시뮬레이션이 잘 일치된다. 그러나, 아날로그 제어가 주어질 때는 아날로그적인 판독 충실도(fidelity)의 문제가 발생될 소지가 있다. 갱신(update) 비율 등에 관한 사항들은 10장에서 자세히 다룬다.

5.5 방사기 위치

방사기 위치는 ES의 중요한 관점이다. 방사기 위치가 알려지면 전투 명령(battle order)의 개발, 위협에 대한 순간적인 평가, 표적 데이터의 개발, 다른 시스템과 플랫폼의 위협위치 정보에 대한 핸드오프(hand-off)가 가능하게 된다.

방사기 위치에 대한 방향탐지(DF)는 유용한 EW 도구가 될 수 있다. 단순히 신호도착 방향을 아는 것만으로도 하나 이상의 방사기가 있다는 것을 판단하게 할 수 있다. 그러한 것은 펄스를 de-interleaving시켜 개별적인 위협으로 나타나게 하는 것에 유용하게 적용될 수 있다. 또한, 방사기 위치에 대한 호밍도 가능하게 한다.

이 절은 EW에서 사용되는 중요한 DF와 방사기 위치탐지 기법들을 설명한다. 각각의 방법에 대한 기본 이론이 설명되고 그러한 기법들의 정확도와 응용이 설명된다. 마지막으로, 모델링과 시뮬레이션에서 각각의 기법에 대한 밀접한 관계(implication)가 설명된다.

5.5.1 기본적인 방사기 위치 탐지 방법

이러한 기본적인 방법은 2차원 상에서 설명되지만 3차원적 응용으로 확대될 수 있다.

두 위치로부터 방위각

알려진 두 위치로부터의 단일 신호 도착에 대한 방위각 측정으로부터 평면상에서 방사기의 위치가 결정된다(그림 5.22 참조). 이러한 과정을 *삼각 측량법(triangulation)*이라 한다. 방사기 위치에 대한 정확도는 다음과 같다.

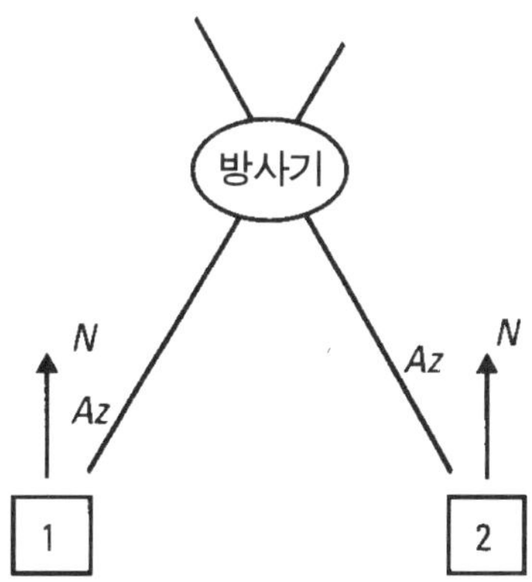

그림 5.22 삼각 측량법의 방사위치

- DF 시스템에 의한 위치 정확도. 이러한 문제는 GPS 수신기 시스템이 이용되면 훨씬 더 간단해진다.
- 기준(보통 북쪽)각도의 정확도. 이것은 자기력계(magnetometer), 관성 항해시스템, 또는 수동 측량으로부터 발생될 수 있다.
- 각도 측정의 정확도.

일반적으로 삼각법에 의한 방사기 위치를 결정하는 시스템에서는 3개의 DF 기지국에 의해 삼각측량이 이루어진다. 3개의 기지국에 의한 위치 측량값이 더 근접하게 주어질수록 더 정확한 위치(보통 3개의 값에 대한 평균값으로 주어지는)가 주어진다. DF 기지국의 하나와 방사기 사이의 가시선 경로에 있는 방해물이 밀집한 환경에서는 잘못된 위치 계산이 발생될 수 있다(즉, 두 기지국에서는 가시선이 확보되더라도). 3개의 기지국이 사용되면 이러한 형태의 문제가 해결될 수 있다.

두 지점으로부터의 거리

알려진 위치들에 대한 두 거리가 측정됨으로써 그림 5.23에서와 같이 평면에 있는 알려지지 않는 한 지점의 위치가 알려질 수 있다. 방사기 위치의 정확도는 센서 사이트의 위치에 대한 정확도와 사용된 거리-측정 기법의 정확도에 의해서 결정된다.

한 위치로부터 각도와 거리

그림 5.24에서와 같이, 만일 어떤 기준으로부터 신호도착 각도와 방사기까지의 거리가 측정될 수 있다면 평면에 있는 방사기 위치가 단일 사이트로부터 유도될 수 있다. 이러한 기법은 일반적으로 RWR(제한된 정밀도를 갖는)에 사용된다.

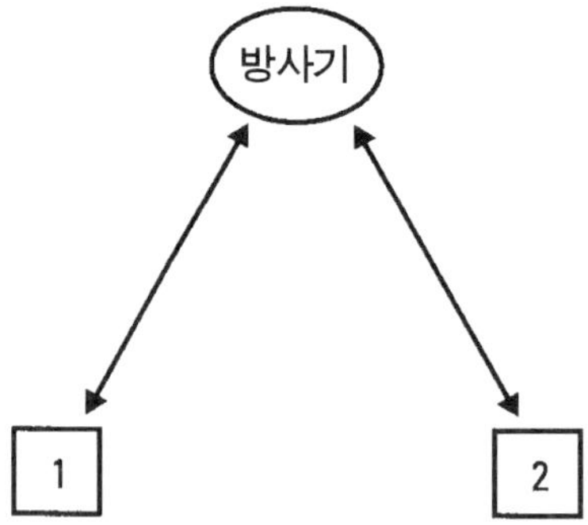

그림 5.23 두 가지 거리를 갖는 방사기 위치

방사기 위치의 정확도는 사이트 위치 정확도, 각도-측정 정확도, 기준각도 정확도, 그리고 거리 측정 정확도에 의해서 결정된다.

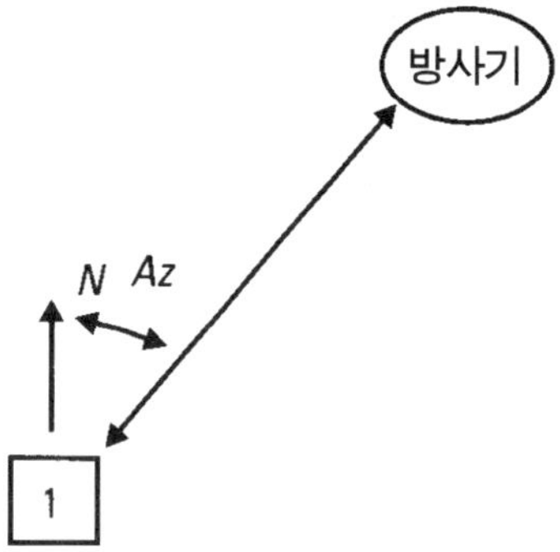

그림 5.24 한 가지의 각도와 한 가지의 거리를 갖는 방사기 위치

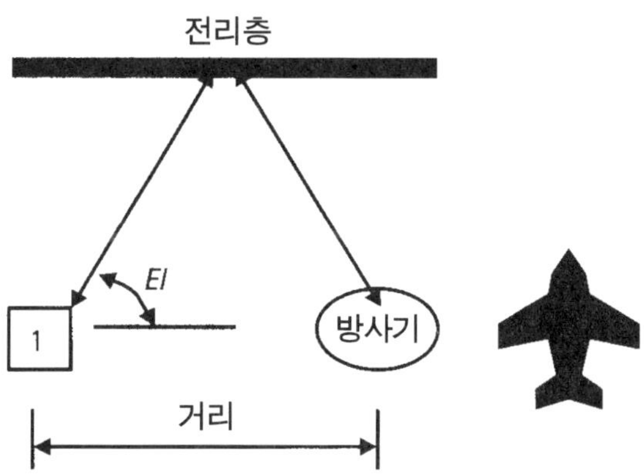

그림 5.25 SSL 측정에서 거리

하나의 위치로부터 두개의 각도

이러한 기법은 단일 사이트 위치 탐지장치(single-site locator:SSL)와 항공기로부터의 지상 방사기에 대한 위치탐지의 두 가지 응용분야에서 적절하게 사용될 수 있다. 두 가지 기법 모두에서 전통적으로 도착신호의 수평각이 측정되고 방사기까지의 거리를 결정하기 위해 수직각이 사용된다.

그림 5.25에서와 같이, 도착신호의 고각이 측정되고 전리층의 유효 높이가 주어지면 SSL에서 HF 방사기까지의 거리가 결정된다. 관성 유도 장치를 갖는 항공기는 자신의 고도와 위치가 주어진다. 만일 위치 시스템을 탑재한 항공기에 비행 영역에 대한 디지털 지도가 주어진다면, 항공기에서 방사기까지의 직선과 항공기 높이로부터 거리가 결정될 수 있다(그림 5.26 참조).

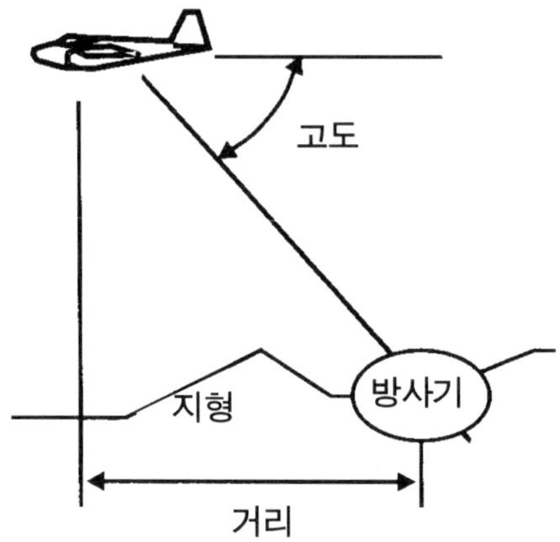

그림 5.26 고각과 지형으로부터 거리

위치 정확도

방사기-위치 정확도는 일반적으로 원형 공산 오차(circular error probable:CEP)의 용어로 표현된다. CEP는 실제 방사기 위치의 중심에서 출력이 1/2로 줄어드는 원의 직경으로 정의된다. CEP는 기본적인 방사-위치 방법의 각각에 대해서 위에서 언급된 정확도 인자(factor)를 적용하여 수식적으로 유도될 수 있다. 오차 영역이 타원형으로 주어지면 타원형 공산 오차(elliptical error probable:EEP)로 정의된다.

측정 정확도는 보통 제곱근(RMS)으로써 규정된다. RMS 정확도는 여러 조건의 상태(즉, 다른 각도와 주파수)에서 많은 측정이 이루어짐으로써 결정된다. 각각의 오차는 제곱되어 평균으로 주어지는데, 이러한 평균 제곱근을 RMS 오차라고 한다.

다음 소절(subsection)에서는 DF나 방사기 위치를 결정하기 위해 사용된 실제 기법들이 설명된다.

5.5.2 좁은-빔폭 안테나

표적의 각도를 결정하기 위해 레이더에 의해서 사용된 기법 또한 ES시스템(부분적으로 해군 ESM 시스템인)에서도 사용된다. 그림 5.27에서와 같이, 좁은 빔폭으로 주사하는(sweeping) 안테나는 방사기로부터 최대 진폭 응답이 수신되는 안테나의 지시 방위각에 의해 도착신호의 각도가 결정된다. 수신 안테나의 빔 모양은 알려지기 때문에 주사되는 빔이 교차하는 다중 측정은 최대 응답이 발생하는 각도를 구하기 위해 사용될 수 있다. 이러한 기법은 회전속도가 늦지만 만일 안테나가 충분히 크다면 1도 또는 더 나은 정확도를 가질 수 있고 여러 개의 동시적인 신호를 측정할 수 있다.

5.5.3 RWR 진폭비교

그림 2.27과 2.28은 기본적인 RWR의 개략도와 항공기 안테나의 위치를 보여준다. 그림 5.28은 4개의 안테나 패턴을 나타낸다.

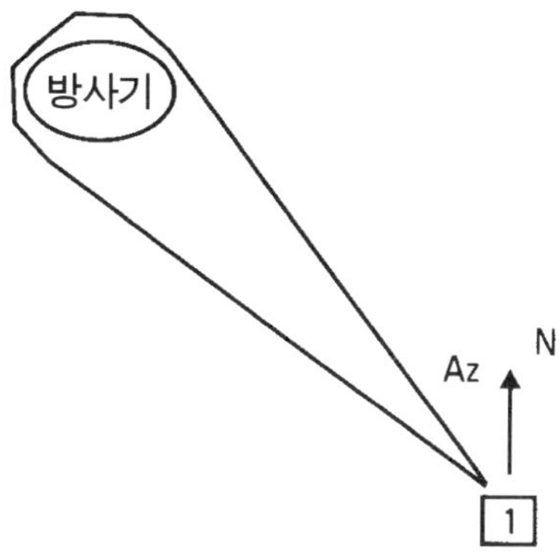

그림 5.27 좁은-빔 안테나를 갖는 DF

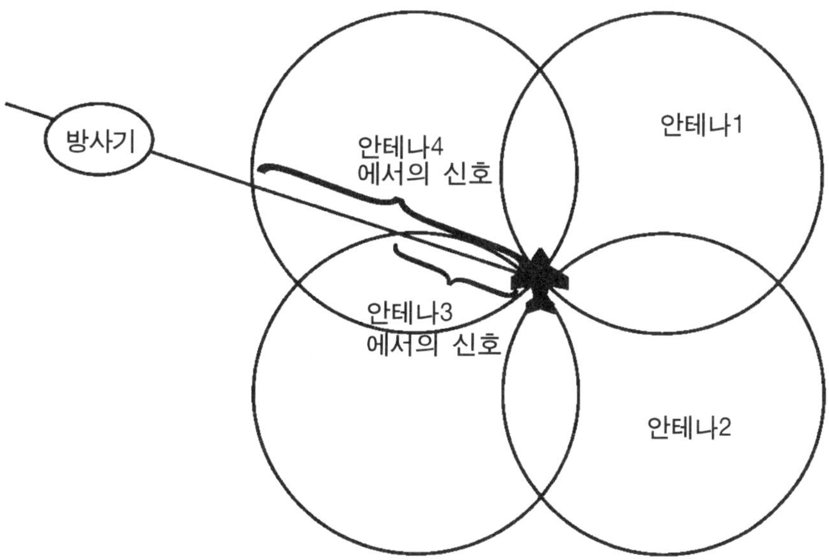

그림 5.28 RWR 안테나 패턴

안테나가 수신하는 신호 진폭을 비교함으로써 시스템은 항공기의 앞부분으로 주어지는 도착신호 각도를 계산할 수 있다. 도착신호의 각도에 가장 가까운 두개의 안테나로부터 입력 벡터 합을 취함으로써 신호의 수신세기가 결정될 수 있다.

RWR 처리기는 방사기의 형태를 분류하기 때문에 시스템은 주빔을 통해서 레이더의 ERP를 알 수 있다. 이러한 정보를 적용하여 시스템에서는 방사기까지의 근사적 거리를 계산하기 위해 단방향 링크 방정식이 사용된다.

이러한 접근방식은 모노펄스 DF 기능을 제공하지만 높은 정확도를 가지지 못한다. 부정확성은 안테나 패턴의 정확도(진폭 비교의 정확도)를 감소시키는 항공기로부터의 반사에 영향을 받는다. 부정확성의 두 번째 원인은 거리-측정 기법이다. 먼저, 방사기 ERP는 정확하게 알려지지 않고, 두 번째로 전파손실이 많은 요인에 의해 주어지기 때문이다.

이러한 종류의 방사기 위치 탐지 방식에 대한 정확도는 대략 15도 정도이고 거리상에서는 25%정도의 오차가 주어진다. 더 높은 정확도가 요구될 때는 다른 방사기 위치 탐지 기법중의 한 가지가 사용된다.

5.5.4 Watson-Watt

Watson-Watt 기법은 많은 적당한 가격의 통신-대역 DF 시스템에서 사용된다. 그러한 방법은 그림 5.29에서와 같이 안테나 어레이를 사용한다. 어레이는 바깥쪽 주위의 짝수개(4개나 그 이상의)의 안테나가 사용될 수 있다.

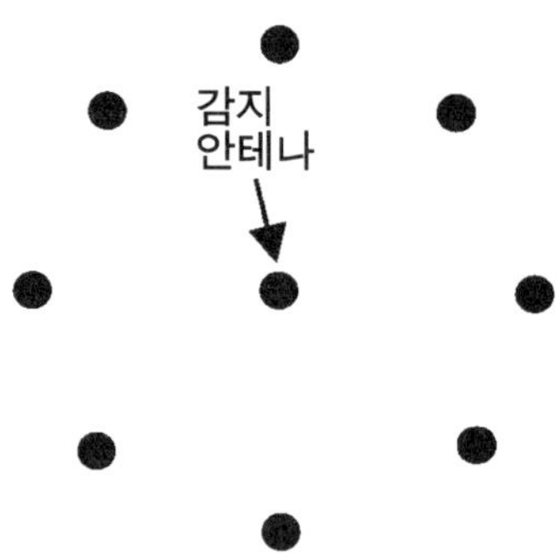

그림 5.29 Watson-Watt 안테나 어레이

DF시스템은 3개의 수신기를 사용한다. 하나의 수신기는 중앙 안테나(기준)에 부착하고 다른 두개는 바깥쪽 안테나에 교대로 부착된다. 합(sum)과 차(difference)가 되는 측정을 함으로써 3개의 안테나는 심장 형태의 패턴(cardioid pattern)을 형성한다. 선택된 바깥쪽 안테나 쌍은 회전을 함으로써 심장 형태의 패턴이 회전하게 한다. 이러한 것은 처리기가 신호의 도착 방향을 결정하게 해준다.

Watson-Watt DF 시스템이 더 높은 정확도로 조정될 수 있지만 대부분은 2.5도 정도의 RMS 정확도가 주어진다.

5.5.5 도플러

도플러의 원리는 송신기와 수신기가 서로 접근하면 수신신호의 주파수는 증가하고 서로로부터 멀어진다면 주파수가 감소되는 것이다. 그림 5.30에서와 같이 하나의 안테나를 다른 안테나 주위로 회전시키면 이동하는 안테나 A와 고정된 안테나 B사이의 주파수 차는 정현파 형태로 주어진다. 신호도착 방향은 정현파적으로 주어지는 주파수 차가 음의 방향으로 0점을 교차할 때의 방위각으로 주어진다.

도플러 DF 어레이는 중앙의 기준 안테나 주위에 원의 형태로 배치된 다이폴로 구성된다. 각각의 바깥쪽 안테나가 수신기에 순차적으로 연결되므로 기준 안테나 주위로 단일 안테나를 회전시키는 효과가 주어진다. 이러한 것은 3개의 바깥쪽 안테나가 존재하는 것처럼 보여진다.

5.5.6 간섭계

동시적인 작은 각도(306도까지 주어지는)의 탐지에 대해서 대략 1도 정도의 정확도가 요구될 때, 선택할 수 있는 방식은 간섭계 기법이다.

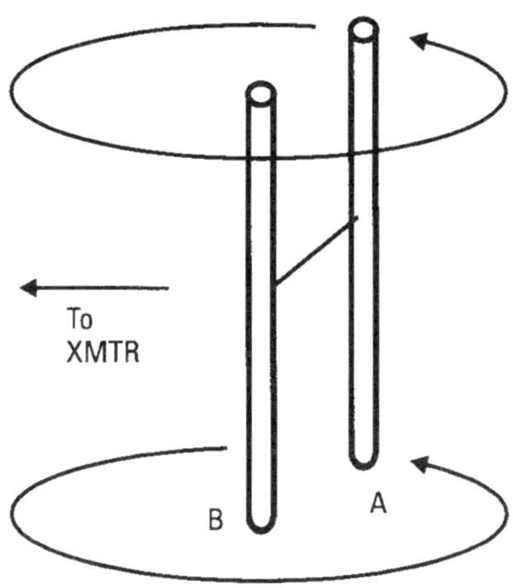

그림 5.30 도플러 DF의 원리

이러한 형태의 DF에서는 보통 그림 5.31에서와 같이 불규칙한 간격으로 배열된 어레이, 선형적 간격으로 배열된 안테나 또는 수직 다이폴의 어레이가 사용된다. DF 방식은 위상이 비교되는 baseline(안테나 쌍으로 주어지는)을 사용한다. 선형 어레이에서는 가장 멀리 배치된 안테나 배열일수록 가장 좋은 정확도를 나타내지만, 모호성(ambiguity)이 발생되며 가장 가까이 근접한 안테나 배열일수록 모호성이 해소된다. 수직 다이폴 안테나에서 안테나의 각 쌍은 전체 6개의 baseline을 만드는데 사용된다.

간섭계의 원리는 그림 5.32에서와 같이 간섭적인 삼각법에 기초를 둔다. baseline은 알려진 위치의 안테나 쌍으로 주어지므로 방위나 간격은 알려진다. baseline는 두 안테나를 연결하는 공간에 있는 직선이다. 파면(wave front)은 신호도착 방향에 수직으로 주어진다. 파면은 수신된 신호에 대한 일정한 RF 위상을 나타내는 선이다.

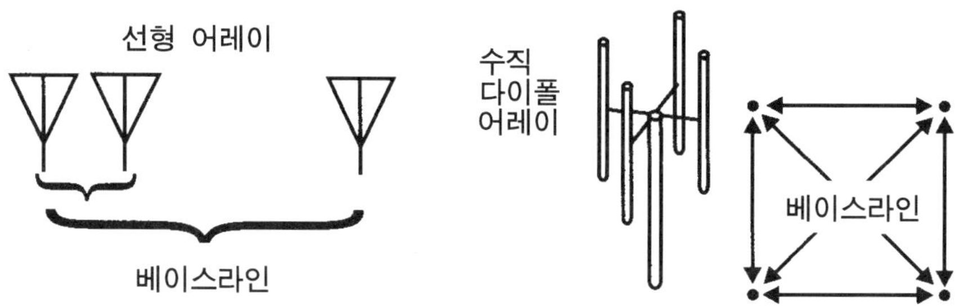

그림 5.31 간섭계 DF를 위한 안테나

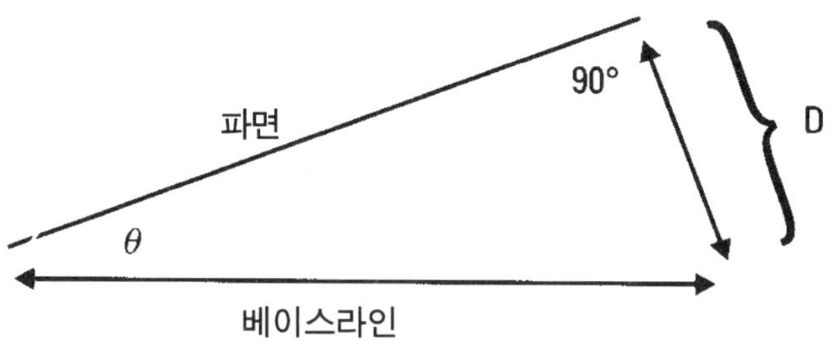

그림 5.32 간섭적 삼각형

거리 D는 두 안테나에서 위상을 비교함으로써 구해진다. 신호 주파수가 측정되면 신호의 파장은 계산될 수 있다. 위상차를 360도로 나누고 파장을 곱하면 거리 D가 된다.

baseline(직각 삼각형의 빗변)과 D(각도 θ의 반대편의 변)가 알려지기 때문에 θ가 결정될 수 있다. 신호 도착방향과 baseline 수직과의 각도는 θ와 같다.

모호성을 해결하기 위하여 선형 어레이에서 방향성 안테나를 사용하거나 또는 수직 다이폴 어레이에 있는 또 다른 baseline을 사용하여 측정함으로써 front/back 모호성이 해결될 수 있다.

5.5.7 도착신호의 시간 차

도착신호의 시간차(TDOA)는 방사기 위치를 정밀하게 찾기 위해 사용되는 기법이다. 신호는 광속도로 전파되기 때문에 송신기를 떠난 신호의 시간과 수신기에 도착한 시간이 알려지면 거리는 구해진다. 그러나 비협동적인(noncooperative) 신호의 경우에는 신호가 송신기를 떠난 시간을 구할 수 없으므로 두 수신기에서 도착 시간사이의 차를 측정한다.

만일 펄스신호인 경우, 매우 정확한 표준시간(GPS같은)을 적용하여 두 신호의 도착 시간이 측정되면 시간차는 결정될 수 있다. 아날로그 변조 신호 경우는 더욱 어렵다. 각 수신기에서는 다른 지연시간을 갖는 신호에 대해서 디지털 형태로 표현되는 것이 요구된다. 신호에 대한 디지털 표현으로 주어지는 각각의 지연 값에서 상관관계가 이루어진다. 상관관계가 최대가 되는 지연 값들이 TDOA를 나타낸다.

일단 시간차가 결정되면, 방사기는 곡선상에 나타내어질 수 있다. 시간차는 일반적으로 매우 정밀하게 측정되기 때문에 시스템은 그러한 무한 쌍곡선으로 주어지는 곡선에 매우 근접하게 위치하게 된다. 그림 5.33은 다른 도착시간 차에 대한 곡선 그룹을 나타내며 이러한 곡선의 각각은 *isochron* 이라 불려진다.

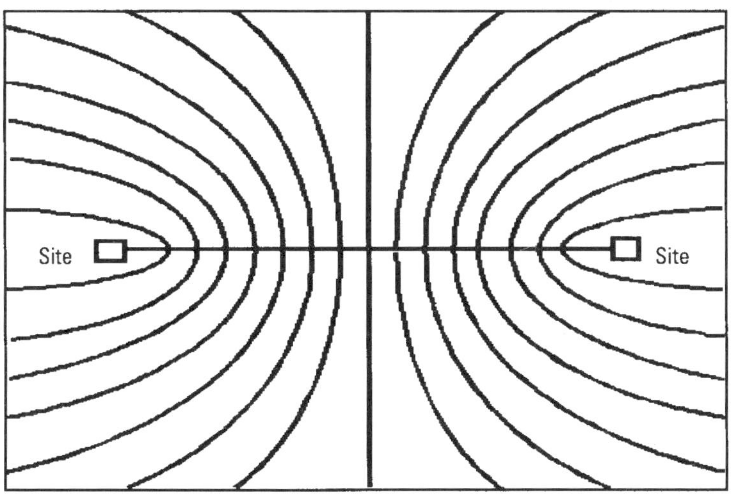

그림 5.33 TDOA isochron 윤곽선(Contour)

만일 하나이상의 도착시간 측정 사이트가 주어질 경우, 또 다른 사이트의 쌍을 이용하여 TDOA 알고리즘이 수행될 수 있다. baseline은 첫 번째 쌍곡선을 교차시키는 두 번째의 쌍곡선을 만든다. 이러한 두개의 쌍곡선의 isochrons은 아주 높은 정확도로 방사기의 위치를 나타낸다.

이러한 기법은 어떠한 주파수에서도 적용될 수 있으며 시간측정 사이트는 정지하거나 이동할 수 있다.

5.5.8 도착신호의 주파수 차

도착신호의 주파수 차(FDOA)를 구하기 위해 두개의 항공기가 지상에 있는 단일 방사기로부터 수신된 신호의 주파수를 측정한다고 가정한다. 각 항공기에서 측정된 주파수는 그림 5.34에서와 같이 항공기의 속도 벡터사이의 각에 대한 cosine값과 항공기에서 방사기로 연결하는 가시선(ray)으로 곱해진 항공기의 속도 함수로 나타내어질 수 있다. 이러한 방법은 두 항공기를 연결하는 곡선(*isofreq*라고 부르는)을 따라 방사기를 위치시킨다. 각 항공기는 어떠한 속도 벡터와 위치도 주어질 수 있다. 그림 5.34에 있는 곡선은 같은 속도와 방향으로 비행하는 두 항공기에 대해 그려졌다.

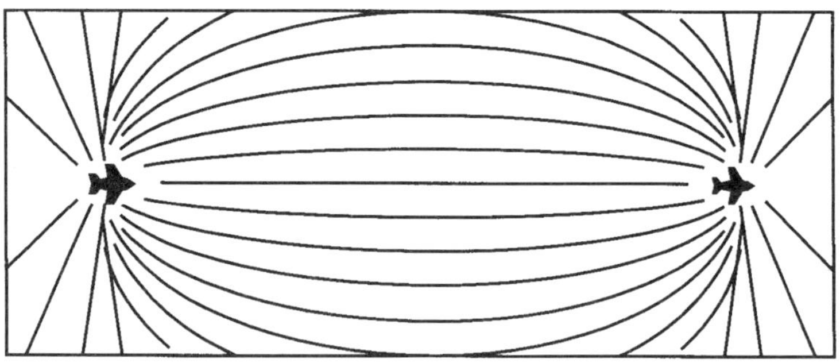

그림 5.34 FDOA isofreq 윤곽선

긴 곡선을 따라 매우 정확하게 방사기를 위치시킨다. 만일 3번째의 항공기가 주어진다면 항공기 위치에서 첫 번째의 isofreq 곡선을 교차하는 또 다른 곡선이 그려질 수 있다.

TDOA/FDOA

만일 TDOA와 FDOA가 똑 같은 두 항공기에서 실행된다면 isochron과 isofreq 곡선은 방사기 위치에서 교차하므로, 완전한 위치(full location)는 단지 두개의 platform을 적용하여도 구해질 수 있다.

PART 6

위협 모델링

센서에 의한 위협 모델링은 위협 송신기의 결정, 포착, 그리고 인식의 재현과정에 대한 훈련이 된다. 위협 모델링에서 반드시 고려되어져야하는 관점은 EW시스템 센서의 관점이다. 수신 시스템의 연결기(connector)의 관점을 통해 상황을 인식하는 것이 필요하다. 수신기가 언제 어떻게 위협을 인식하는가? 물론, 이러한 동작을 이해하기 위해서는 위협의 행위와 목적을 고려하는 것이 필요하다. 그 다음으로 시간 함수로써 위협이 어떤 신호를 방사하며 방사된 방향은 어느쪽인지를 고려하는 것이 필요하다. 마지막으로, 수신기 관점에서는 어떻게 보이며 또한 수신 안테나의 관점에서는 수신기에 도착하는 신호가 어떻게 주어지는지를 고려한다.

그러한 위협신호가 EW 수신 시스템 관점(중간주파수, 처리기 입력단, 혹은 운영자 화면에서)에서 어떻게 주어지는지를 고려하는 것이 필요하다. 일반적으로 컴퓨터 프로그램이나 운영자로부터 주어지는 시스템 제어 상태를 고려함으로써 신호가 시스템 내부에서 어떻게 주어지는지를 알 수 있다.

EW 시스템 내부 모델링에 대한 논의는 이후의 장에서 다루고 이 장에서는 EW 수신기에서 위협신호가 적용되는 방법을 기준으로 위협신호에 대한 모델링을 논의한다.

6.1 동작 모드

위협 특성의 하나는 위협이 존재하는 위치로 주어진다. 또한 그 위협이 다양한 전술적인 상황에서 어떻게 반응하는지에 대한 가정도 필요로 한다. 보통, 아군 시설물에 접근함에 따라 위협 모드가 변하게 된다. 일반적으로 위협은 다음 형태의 동작 모드를 갖는다.

- *탐색(Search)*, 위협 레이더가 잠재적 표적 존재를 알아내기 위해 노력하는 모드;
- *포착(Aquisition)*, 위협 레이더가 잠재적 표적을 탐지하고 표적에 대한 추적 영역(또는 lock)을 설정하는 모드;
- *추적(Tracking)*, 위협 레이더가 표적으로 발사무기를 준비하고 무기를 유도하는 동안에 추적 정보를 연속적으로 갱신하는 모드;
- *발사(Launch)*, 적의 무기가 발사되는 모드;
- *유도(Guidance)*, 비행 중에 있는 무기로 적이 유도 명령을 보내는 모드;
- *신관(Fusing)*, 단거리 레이더나 다른 센서가 탄두가 폭발되는 때를 정확하게 결정하는 모드.

이러한 단계는 다른 레이더에서도 적용되지만, 다중 기능이 이루어지게 하기 위해 많은 시스템에서는 같은 레이더(다른 모드로 주어지는)가 사용된다.

6.1.1 지상 무기

함정과 정지하거나 이동하는 지상 사이트에 설치된 미사일 시스템에서는 전형적으로 표적까지의 거리에 의해 특징화되는 다음의 중요한 활동이 주어진다. 각 활동이 주어지는 거리는 표적의 RCS와 어떠한 구조적 요인(고도, 영역, 등)의 함수로 주어지는 정보로부터 주어진다. 그림 6.1은 일반적인 동작모드 영역을 나타낸다.

탐색

탐색은 연속적으로 동작되는 장거리 레이더에 의해서 이루어진다. 장거리 레이더의 목적은 새로운 표적을 탐지하는 것이기 때문에 EW시스템이 수평선 너머로 주어질 때에도 탐색 레이더는 동작되어야 하며 전체 교전(engagement) 동안에 연속적으로 신호를 전송한다.

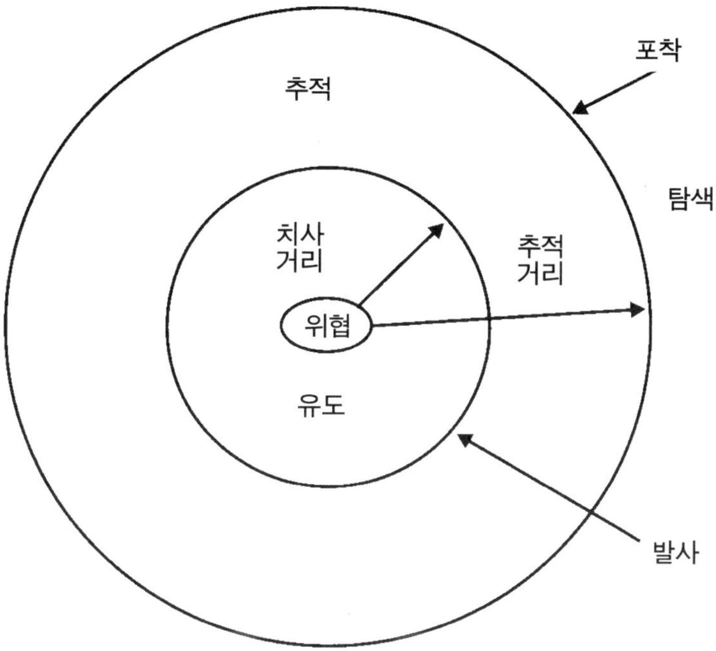

그림 6.1 위협모드에 대한 영역

포착

포착은 주어진 표적에 관련된 레이더 모드가 탐색 모드로부터 추적모드로 변하게 하는 행위(event)이다. 표적을 향한 센서는 레이더가 표적을 추적하도록 관측한다.

추적

추적은 지원하는 무기의 사정거리보다 조금 더 긴 추적 유효거리를 갖는 레이더에 의해서 이루어진다. 그러므로, 아군 항공기가 적 무기의 사정거리보다 조금 더 긴(대략 10%) 추적 반경내로 들어왔을 때 이러한 레이더는 표적을 추적하기 위한 적절한 모드로 전환될 수 있다. 추적 레이더는 표적이 치사거리 너머에 있을 때 동작되지만, 추적 거리내에서는 또 다른 표적도 추적할 수 있다.

발사

모델링에서 발사는 설정된 거리에서 일어난다. 치사거리내로 표적이 첫 번째로 들어올 때 발사가 일어나도록 선택되거나 어떠한 거리(즉, 치사거리의 1/2)가 되면 발사가 일어나게 설정될 수 있다. 상대적인 무기 성능에 대한 평가를 위해서 다른 발사 기준이 적용되어 모델링이 수행될 수 있다.

유도

유도 신호는 지령 유도(command-guided) 미사일이 비행할 때 주어진다. 표적을 공격하는 미사일과 관련된 유도신호를 수신할 수 있는 또 다른 아군 플랫폼(표적이 아닌)의 센서 미사일의 실제 표적으로 보여지는 신호와 유도신호와는 미묘한 차이가 존재할 수 있다.

신관

신관 레이더는 무기의 폭발반경의 몇 배로 주어지는 아주 짧은 동작거리를 갖는다. 신관 레이더는 다른 레이더와는 독립적이며 미사일 형태에 따라 다르게 동작한다.

6.1.2 추적-동시-탐색 위협(Track-While-Scan Threats)

추적-동시-탐색(TWS) 위협은 탐색과 포착 처리과정이 같은 레이더에 의해서 이루어지고, 동시적으로 위협에 대한 추적을 한다는 점에서 다르다. 이러한 것은 레이더가 많은 표적을 탐색하는 동안에 다수의 표적을 추적할 수 있게 한다. 추적되는 표적이 선택되면 표적에 대한 어떠한 변화도 탐지되지 않는다.

6.1.3 대함 미사일

대함 미사일은 보통 먼 거리에서 발사된다. 대함 미사일은 어떠한 원거리 관측 시설물(항공기, 위성 등)로부터 주어지는 표적정보를 이용하여 함정으로부터 발사될 수 있다. 또한 자체 탐색 레이더에 의해 대함 미사일이 항공기로부터 발사될 수 있다. 그림 6.2는 전형적인 대함-미사일 공격 단계를 나타낸다.

일단 발사되면 표적위치까지 미사일 스스로 관성 유도된다. 미사일은 표적에 접근시 수면을 스치듯이 비행하며 전자파를 방출하지 않는다. 일반적으로 미사일은 아음속(subsonic)이나 대략적으로 마하 2.5인 초음속(supersonic)으로 비행한다. 수면을 스치듯이 비행하는 고도에서 볼 때 함정은 대략 10km정도의 거리에서 수평선위로 나타난다.

함정이 수평선 위로 나타나면 대함 미사일은 자체 레이더를 동작시키고 함정을 포착하려 시도한다. 함정을 포착하였을 때 레이더는 자동추적(lock on) 모드로 전환되고 미사일을 함정의 중심부로 유도한다.

마지막 공격의 최종단계에서는 미사일은 함정의 흘수선(waterline) 부근으로 충돌하기 위하여 급강하(dive)하거나 갑판에 대해 거의 수직공격을 하기 위해 상승(climb)한다.

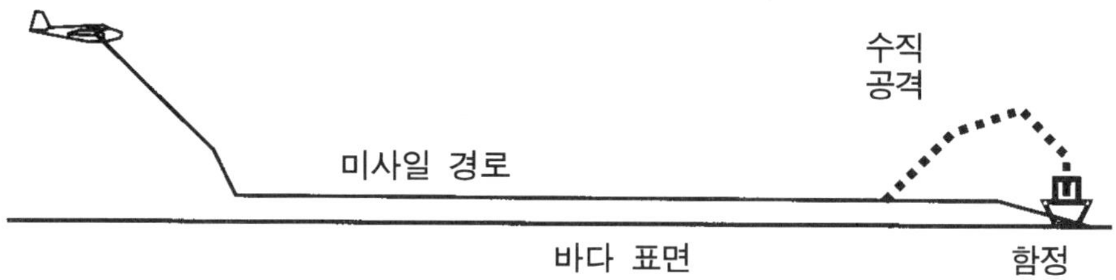

그림 6.2 대함 미사일 비행경로

6.1.4 공대공 위협

전술 항공기는 보통 그림 6.3에서와 같이 공중이나 지상 레이더로부터 제공되는 정보를 사용하는 전투 제어기에 의해 공격지점으로 무선유도(vectored into) 된다. 그러므로 이러한 이유로 인해서 장거리 지상 레이더는 흔히 조기경보/지상-제어 요격(*early warning / ground-control intercept* : EW/GCI) 레이더로 불린다. 표적 항공기를 탐지하고 추적을 하는 항공기 탑재 레이더는 매우 비슷하다. 다수의 표적 항공기를 추적하고 더 많은 표적을 연속적으로 탐지할 수 있기 때문에 항공기 탑재나 지상 요격 레이더는 표적을 탐지할 때 모드를 변경하지 않는다.

AI 레이더를 갖는 전투기가 표적을 향해 무선 유도될 때 디지털 제어 신호가 주어진다. 이러한 것은 특별히 지상의 대공방어 시설물에 의해 격추되는 것을 방지하지 위해 항공기가 비행할 수 있는 좁은 항공로(corridor)가 주어지는 상황에서는 특별히 적용된다.

표적이 사정거리 내에 들어오면 전투기는 여러 가지 모드가 주어지는 사격통제 레이더를 작동시킨다. 보통, 사격통제 레이더는 표적을 포착하기 위하여 큰 각도 영역을 탐색한다. 일단 표적이 자동 추적되면, 사격통제 레이더는 탐색영역보다 훨씬 더 좁은 영역인 다른 변조방식이 적용되는 추적모드로 변환된다.

사격통제 레이더는 그림 6.4에서와 같이 항공기 앞부분을 통해 제한된 작은 각도영역(segment)으로 송신한다. 신호는 표적 항공기가 정면으로의 위협영역 내에 있을 때 최대전력으로 수신될 수 있지만 다른 각도로 주어지는 경우에는 부엽수준으로 수신될 수 있다.

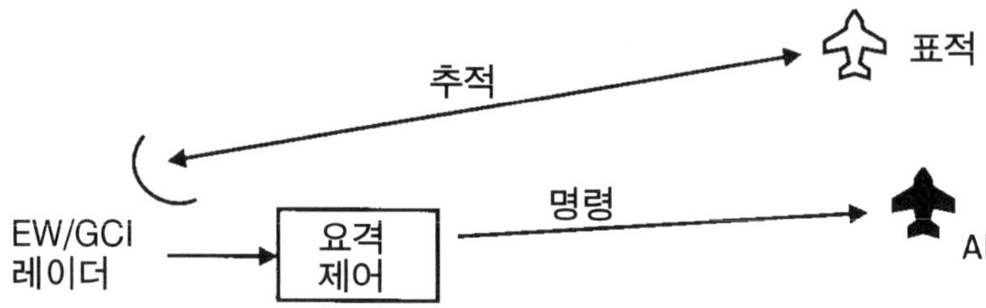

그림 6.3 레이더 통제 대공요격

그림 6.4 AI 레이더에 대한 위협영역

일반적으로 두 가지의 위협영역이 있는데 첫 번째는 발사가 일어나게 하는 영역이고 두 번째는 더 작은 영역으로 표적이 회피하지 못하는 영역이다. 일반적으로 발사는 표적이 회피를 못하는 영역의 경계 속으로 들어왔을 때 일어나게 한다.

6.2 변조

EW시스템과 운영(operation)에 관련된 두 가지 기본 형태의 신호변조가 있다. 첫 번째는 펄스파형이고 두 번째는 연속파형이다. 펄스신호는 레이더와 관련되고 반면에 연속신호는 레이더 혹은 통신에 관련될 수 있다.

6.2.1 펄스신호

펄스신호는 100%의 진폭변조이며 RF주파수, 펄스 폭, 듀티 사이클, 펄스 형태, 그리고 펄스 변조에 의해서 특성화된다.

일반적으로 탐색 거리가 길어질수록 주파수는 더 낮아지고 펄스폭은 더 길어지며, 펄스 간격(interval)도 더 길어진다. 탐색 레이더는 전형적으로 수 μs 의 펄스폭을 가진다.

탐지거리가 긴 펄스는 레이더가 표적에 대해서 더 많은 에너지를 얻도록 한다. 그러나, 긴 펄스는 거리 분해능을 저하시킨다. 주파수나 이진변조(binary modulation)는 보통 거리 분해능 셀(cell)을 줄이기 위해 사용된다. 펄스에서 주파수변조는 chirp라고 불려진다. 그림 6.5는 이러한 과정을 나타낸다. 이진변조는 흔히 Barker code로 언급된다. 그림 6.6은 일반적으로 주어지는 펄스에서 짧은 이진 배열(sequence)를 나타낸다. 탐색 레이더의 펄스반복 구간(pulse repetition interval)은 수 *ms* 로 주어진다.

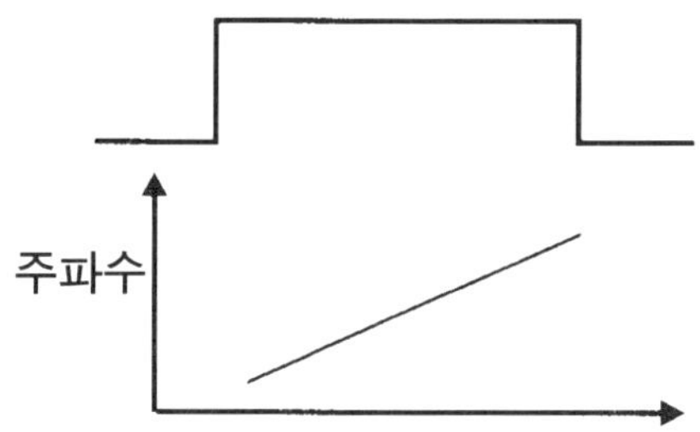

그림 6.5 펄스에서 선형 FM

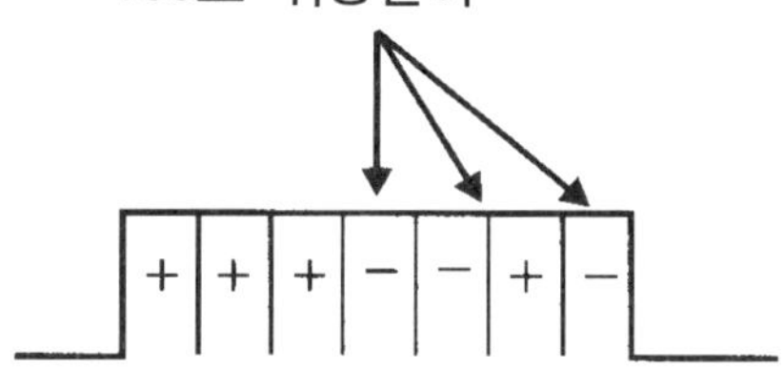

그림 6.6 펄스에서 이진코드

추적 레이더는 훨씬 더 짧은 펄스폭과 더 높은 펄스 반복 주파수를 갖는다. 펄스폭은 수 *ms* 에서 sub-*μs* 까지 주어지며 펄스반복 구간은 수 *ms* 에서 sub-*ms* 까지 주어진다. 높은 PRF 펄스 도플러 레이더를 제외하고 듀티 사이클은 보통 매우 낮다.

항공기 탑재 사격통제 레이더는 보통 펄스반복 주파수가 대략 초당 300,000개 펄스이고 듀티 사이클은 30% 정도인 펄스 도플러 모드를 갖는다.

수신기에 의해 수신신호의 대역폭이 제한되기 때문에 펄스는 상승과 하강 모서리가 둥글게 된다. 일반적으로, 송신기는 관련된 수신기보다 대역폭이 더 넓으므로 송신펄스는 보통 깨끗한 모양의 펄스로 주어진다.

6.2.2 연속신호

연속 레이더 신호

추적 레이더는 연속파(CW) 변조를 가질 수 있다. 순수한 CW 신호는 변조가 없는 신호이다. 이러한 파형을 사용하는 레이더는 표적까지의 거리는 측정할 수 없지만 레이더와 표적의 상대적인 속도는 측정할 수 있다는 것을 의미한다(도플러 편이 때문에). 물론, 추적 레이더의 좁은 안테나 빔으로 인해 표적의 각도상의 위치는 결정될 수 있다.

레이더 신호의 주파수 변조가 된다면 거리와 상대적인 속도를 측정할 수 있다. CW 레이더에서 FM은 보통 선형적인 lamp함수 형태이다. 그림 6.7에서와 같이 송신과 반사 신호사이의 주파수 차는 상대적인 속도에 의해서 영향을 받으므로 그림 6.8에서와 같은 변조가 주어질 수 있다. 도플러 편이는 편평한 부분동안에 측정되고 ramp함수 동안 측정된 주파수 차는 도플러 편이를 구하기 위해 수정된다.

통신신호

통신신호는 연속적으로 변하는 정보를 실어 나르는 연속변조를 갖는다. 이러한 신호는 보통 AM, FM, 또는 PM이다. 아날로그 정보나 디지털 정보를 운반할 수 있다.

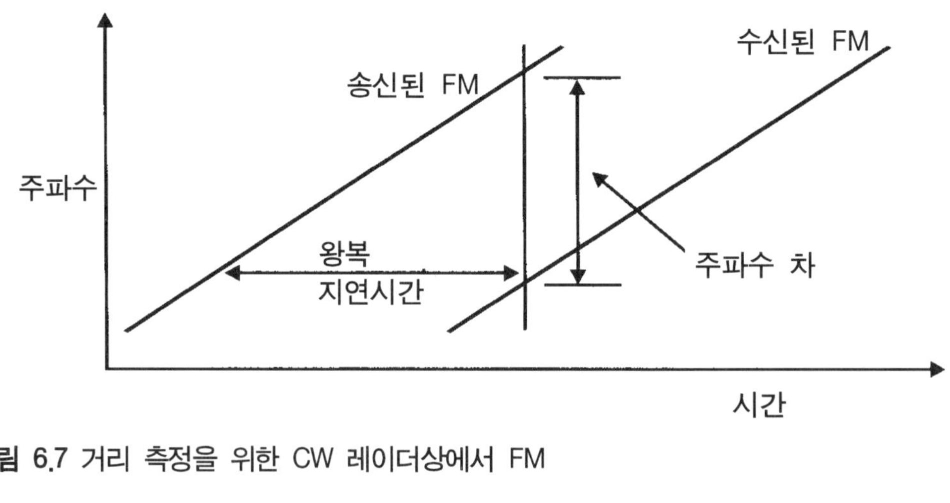

그림 6.7 거리 측정을 위한 CW 레이더상에서 FM

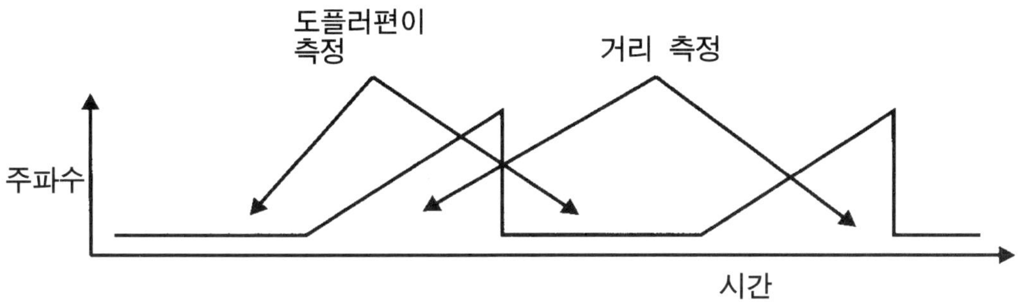

그림 6.8 도플러와 거리측정 모두를 가능하게 하는 Ramp 변조

AM의 경우에 변조 비율(%)은 반드시 명시되어야 하며 보통 30%-50%의 변조가 일반적으로 주어진다. AM 신호의 전송 대역폭은 정보 대역폭의 2배로 주어진다. FM 신호의 전송 대역폭은 변조지수(modulation index)에 영향을 받는다. 전송 대역폭은 변조지수와 송신기로 주어지는 입력정보 대역폭과의 곱의 두 배와 같다. 디지털신호는 AM, FM, 또는 PM과 같이 반송파에서 변조될 수 있다. 위상변조가 사용되는 경우 보통 binary phase shift keying(BPSK)이나 quadrature phase shift keying(QPSK)이 적용된다. BPSK의 경우에 전송대역폭은 보통 대략 데이터 비트율(bit rate)의 2배와 같다. QPSK의 경우는 전송대역폭은 대략 비트율과 같다.

통신 위협신호에 대한 변조는 데이터를 정밀하게 분석함으로써 알 수 있다. 비밀취급이 되지 않는 변조의 예로는 FM 전술 무선에서 송신시 무선기기 송신 스위치를 누르는 기능이 있다. 그런 통신 변조는 대략 4kHz대역의 정보와 적절한 보호대역(guard band)으로 구성된 25kHz 채널로 주어지는 전송 대역폭을 갖는다(즉, 대략 3의 변조지수가 되는).

6.3 안테나 특성

6.3.1 통신 위협 안테나

대부분의 통신 안테나는 360도의 전방위로 전송하고 수평편파로 수신되며 이득에 의해 증가되는 송신기 전력의 ERP를 갖는다. 통신 안테나는 일반적으로 20dB정도의 null 패턴이 주어진다. 이러한 것으로 인해 ERP가 상당히 줄어들더라도 중요한 특성은 아니다. 상공으로 지나가는 수신기(머리위로 빠르게 지나가는 항공기)는 보통 한 위치에 오래 머물러 있지 않으며 또한 송신기에 매우 가까워질 수 있으므로, 처리해야하는 많은 신호가 수신될 수 있다. 특별히 비협동적인 EW수신기와 같은 수신기는 수평선 근처 멀리 있기 때문에 어려운 문제가 발생된다.

VHF 혹은 UHF 통신 안테나는 보통 5.1.3절에서 언급한 것과 같은 패턴을 갖는 log-periodic 안테나와 비슷하게 주어진다. 방향성을 갖는 통신 안테나는 일반적으로 동작중에는 회전하지 않는다. 고정된 어떠한 위치에서 다른 위치로 정보를 최적으로 전송하도록 맞추어진다.

초고주파 링크의 경우, 안테나는 좁은 빔을 갖는 혼이나 접시형 안테나가 사용된다. 그러한 안테나는 레이더 안테나와 같은 이득 패턴을 가지며 5.1.3절에서 언급되었다. 안테나가 동작하는 동안에 안테나 방향이 변하지 않는다는 점에서 레이더 안테나와는 다르다. 안테나 빔 내부에서 통신이 이루어지면 신호가 강하게 수신될 수 있지만 만일 빔 외부에서 이루어진다면 단지 부엽 수준으로 신호가 수신될 수 있다.

6.3.2 레이더 안테나

레이더 안테나는 좁은 빔을 가질 뿐만 아니라 레이더의 형태와 동작 모드에 대해서 많은 정보가 주어지는 방향으로 빔이 움직이므로 더욱 흥미롭다. 안테나 빔의 이동은 *안테나 주사(antenna scan)*라고 불려진다. 실제적인 관심은 위협 안테나 이동시 EW 수신기쪽으로 어떻게 보는가 하는 것이다.

수신기에 의해 보여지는 위협 안테나 패턴

5.1절에서 논의된 것과 같이 안테나의 이득패턴은 안테나 중심축으로부터 관측점까지의 각도함수로 주어지는 이득변화에 대한 그림이다. 송신 안테나의 경우에 이득패턴에 의해 유효방사 전력이 각도상으로 변화를 일으킨다.

송신 안테나 주사에 의해서 시간적으로 변하는 수신신호 크기는 고정된 위치에 있는 수신기에서 그림 6.9에서와 같이 관측된다. 송신 안테나의 주빔은 수신기 위치 방향으로 지나갈 때 최대 피크신호가 수신되게 한다.

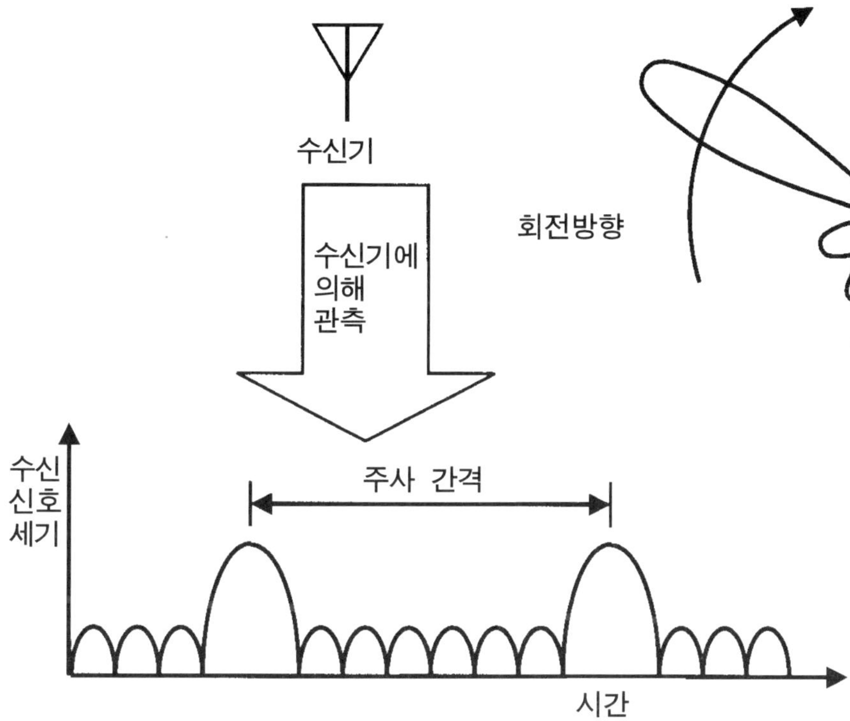

그림 6.9 수신기에 의해서 관측된 안테나 패턴

송신 안테나의 부엽 각각은 수신 위치 방향을 지나갈 때 작은 피크 신호를 일으킨다. 송신 안테나가 일정한 비율로 회전된다고 가정하면 이러한 피크 신호의 각각은 일정한 간격으로 수신된다. 그림에서 보여진 것과 같이 주사 간격은 수신기에 의한 주빔 피크 수신사이의 시간이 된다(즉, 5초 간격이 주어진다면 안테나가 5초당 한번 회전함을 의미한다).

그림 6.10에서와 같이 수신된 주빔 신호 세기의 곡선에서 3-dB점사이의 시간은 송신 안테나의 3-dB 빔폭과 관련된다. 이러한 관계는 다음과 같다.

$$빔폭=(빔지속\ 시간/주사\ 주기) \times 360도$$

레이더 형태, 임무, 그리고 동작모드에 따라서 다르게 주어지는 많은 형태의 레이더 안테나 주사방식이 있다. 안테나 패턴에 대한 분석은 적 레이더를 식별하기 위하여 EW 수신기에 의해서 사용되는 분석 방법 중의 하나이다. 또한, 패턴은 수신기가 위협신호를 수신할 수 있는 시간과 주기를 나타낸다. 따라서 이러한 사항은 시뮬레이터가 모의 시험하는 위협 레이더의 안테나 패턴을 정확하게 표현하는데 중요한 요소이다.

이 절에서는 다양한 안테나 주사방식이 논의된다. 각각의 경우에 대한 위협 안테나 빔의 각도상의 이동형태, 이러한 주사 패턴을 사용하는 레이더의 임무, 그리고 고정된 위치에 있는 수신기에 보여지는 형태를 논의한다.

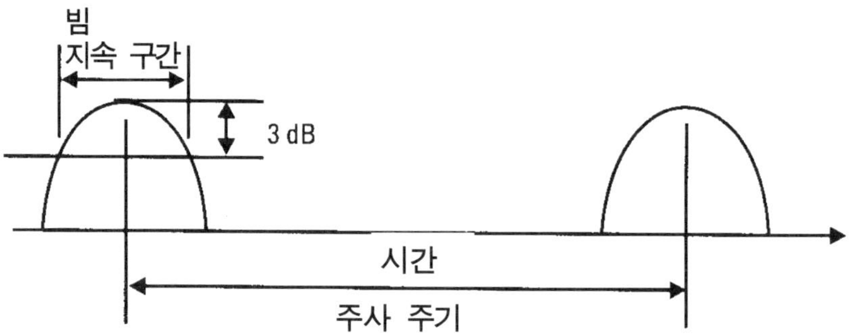

그림 6.10 수신기에 의해서 관측된 송신 안테나의 빔 지속구간과 주사 주기

6.3.3. 원형주사

그림 6.11에서와 같이 원형주사 안테나는 완전한 원의 형태로 회전한다. 이러한 형태의 주사방식은 탐색 레이더에서 주로 사용된다. 추적 레이더로 넘겨지는 표적을 탐지하기 위해 넓은 영역을 감시한다. 수신된 패턴은 그림 6.12에서와 같이 주빔사이의 똑 같은 시간 간격의 특징을 갖는다.

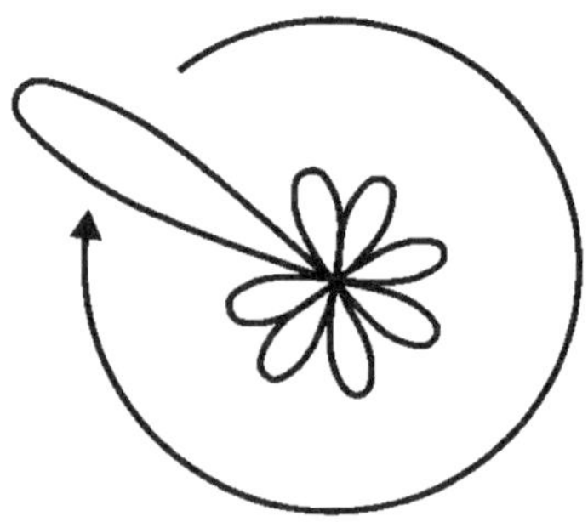

그림 6.11 원형 주사

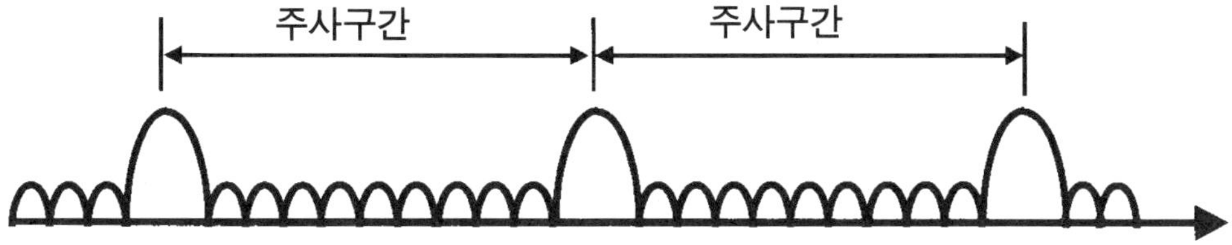

그림 6.12 원형 주사 안테나에 대한 수신전력 대 시간

6.3.4 구역(Sector) 주사

구역 주사는 안테나가 각도상의 작은 구역만을 이동한다는 점에서 원형 주사와는 다르다. 이러한 주사는 짧은 지속시간을 갖는 신호를 포착하는 확률을 증가시키기 위해 더 작은 각도로 주어지는 구역 안으로 주의를 집중할 수 있다. 이러한 것은 대함 미사일에 의해서 포착단계(acquisition phase)동안에 사용된다. 그림 6.13은 구역 주사방식을 나타내며 그림 6.14는 고정된 수신 위치로부터 이러한 형태의 주사에 의해 시간적으로 관측된 전력변화를 나타낸다.

6.3.5 헤리컬 주사

헤리컬 주사는 360도의 방위각으로 탐지하지만 주사 고도가 변화되는 방식이다. 이러한 주사방식은 공간을 입체적으로 탐지하며 표적에 대한 거리뿐만 아니라 고도와 방위각 정보 모두를 제공한다. 일정한 주빔 시간 간격으로 관측되는 주빔의 진폭은 위협신호에 대한 안테나의 고도가 수신기의 고도로부터 멀어지면 감소된다. 그림 6.15는 이러한 주사 형태를 보여주며 그림 6.16은 관측된 전력변화를 나타낸다.

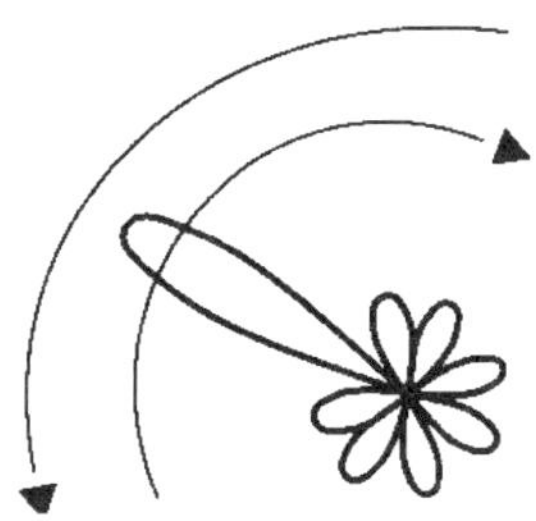

그림 6.13 구역 주사

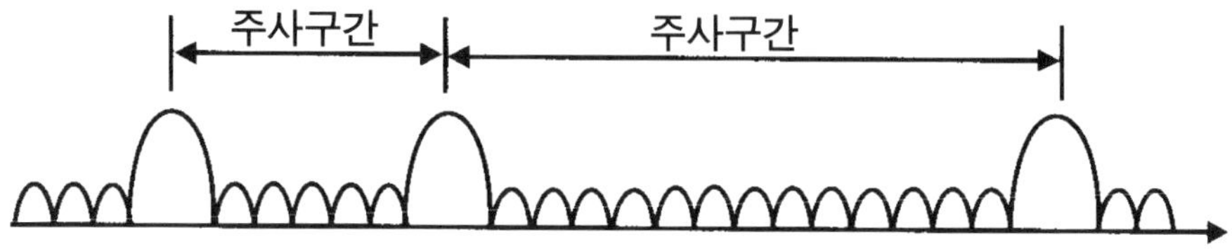

그림 6.14 구역 주사의 수신전력 변화

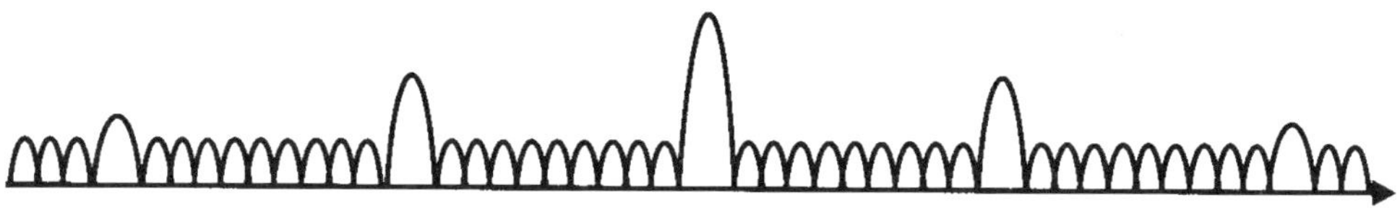

그림 6.15 헤리컬 주사의 수신전력 변화

6.3.6 래스터(Raster) 주사

래스터 주사는 어떠한 각도상의 영역을 평행으로 탐지한다. 이러한 주사방식은 입체적으로 영역을 탐지하며 항공기의 사격통제 레이더에서 자주 사용된다. 구역 주사방식으로 관측시 안테나가 수신기 위치를 통과하지 않을 때는 주빔에 의한 포착 진폭이 감소된다. 그림 6.17은 주사형태를 나타내고 그림 6.18은 관측된 전력 변화를 나타낸다.

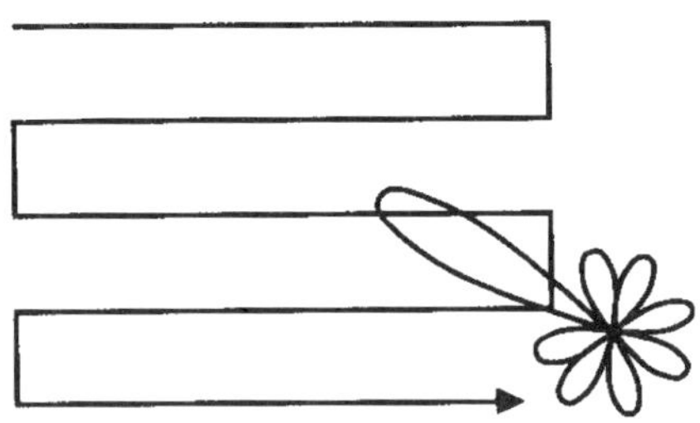

그림 6.17 래스터 주사

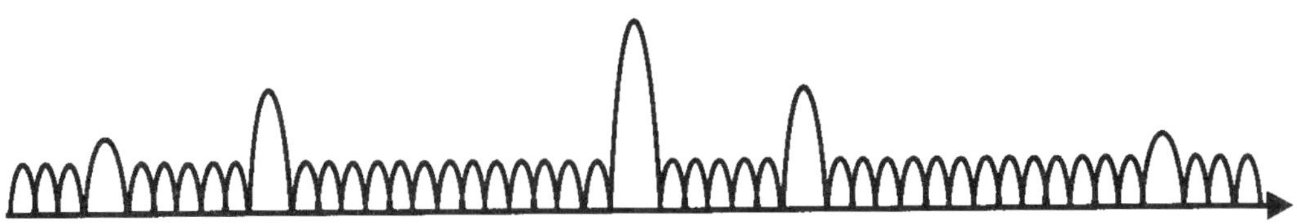

그림 6.18 래스터 주사에 의해 관측된 전력 변화

6.3.7. 코니컬(Conical) 주사

코니컬 주사는 안테나 주빔이 수신기 위치에 가장 근접할 때 수신전력이 최대가 되며 수신기로부터 최대로 먼 지점을 지시할 때 최소가 되는 정현파적으로 변하는 파형과 같이 관측된다. 수신기 위치(그림에서 T)가 주사하는 안테나에 의해서 형성되는 원뿔(cone)의 중심으로 이동할수록 수신전력 변동(sine파 형태)의 진폭이 감소되며 보통 추적 주사 방식에서 사용된다. 수신기가 원뿔의 중심에 있을 때 신호진폭에서는 변화가 없다, 왜냐하면 안테나는 수신기로부터 똑같은 각도로 벗어나 있기 때문이다.

그림 6.19는 바깥쪽에서부터 중심으로 이동하는 3개의 표적 위치(A, B, C)에 대한 코니컬 주사를 나타낸다. 그림 6.20는 표적에 위치한 수신기에 의해 관측된 전력 변화를 나타낸다.

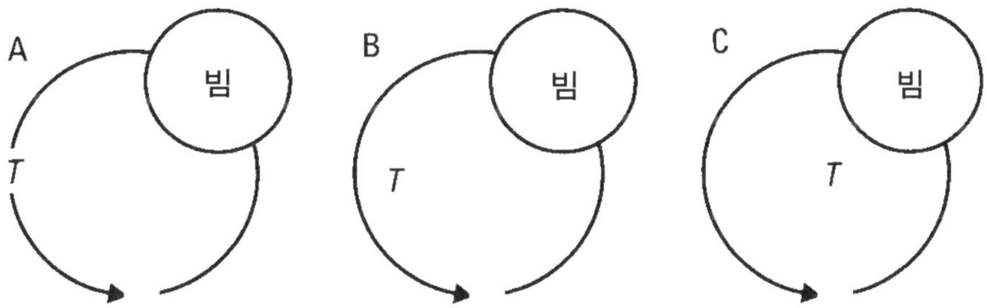

그림 6.19 표적이 빔 중심으로 이동하는 코니컬 주사

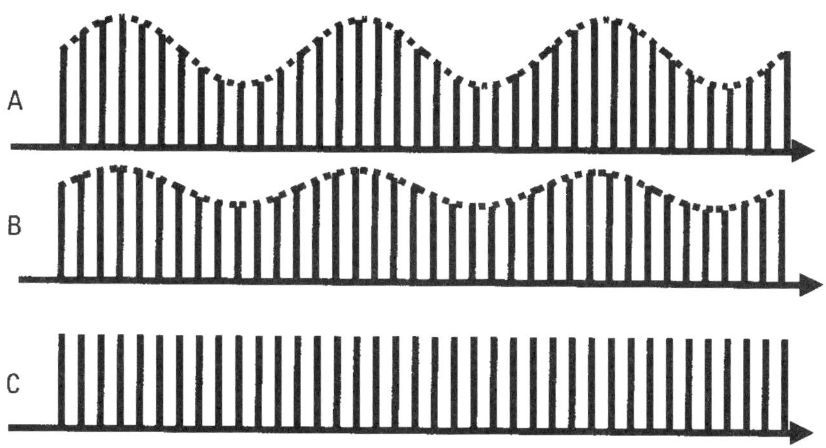

그림 6.20 3가지 위치의 표적에 의해 관측된 코니컬 주사 전력 변화

6.3.8 스파이럴(Spiral) 주사

스파이럴 주사는 주사 원뿔의 각이 증가하거나 감소하는 것을 제외하면 코니컬 주사와 같다. 관측된 패턴은 수신기 위치를 통과하는 회전인 경우에 대해서는 코니컬 주사와 같다. 안테나 이득은 스파이럴 경로가 수신기 위치로부터 멀어질 때 감소되지만 일반적으로 정현파 함수 모양으로 유지된다. 이러한 패턴의 불규칙성은 안테나 빔과 수신기 위치 사이의 각도 변화로부터 발생된다. 그림 6.21은 주사형태를 나타내고 그림 6.22는 관측된 전력 변화를 보여준다.

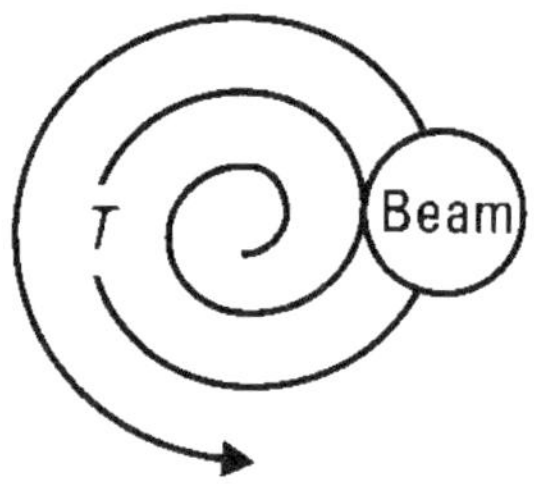

그림 6.21 스파이럴 주사

그림 6.22 표적 위치로부터 관측된 스파이럴 주사의 전력 변화

6.3.9 팔머(Palmer) 주사

팔머 주사는 선형적으로 이동하는 원형 주사이다. 주사 운동 패턴(그림 6.23)에서 보여준 것과 같이 이러한 명칭은 학생들이 원을 고리모양(looping)으로 연결 되게 그리는 필적(handwriting)을 나타내는 팔머 방법(Palmer method)으로부터 유래된다. 주사방법의 장점은 작은 수직 각도와 큰 수평 각도의 면적으로 주어지는 탐지영역에 대해 정밀한 탐지를 제공한다는 것이다. 관측된 안테나 이득 패턴 변화(그림 6.24)는 매우 특이한 파형형태로 주어진다. 수신기가 하나의 원 중심의 오른쪽에 있다면 수신 진폭은 회전에 따라 일정하게 주어질 것이다. 그림에서, 수신기는 중앙에 근접해 있지만 정확히 중심에 있지 않다고 가정하면 3번째 주기는 낮은 진폭을 갖는 sine파 형태가 된다. 원이 수신기로부터 멀어질 때 sine파의 진폭은 작아진다.

6.3.10 팔머 래스터 주사

만일 팔머 주사가 래스터 패턴과 같이 움직여진다면 수신된 위협 이득 변화는 수신기 위치를 통과하는 래스터 선상에 대해서는 팔머 주사와 같이 보여진다. 패턴은 래스터 선이 수신기 위치로부터 더욱 더 멀어지면 진폭이 더욱 감소되며 전체적으로는 정현파와 유사하게 보여진다. 그림 6.25는 안테나의 이동형태를 보여주고 그림 6.26은 관측된 전력 변화를 나타낸다.

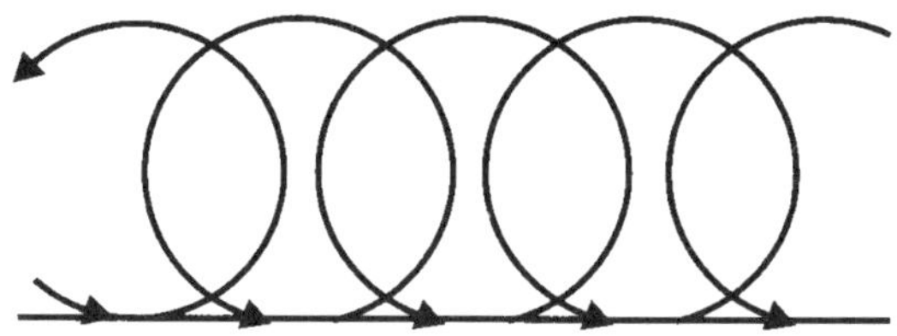

그림 6.23 팔머 주사

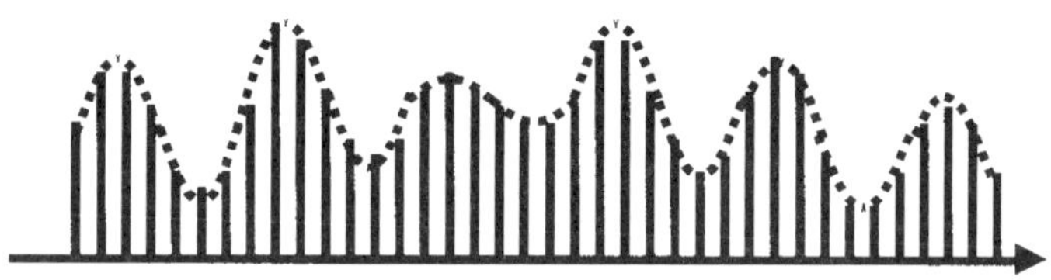

그림 6.24 팔머 주사의 관측된 전력 변화

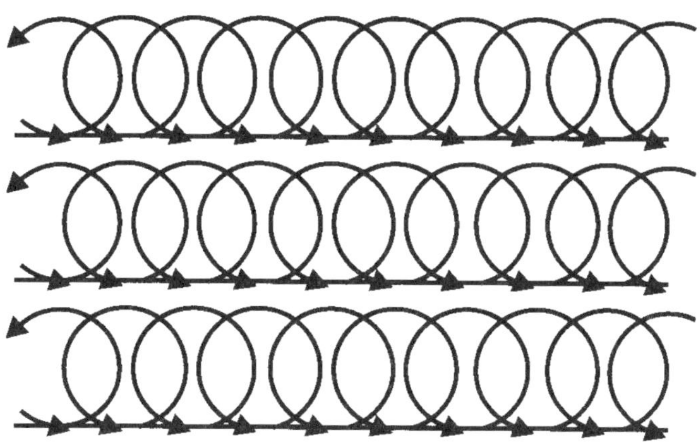

그림 6.25 팔머 래스터 주사

그림 6.26 팔머 래스터 주사의 관측된 전력 변화

6.3.11 빔 전환(Lobe Switching)

안테나는 표적 추적에 요구되는 정보를 제공하기 위해서 정사각형으로 형성되는 4개의 안테나 지시각 사이를 순간적으로 이동한다. 다른 패턴과 같이, 수신된 위협 안테나 이득 변화는 위협 안테나의 빔 방향과 수신기 사이의 각도 함수로 주어진다. 그림 6.27은 어떠한 위치에 표적이 있을 때 4개의 안테나 빔 위치를 보여준다. 그림 6.28은 어떠한 위치(T)에 있는 표적에서 관측된 전력 변화를 나타낸다.

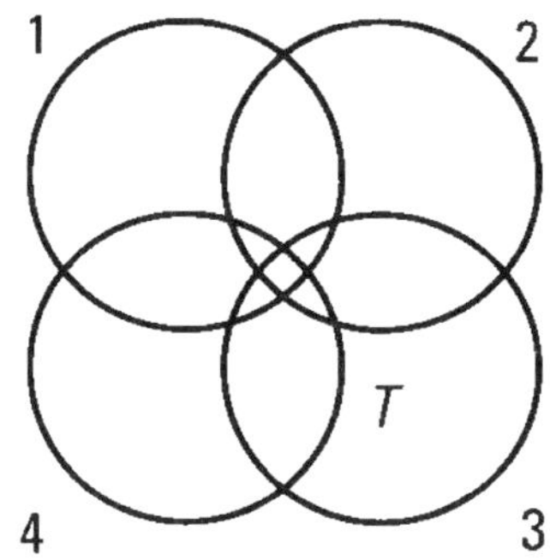

그림 6.27 빔 전환

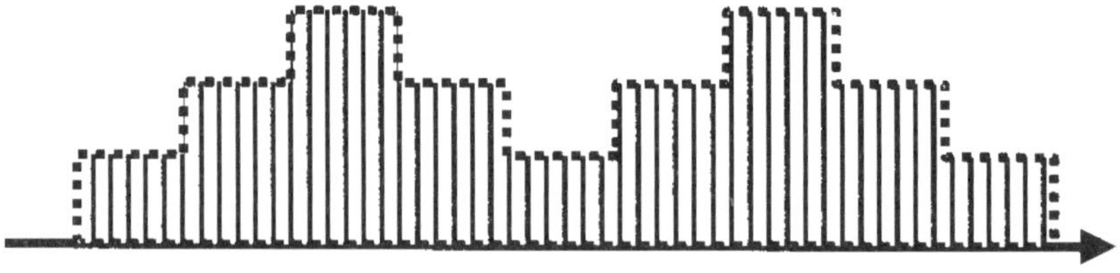

그림 6.28 표적으로부터 관측된 빔 전환의 전력 변화

6.3.12 수신용 빔

표적(수신기 위치)을 추적할 때 위협 레이더의 송신 안테나가 방향성을 갖는다면 송신 안테나가 표적을 계속 지시하도록 한다. 수신 안테나는 추적 정보를 얻기 위해 빔 전환을 한다. 송신 안테나가 표적을 항상 지시하면 수신기는 표적에 대해서 일정한 크기로 주어지는 신호를 수신한다. 그림 6.29는 송신 안테나와 수신 안테나가 분리되어 있는 경우를 나타내며 그림 6.30은 수신 안테나에서 관측된 전력 변화를 나타낸다. 추적 모드로 주어지는 단일펄스 레이더에 의한 표적은 일정한 진폭으로 관측된다.

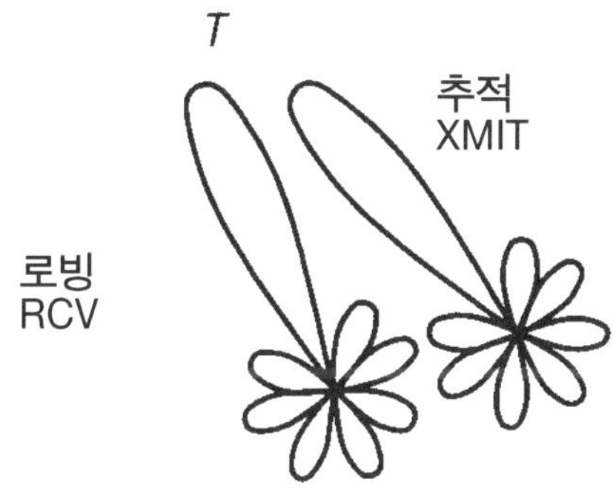

그림 6.29 수신전용 안테나 빔

그림 6.30 수신전용 안테나에서 관측된 전력 변화

6.3.13 위상 어레이

위상 어레이는 전기적으로 빔 방향을 전환시키므로 어떠한 지시각에서 어떤 다른 지시각으로 순식간에 빔이 이동될 수 있다(그림 6.31).

그러므로 수신기에 수신되는 신호의 진폭 변화는 없다. 물론 기계적으로 빔 방향을 전환하는 위상 어레이에서도 위에서 언급한 것과 비슷하게 주사 패턴이 보여질 수 있다. 수신이득은 위협 안테나 지시각과 수신기 위치각도 사이의 각도에 영향을 받는다. 그림 6.32는 완전히 불규칙적으로 관측된 전력변화를 보여준다.

6.3.14 기계적 방위각 주사방식을 적용한 전자적 고도 주사방식

위협 안테나는 수직방향으로는 위상 어레이에 의한 고도 주사방식을 갖고 방위각 방향으로는 원형 주사방식를 갖는다고 가정한다. 그러므로 주빔 사이에는 일정한 시간 간격이 있지만, 진폭은 어떤 논리적인 순서없이 변할 수 있다. 방위각 주사는 구역 주사나 일정한 방위각 주사방식이 사용될 수 있다. 그림 6.33은 주사 방식에 대한 물리적인 빔 이동을 나타내고 그림 6.34는 관측된 전력 변화를 나타낸다.

그림 6.31 위상 어레이 빔

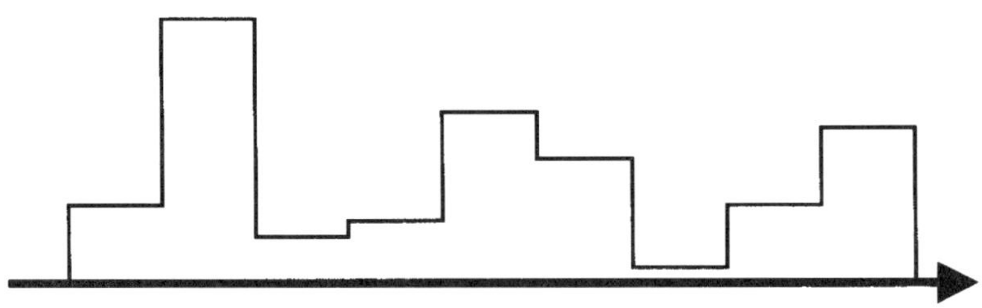

그림 6.32 전자적으로 제어되는 위상 어레이에서 불규칙적으로 관측된 전력 변화

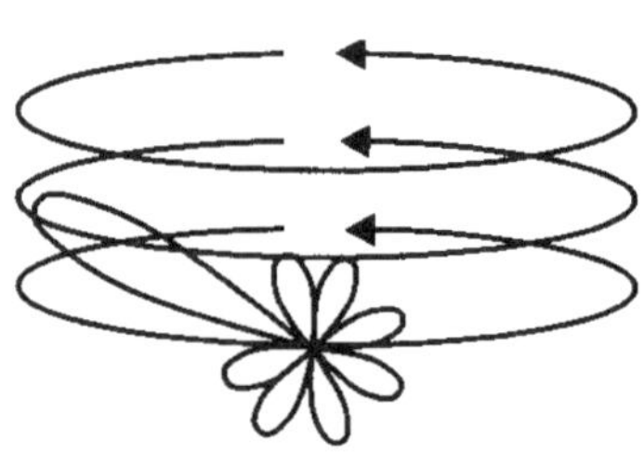

그림 6.33 전자적인 고도 주사와 기계적인 방위각 주사 방식을 갖는 위상 어레이

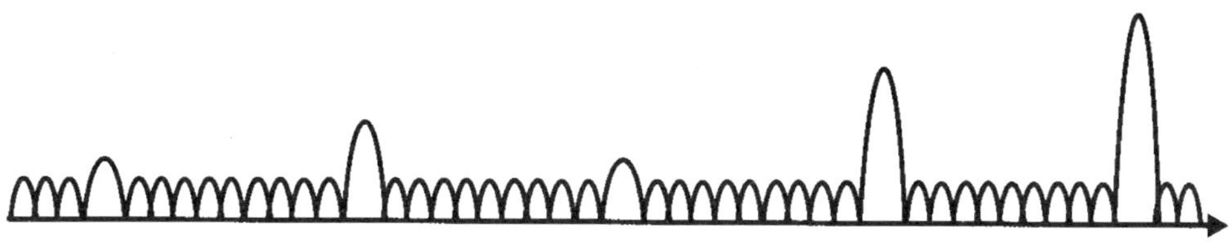

그림 6.34 전자적인 고도 주사와 기계적인 방위각 주사를 갖는 위상 어레이에서 관측된 전력변화

6.4 송신기 신호

어떠한 변조방식이 적용된 송신신호는 송신기 전력과 안테나 이득의 합인 유효방사전력(ERP)으로 주어진다. 신호가 모든 방향으로 방사되는 무지향성 안테나 이득 패턴을 고려한다. 물론, ERP는 안테나 빔축으로부터의 각도 함수로 주어진다.

변조는 안테나 빔축으로부터 벗어난 각도에 의한 안테나 이득 감소에 따라서는 변하지 않지만 방사된 RF 신호 크기는 감소된다.

6.5 수신기 신호

송신 사이트를 떠난 신호는 수신기 방향으로 송신기 전력과 안테나 이득의 곱으로 주어지는 ERP를 갖는다. 일반적으로 송신 안테나 빔축에서 최대 ERP를 나타내며 안테나 주사에 대한 유효 ERP는 6.3절에서와 같은 안테나 주사 시간에 대한 감소 특성을 갖는다. 비주사방식인 경우, 위협에 대한 ERP는 송신기 전력과 수신기 방향으로의 안테나 이득을 더하면 구해질 수 있다. 그림 6.35는 일반적인 주사방식으로 송신된 레이더 신호를 나타낸다.

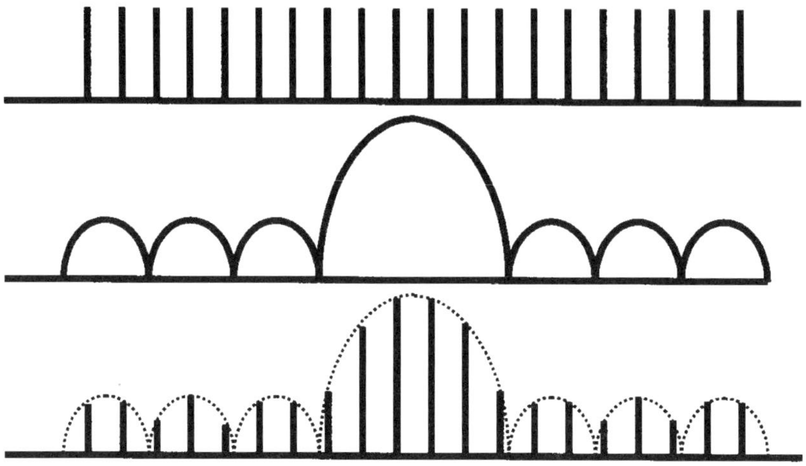

그림 6.35 수신기 방향으로 주사된 펄스 레이더 송신 신호

일단 신호가 송신기를 떠나게 되면 5장에서 언급된 링크손실에 의해 감소된다(만일 송신기와 수신기사이에 가시선이 확보된다면). 신호의 전송 경로가 지형에 의해 차단된다면 신호세기가 0이라고 일반적으로 가정한다. 그림 6.36에서 수신기 R2는 신호를 수신할 수 있지만 수신기 R1은 송신기로부터의 가시선이 확보되지 않으므로 신호를 수신하지 못한다.

또 다른 고려사항은 수평선이다. HF 이상의 주파수에서 신호는 보통 다음의 공식에 의한 전파 수평선에 의해서 제한된다.

$$D_{\max} = 4.123\,(h_T^{1/2} + h_R^{1/2})$$

여기서,

$D_{\max}$ = 송신기에서 수신기(또는 표적)까지의 최대 RF 가시거리 (km);
h_T = 수면 위로의 송신기 높이(m);
h_R = 수면 위로의 수신기 높이(m);

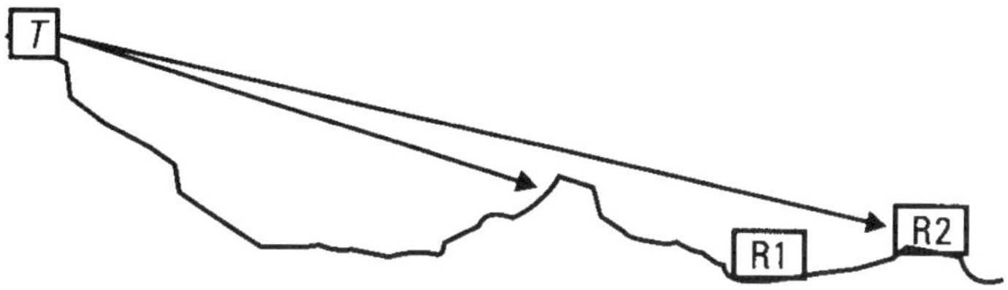

그림 6.36 수신기로의 지형에 의해 차폐된 신호

이러한 수식에서는 물리적인 지구반경보다 4/3 정도가 더 긴 반경이 적용된다. 송신기와 수신기가 지형위에 위치하는 경우 및 레이더와 표적의 높이가 주어지는 경우에도 수식은 잘 일치된다. 만일 송신기나 수신기 모두가 이동한다면 수신기에 도착하는 신호 주파수는 도플러 편이에 의해 변화된다. 이러한 주파수 변화는 송신기와 수신기사이의 거리 변화율에 비례한다. 이러한 것이 그림 6.37에 나타내어진다. 각도 θ_T와 θ_R은 송신기와 수신기의 속도 벡터와 송수신기 사이의 가시선 사이의 구면각(spherical angle)으로 주어진다. 레이더 신호의 양방향 전송에 의한 2의 요인을 제외하면 똑 같은 적용되는 개념이 추적 레이더에도 적용된다.

펄스 신호의 PRF와 PW는 도플러 편이에 의해 변경된다는 것이 반드시 고려되어져야 한다.

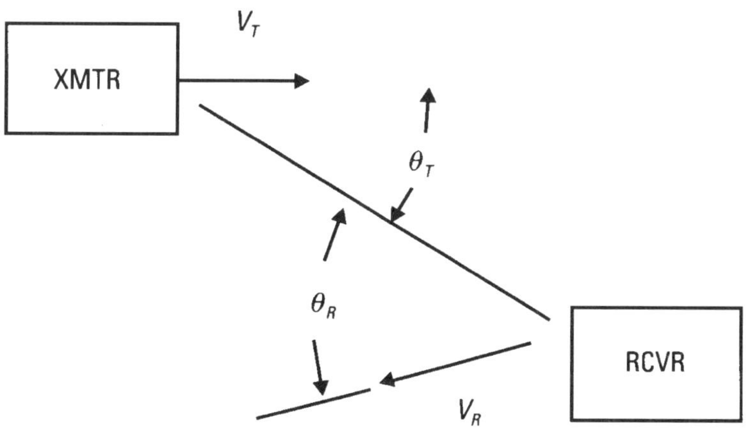

$$\Delta F = \frac{F_T}{c}(V_T\cos(\theta_T) + V_R\cos(\theta_R))$$

그림 6.37 임의의 속도벡터에 대한 도플러 효과

PART 7

교전 모델링

EW 교전 모델링에서 다음 사항들이 고려된다:

- 교전이 일어나는 영역의 특성(게임 영역);
- 교전에서 경기자(player)들의 특성;
- 교전동안의 서로에 대해 경기자가 이동하고 반응하는 방법;
- 교전이 관측되는 관점;
- 교전에서 반드시 제어되어야 하는 신뢰도(fidelity);
- 교전에서 경기자사이의 전자적인 상호반응(interaction);
- 교전이 시작되고 끝나는 시기;

7.1 게임 영역

게임 영역은 경기자가 서로 교전하는 영역이다. 게임 영역은 위치와 주파수 등의 많은 차원(dimension)으로 주어질 수 있다. 모델링이 구성되는 단계는 다음과 같다:

1. 게임 영역을 설정한다.

교전 행위가 얼마나 넓은 영역에서 일어나는가(가장 높이 위치하는 경기자의 고도를 포함)? 한 경기자는 다른 경기자에게 얼마나 멀리 영향을 미칠 수 있는가? 어떠한 요인(보통 시간 및 주파수 등)이 모델에서 고려되어야 하는가? 어떠한 좌표계가 시뮬레이션에서 가장 편리하게 적용될 수 있는가? 보통 게임영역의 중심이 0으로 설정되는 직각좌표계가 사용된다.(편평한 고도표면에 대해서는 x와 y로 표현하고 고도에 대해서는 z으로 표현하는). 때때로 경기자를 중심으로 하는 극좌표계나 직각좌표계가 사용되는 것이 편리해질 수 있다.

2. 필요시 지형의 고도 정보를 게임영역에 추가한다.

일반적으로 바다에서의 교전은 해수면과 같이 편평한 곳에서 발생된다고 가정한다. 높은 고도에서의 공대공 교전에서는 보통 표면 형태가 무시된다. 그러나 지대지 또는 공대지 교전은 보통 지형에 영향을 받는다.

그림 7.1에서와 같이 EW 게임 영역은 시뮬레이션이 실행되는 영역이다. 게임 영역은 시뮬레이션에서 경기자의 모든 위치가 포함되도록 충분히 넓어야만 한다(위협과 EW 보호를 받는 플랫폼이 포함되도록). 보통 각각의 경기자가 x, y, z 상에 위치하도록 직각좌표계가 주어진다. 이러한 좌표에 의해 시뮬레이션 교전동안에 경기자사이의 상대적인 각도와 거리 계산이 가능하게 된다.

게임 영역은 3차원을 필요로 하지 않는다. 예를 들면, 함정과 대함 미사일사이의 교전에서 함정의 방위(해수면에 있는)는 주어진다. 미사일이 함정의 이미 고도를 알기 때문에 추적 행위는 2차원적으로 주어진다. 그러므로 게임 영역은 2차원으로 주어질 수 있다.

게임 영역의 좌표와 원점은 보여질 필요가 없다. 원점의 위치는 모든 공격과 대응책을 갖는 시설물(asset)이 될 수 있다. 때때로 좌표는 편리성에 따라서 동일한 원점을 적용한 극좌표 형태로 주어질 수 있다.

7.2 경기자(Players)

EW모델링에서 경기자는 다음 사항을 고려한다.

- 모든 우호적인 시설물, 예를 들면 적의 공중영역(airspace)으로 침투하는 항공기, 공격 준비에 있는 함정, 지원 항공기 및 함정, 또는 지상의 시설물(신호를 방사하는 모든 시설).

● 신호가 방사되거나 우호적인 시설물을 위협하는 모든 위협 플랫폼과 고정된 시설물(facilities), 예를 들면, 함정 및 항공기(레이더와 통신기를 갖는), SAM 사이트, 통신 송신기를 갖는 전술 차량, 미사일(레이더를 갖거나 갖지 않는).

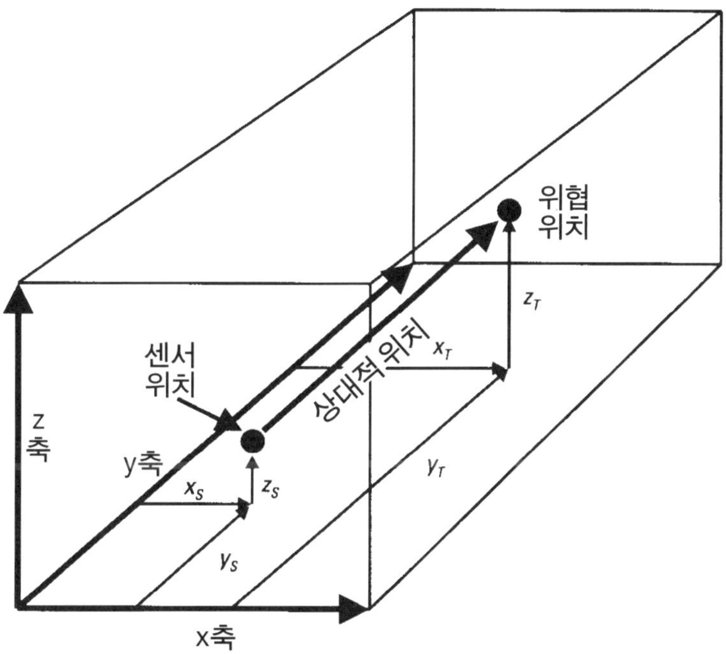

그림 7.1 전형적인 EW 모델 게임 영역

각 경기자는 특징적으로 표현되어야 한다. 경기자의 자질(qualities)은 어떠한가? 어떠한 대응책과 대-대응책(counter-countermeasures)이 적용되는가? 경기자에 의한 특별한 행위는 상대 경기자의 자질에서 무엇을 변화시키는가? 게임 영역을 통해서 경기자는 어떻게 이동하는가? 이러한 각각의 사항들은 반드시 수식으로 표현되어야 한다. 또한 올바른 정보를 산출하는 모델링을 위해 경기자의 자질이 잘 표현되는 것도 필요하다. 일반적으로 이러한 것은 어떠한 반응 규칙으로 주어진다. 예를 들면 대함 미사일에서는 다음의 과정이 적용된다:

● 모델로 주어지는 입력 각도에서 함정으로부터 10km가 되는 수평선에서부터 대함 미사일 레이더가 작동된다;
● 모델에 입력으로 주어지는 초기 속도벡터(속력과 방위각)가 주어진다;

- 교전 전체를 통해 일정한 속력이 유지된다;
- 항상 레이더의 분해능 셀내에 있는 모든 RCS의 가중치 합(weighted sum)이 주어지는 지점으로 방향이 주어지며, 그러한 가중치 합이 주어지는 위치로 분해능 셀이 중심이 되게 한다;
- 5도의 수평 빔폭과 23dB의 최대 이득을 갖는 팬빔 안테나가 적용된 레이더가 사용된다. 안테나 빔폭 중심에서 ERP는 +100dBm 이다;
- 표적, 디코이, 그리고 채프에 대한 표면 반사 구별은 주어지지 않는다;
- 함정까지 1초 이내의 거리가 될 때 까지는 초당 한번 조종정보(steering information)가 갱신되고 그 다음에는 초당 10번 정도로 위치가 갱신된다.

적 영공을 지나는 항공기에 적용되는 또 다른 예로는 적 전투기의 행동을 들 수 있다. 전투기는 다음과 같은 행동을 한다.

- 우군 전투기 뒤나 아래 100m에서 직접적으로 공격한다;
- 500m/s 속도로 접근한다;
- 5g의 중력으로 회전할 수 있다;
- "J-Bird" 형태의 레이더를 갖는다;
- 우군 항공기로부터 10km에서 포착 모드로 레이더가 작동된다;
- 3km 거리에서부터는 가장 큰 RCS를 포착하고 추적을 시작한다;
- 분해능 셀내에 있는 모든 RCS에 대한 가중치 벡터 합이 주어지는 위치로 추적하고 그러한 위치가 분해능 셀의 중심이 되게 한다.

고정 사이트에 의한 위협은 교전 전체를 통해서 위치가 변하지 않는다고 가정한다. 그러나, 고정 사이트의 위협은 5장에서 표현된 것과 같이 보호되는 시설물까지의 거리 함수에 따라 동작 모드를 변화시킨다. 또한 각 동작 모드에 대한 위협 방사기의 변수는 5장에서 언급된 것과 같다.

지상 차량 위협에 의한 경우, 이동은 보통 경로(route)와 이동 속력으로 표현될 수 있다. 지상 차량의 위협 방사기 특성은 고정 위협에서와 똑 같이 표현된다.

EW모델은 보통 EW에 의하여 보호되는 아군 시설물에 중심을 둔다. 모델링되는 교전 규칙이나 경기자에 의해서 조정되어질 수 있다. 또한 운영자(operator)에 의한 위협도 주어진다. 실시간으로 운영자 입력이 주어지는 모델을 *man-in-the-loop* 시뮬레이션이라 부른다. 그러므로 시뮬레이션을 지원하는 모델은 그러한 영향을 받는다. 운영자 명령은 반드시 플랫폼의 위치와 방위, 시스템 동작모드, 안테나 방위 등으로 표현 되어야 한다. 어떠한 경우에도 최대 속력, 고도, 그리고 회전비율과 같은 사항들은 반드시 정의가 되어야 한다.

또한 EW 시설물의 특성도 반드시 정의되어야 한다. 어떤 형태의 센서가 이용될 수 있는지? 어떤 형태의 방어 대응책(재밍, 채프 등)이 동작되는지? 각각의 센서 감도는 어떤한지? 어떤 형태의 안테나 주사방식이 적용되는지? 어떤 종류의 위협 밀도와 분포가 주어지는지?

보호되는 시설물의 중요한 특성은 시설물의 RCS이다. 이것은 실제 시설물의 각도(주파수도 가능한) 함수로 주어지는 RCS 측정 데이터의 형태로 주어질 수 있다. 함정 보호를 위해서 그림 7.2에서와 같이 각도에 대한 RCS 수식 형태로 다르게 주어질 수 있다.

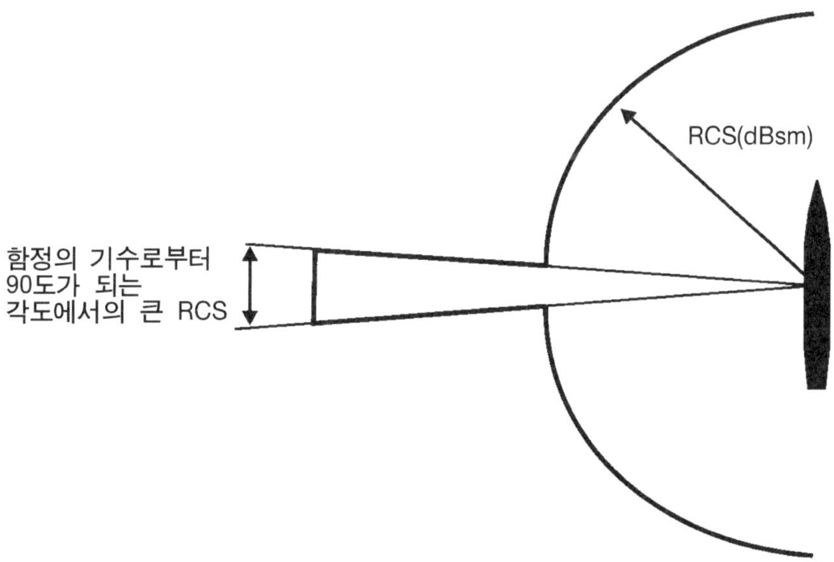

그림 7.2 함정에 대해서 각도 수식으로 표현된 RCS

7.3 경기자의 위치와 이동

모델링 목적의 하나는 위협 laydown을 세우는 것이다. 이것은 사실상 교전 시작시 위협 방사기의 위치와 교전중에 처리되는 위치에 대한 변화를 나타낸다.

그림 7.3에서와 같이 보통 이러한 방식으로 적 방사 시설물이 적용된다. 또한 실제 위협 위치들은 정찰 데이터로부터 구해질 수 있다.

게임 영역에서 방어 시설물(즉, 공격 항공기)이 이동할 때, laydown에서 주어지는 위협물과 마주치게 된다. 위협물의 상대적인 위치(거리와 각도)와 위협물과 조우하는 타이밍은 위협물 센서의 특성에 의해 주어진다. 위협 밀도와 위협 형태에 대한 정도는 실제의 교전과 유사하게 설정된다.

만일 교전 목적이 다양한 대응책에 대한 실제적인 변수 값을 얻기 위한 것이라면 그림 7.4에서와 같이 선형적인 laydown을 형성하는 것으로도 충분하다. 이러한 경우에는 보호되는 시설물은 다양한 위협 방사기를 통해 직선적으로 이동시킨다. 각 위협 형태에 대한 모드를 변화시키며 각각에 대해서 교전 규칙(예를 들면 무기는 치사거리(lethal range)의 3/4에서 발사되며 50%의 살상확률을 가진다고 가정한다)에 따라 무기가 발사된다. 그 다음으로 그러한 대응책에 대한 영향이 위협체의 laydown을 통해 생존 확률로 평가된다.

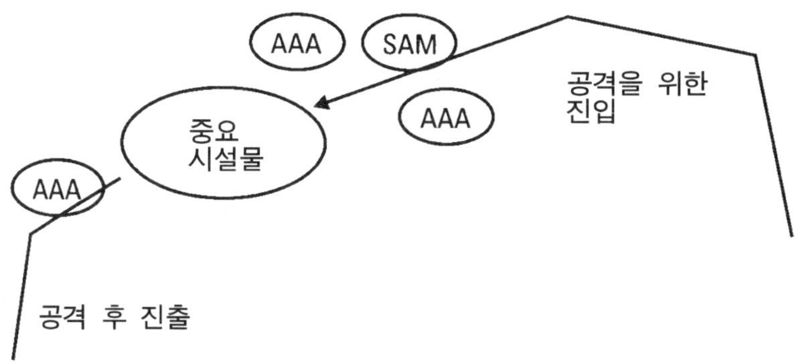

그림 7.3 위협 laydown 예

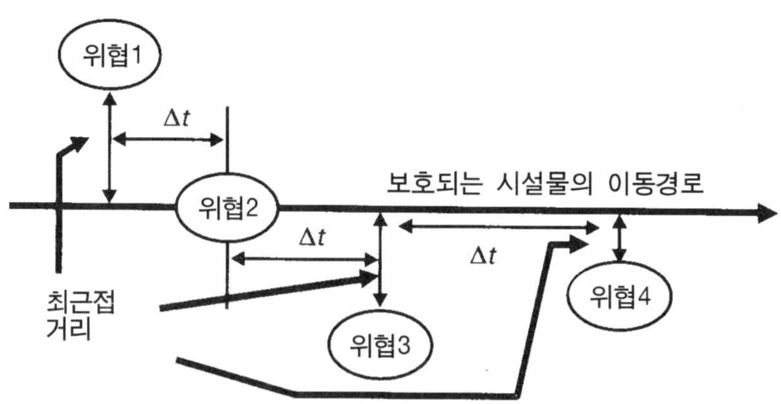

그림 7.4 EW시설물의 이해득실 비교를 위한 위협 laydown

7.4 관점

모델의 관점은 모델이 어떠한 것을 집중적으로 수행하려고 하는 가에 영향을 받는다. 만일 목적이 교전의 결과(outcome)를 구하는 것이라면 모든 관점을 고려하는 것이 가장 일반적이다. 따라서 위에서 언급된 행위와 발생되는 모든 것(각 운영자의 위치, 각 운영자의 동작모드, 등)이 요구된다. 이러한 것이 어떠한 모델을 설정하거나 수행하기 위해 개별적으로 항상 고려되어야 하는 관점이다.

한편, 만일 모델의 목적이 시뮬레이션을 지원하는 것이라면, 반드시 정보가 수신되는 센서 입력의 관점으로 변환되어야 한다. 예를 들면, 그림 7.5에서와 같이 협대역 수신기는 안테나를 통해 들어오는 많은 위협 방사기로부터의 신호를 수신한다. 수신기에 대한 모델은 안테나의 순간적인 위치와 운영자 명령에 영향을 받는다. 수신 전력은 안테나 축으로부터 벗어나면 안테나 이득에 의해서 감소되며 동조된 신호의 전력만이 관측된다.

관점의 변화는 보통 모델의 좌표에서의 변화로 이루어진다. 예를 들면, 위협체와 센서가 직각 좌표계에서 주어지고 센서(즉, 수신기)에 대한 입력을 시뮬레이션하는 것이 목적이라면 각 위협-방사기 위치에 대한 수신안테나 이득이 요구된다. 안테나 이득이 극좌표계로 주어지면 위협 위치는 반드시 그림 7.6에서와 같이 수신안테나 위치가 원점이고 안테나의 빔축이 0이 되는 극좌표계로 전환되어야 한다. 안테나 빔축은 y축과 평행하다. 새로운 좌표에서 송신기의 거리는 $\sqrt{\Delta x^2 + \Delta y^2 + \Delta z^2}$ 이며, 고도각은 $sin^{-1}[\Delta z / \sqrt{\Delta x^2 + \Delta z^2}]$, 수평각은 $sin^{-1}[\Delta x / \sqrt{\Delta x^2 + \Delta y^2}]$ 으로 주어진다.

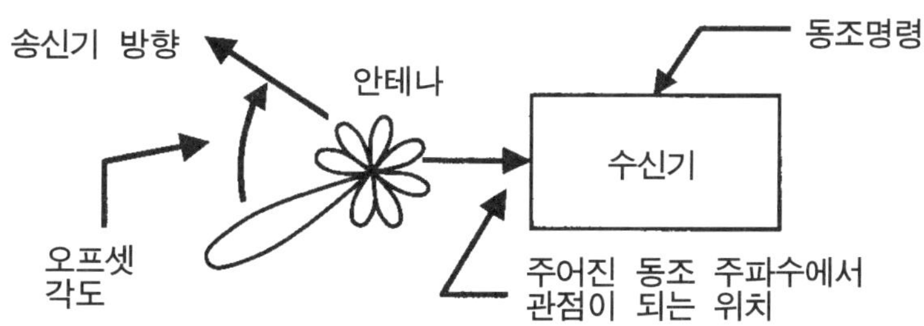

그림 7.5 좁은 빔으로 주사되는 안테나를 갖는 협대역 수신기의 관점

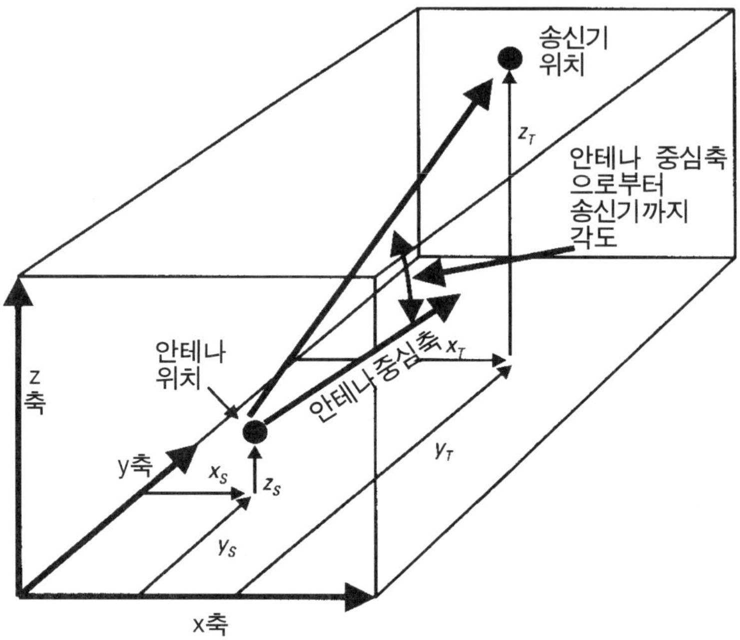

그림 7.6 수신기 관점을 위한 좌표변환

7.5 교전 신뢰성

교전에서 적용되는 신뢰도의 정도는 교전을 수행하는데 사용되는 컴퓨터의 전력 소모에 상당한 영향을 미친다. 너무 높은 신뢰도를 얻기 위해서는 시간과 비용이 많이 들고 너무 낮은 신뢰도는 교전 모델링의 결과에 대한 유용성이 줄어들게 한다. 따라서 신뢰도가 반드시 고려되어야 하는 범위는 다음과 같다:

- 모든 경기자의 위치;
- 계산 갱신에 대한 시간 증가분;
- 모든 경기자의 속도 벡터(속력과 방향);
- 보호되는 시설물의 RCS 모델;
- 모든 방사기의 신호 변수(주파수, ERP, 안테나 패턴, 변조);
- 안테나의 방위;

다양한 측면에 대해서 적절한 신뢰도 수준을 설정하는 방법은 요구된 정확도의 의한 결과 분해능을 각 모델 변수 각각에 대해 분해능으로 대응시키는 것이다.

이러한 것은 경기자의 위치가 어떠한 정확도로 주어져야 하는지를 결정하게 하는데 이것은 모델 계산에서 시간 증가분을 구하기 위해서는 가장 빠르게 이동하는 경기자의 속력을 위치 정확도로 나누면 된다.

어떠한 변수들에 대한 정확도에 대한 다른 요구사항이 있을 수 있다. 예를 들면, EW 위협 위치에 대한 모델은 비행 시뮬레이터에서 시각적인 표시로 나타내어지도록 요구될 수 있다. 이러한 모델 분해능에 대한 일반적인 예는 다음과 같다:

- 1MHz의 주파수 분해능;
- 1m 로 주어지는 위치 분해능; 1m/s 으로 주어지는 속력 분해능;
- 1dBm 의 신호세기 분해능;
- 변조형태가 구별되는 변조 분해능;
- 10% 정도의 변화가 구별되는 RCS 분해능;

7.6 경기자 사이의 전자적 상호반응

일반적으로 두 경기자사이의 전자적인 반응작용에서는 한 경기자로부터 다른 경기자까지의 신호 전송이 포함된다. 두 번째의 전형적인 상호반응은 또 다른 표적으로부터의 반사신호를 수신하는 위협 레이더에 의해 발생된다. 신호의 전파는 4장에 있는 수식과 6.5절에서 논의된 가시선이 적용되어 모델링된다.

이러한 상호반응의 예는 이장의 마지막에 있는 두 가지 교전 예의 일부분에서 설명된다.

7.7 교전 실행

시작시간 선택

교전을 수행하기 위하여 먼저 적당한 시작 순간이 선택된다. 보통, 이것은 첫 번째 신호가 첫 번째 센서에 도착하는 순간이다. 위협체가 수평선에 있을 때 교전이 시작되는 것이 가정되며 지대지교전이나 해군 교전에서는 이러한 사항이 실제적으로 적용된다. 그러나, 어떤 경우(예를 들면, 적대적 영공을 만나는 항공기)에는 더 먼 거리로부터 탐지될 수 있는 많은 신호가 있을 수 있다. 그러한 경우에는 항공기가 첫 번째 위협 레이더에 의해 포착되기 전의 어떤 시간에서 교전이 시작될 수 있다.

전장의 전자적 전투서열(Electronic order of battle: EOB)에서 신호환경을 감시하는 시스템에서의 시작순간은 임의적으로 주어진다. 이러한 것에 대한 좋은 예는 GUARDRAIL과 같은 정보수집 시스템 분야가 된다. 많은 전술적 통신망과 레이더는 정보수집 시스템이 가동되기 이전부터 동작된다. 정확한 논리적인 시작 순간은 주어지지 않으며 정보수집 시스템에 따라 시스템 메모리에 방사기와 위치정보들이 초기조건의 일부분으로써 기억될 수 있다.

교전조건 갱신

주어지는 시스템의 특성에 따라 상황은 반드시 주기적으로 재검토 되어야하고 새로운 계산이 이루어져야 한다. 이러한 갱신은 실시간으로 주어지거나 그렇지 않을 수 있다.

만일 교전 모델로부터 결과가 주어지면, 갱신시간은 모델링 상황에 따라 달라질 수 있다. 예를 들면, 미사일이 함정이나 항공기를 공격한다면, 모델 시간은 사용되는 컴퓨터에 따라서 계산시간이 요구되는 미사일의 비행 시간이 된다.

교전 모델에 대한 시뮬레이션이 수행되면 갱신 계산은 출력 분해능 요구사항에 나쁜 영향을 주지 않도록 반드시 충분하게 이루어져야 한다. 출력 재설정 비율(refresh rate)과 재계산 간격이 혼동되지 않아야 한다. 예를 들면, 그래픽 표시장치에서 경기자는 스크린상에서 단지 2mm의 변화만을 감지할 수 있다. 만일 스크린상에서 2mm 이동을 발생시키는데 전술상황에서 10초가 주어진다면 재계산을 위해 각 10초가 필요되지만 스크린의 깜박거림을 피하기 위해서는 적어도 초당 24번 이상으로 갱신되는 것이 필요하다. 이런 경우에 스크린 갱신은 컴퓨터 메모리로부터 가장 최근의 정보가 사용되어 이루어진다.

만일 모델이 장비를 테스트하기 위해 시뮬레이터를 구동한다면 장비는 발생하는 신호를 수신하고 처리할 수 있어야 하기 때문에 측정은 반드시 실시간으로 주어져야 한다. 데이터 갱신은 인간의 반응 시간보다 훨씬 더 빠른 응답시간에 의해서 이루어진다.

교전모델 종료

모델링의 종료순간은 경기자의 의도에 달려있다. 함정 방어 모델의 목적은 보통 미사일이 함정에 명중하는 여부를 결정하는 것이다. 함정의 중앙으로부터 미사일까지의 거리가 시험되는 경우에 보통 가장 가까운 접근시간에서 미사일과 최소거리가 된다. 그러한 최소 거리가 증가한다면 교전이 종료될 수 있다. 이것은 그 최소 거리 시점에서 미사일이 함정을 타격하거나 빗나가게 됨을 의미하기 때문이다.

적대적 항공영역에 있는 항공기의 경우, 항공기가 교전 영역을 벗어날 때 상황은 끝나게 된다. EOB를 개발하는 시스템의 경우는 어떠한 임의적인 프리셋 시간(즉, 5분) 후 바로 끝나게 된다. 또한 모델이 시뮬레이션을 구동하는 경우라면, 시험이 이루어졌거나 훈련 교육과정이 마쳤을 때 종료된다.

7.8 적 항공영역에 있는 항공기

이러한 교전 시나리오의 목적은 항공기가 적의 보호 시설물에 대한 공격임무를 위해 비행할 때 레이더 경보수신기(radar-warning-receiver:RWR)의 벡터 스코프상에 표시를 나타내는 것이다. 시나리오의 결과는 시험하고자 하는 실제의 수신기에 대한 시뮬레이션 입력 신호를 발생시키는데 사용될 수 있다.

게임 영역

게임 영역은 그림 7.7에서와 같이 두개의 언덕을 갖는 100×200km를 나타내는 평면과 10km 높이를 갖는 항공영역을 갖는다. 좌표계는 그림의 왼쪽 모서리가 원점으로 주어지는 직각 좌표계이다. 두 언덕에 있는 등고선은 400m 간격의 높이를 나타내며 하나의 언덕은 1,000m의 높이, 다른 것은 1,700m의 높이를 나타낸다.

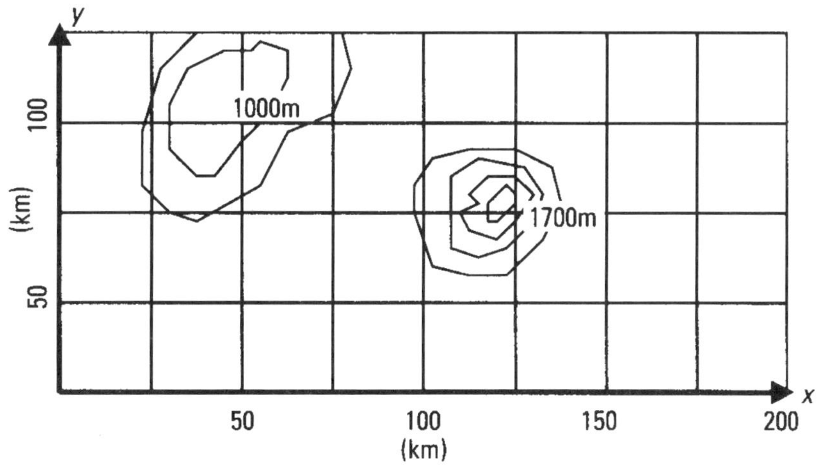

그림 7.7 적 항공영역에 있는 항공기에 대한 게임 영역의 예

경기자

그림 7.8에 있는 게임 영역에서 경기자는 아군 항공기, 적군 항공기, 3개의 Gun Dish AAA 사이트, SA-2 레이더, SA-3 레이더, 그리고 평면에 있는 조기경보와 표적 요격 레이더이다.

공격 항공기는 800-km/h 속도로 일정하게 비행한다. 항공기는 시간 T1에서 T8를 통해 게임영역에 있는 중간지점(way point)을 통해 그림 7.9에서와 같은 고도를 따라 비행한다. 360도의 전 방위각 영역을 탐색하며 -65dBm의 감도로 주어지는 RWR을 갖는다. 안테나 이득은 0dB이다. RWR 벡터 표시는 그림 7.10에서와 같이 주어진다.

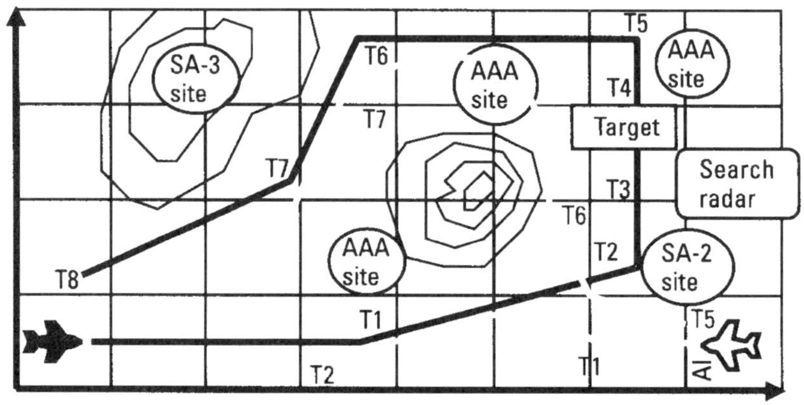

그림 7.8 경기자의 게임영역

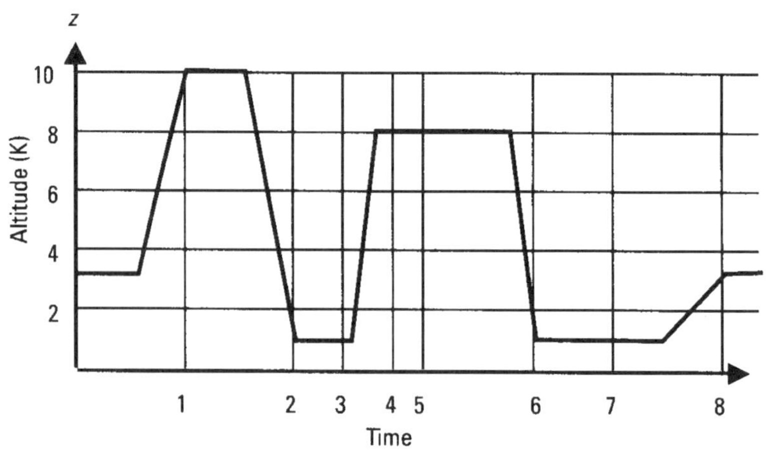

그림 7.9 항공기의 비행고도 측면도

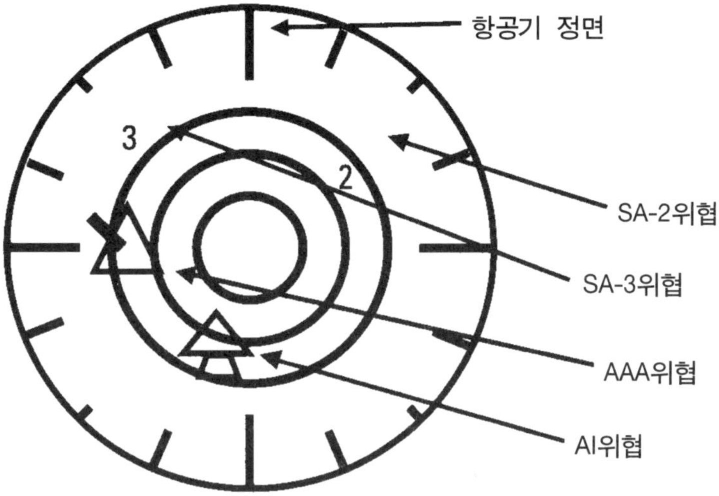

그림 7.10 RWR 벡터 스코프

적 전투기는 그림 7.8에서와 같이 두개의 통로로 비행한다. 공격 항공기가 대응하는 중간지점에 있는 시간에서 적 전투기는 T1에서 T7까지 지시된 점에 위치한다. 적전투기는 다음과 같은 매개변수가 주어지는 Jaybird 레이더를 갖는다.

주파수=13GHz;
ERP=100kW;
안테나 이득=33dB.

Gun Dish AAA 사이트는 다음의 매개변수를 갖는 레이더를 갖는다:

주파수=15GHz;
ERP=100kW;
안테나 이득=43dB;
거리=8km.

SA-2 미사일은 다음의 매개변수를 갖는 Fan Song 레이더를 갖는다:

주파수=5GHz;
ERP=+125dBm;

안테나 이득=34dB;
거리=100km.

SA-3 미사일은 다음의 매개변수를 갖는 Low-Blow 레이더를 갖는다:

주파수=9GHz;
ERP=+116dBm;
안테나 이득=32dB;
거리=50km.

Flat Face 레이더는 다음의 매개변수를 갖는다:

주파수=900MHz;
ERP=+118dBm;
유효거리=225km;
안테나 이득=35dB.

관점

교전 시나리오의 관점은 RWR 벡터 스코프를 보는 공격 항공기의 조종사이다. 벡터 스코프는 그림 7.10에서와 같다. 스크린 상의 기호는 관련된 다양한 위협체와 항공기의 순간 위치를 나타낸다.

경기자의 이동

아군 항공기는 3km 고도에서 좌표계의 원점 근처의 게임영역으로 들어간다. 아군 항공기는 AAA 사이트를 피하기 위해 T1에서 10km까지 상승한다. T2에서 800m까지 하강했다가 T3를 통과할 때까지 유지하고, 그 다음에 표적을 공격하기 위해 8km까지 상승한다. T6에서 다시 800m까지 하강하고 T7을 통과할 때까지 고도를 유지한다. 그 다음에 게임영역을 벗어나기 위해 3km까지 올라간다.

적 전투기는 아군 항공기가 T1을 통과할 때 정면 공격을 한다. 그 다음에 아군 항공기가 T7을 도달할 때 후미 공격을 한다.

계산

시간 T4에 대한 계산은 진행과정이 어떻게 이루어지는지에 대한 예로서 보여진다. 만일 모델이 실제 시뮬레이터를 구동한다면 이런 계산은 대략 초당 한번 반복되어질 필요가 있다.

T4에서 나타난 위협:

70도 방향으로 13km 지점의 AAA - 사정거리 밖
179도 방향으로 50km 지점의 SA2 - 사정거리 내
270도 방향으로 35km 지점의 탐색 레이더- 사정거리 내

각 위협으로부터의 수신된 전력(수신 안테나 이득은 0dBi 라고 가정);

AAA $P_R = +80 - 32 - 20log(13) - 20log(15,000) = -58\,dBm$

SA2 $P_R = +125 - 32 - 20log(50) - 20log(5,000) = -15\,dBm$: 주엽

$P_R = -49dBm$ (주엽에서보다 34dB 작은) :부엽

탐색 $P_R = +118 - 32 - 20log(35) - 20log(900) = -4dBm$: 주엽

$P_R = -39dBm$ (주엽에서보다 35dB 작은) : 부엽

결과

이런 교전 시나리오의 결과는 RWR벡터 스코프상의 화면표시와 각각의 계산 갱신 순간에서 RWR에 입력으로 주어지는 신호에 대한 결과이다. 예를 들면, 필요시 그림 7.8에서 보여진 8개의 중간지점의 각각에서 계산을 하고 그림 7.11의 워크시트에 결과를 기록할 수 있다.

7.9 대함 미사일 공격을 받는 함정

이러한 교전 시나리오의 목적은 대함 미사일 공격에 대항하는 방어수단으로서의 채프를 평가하는 것이다. 시나리오는 특정한 형태의 미사일과 함정에 대해 시작한다. 미사일은 전파 수평선에서부터 레이더를 작동시키고 함정의 중심으로 유도된다.

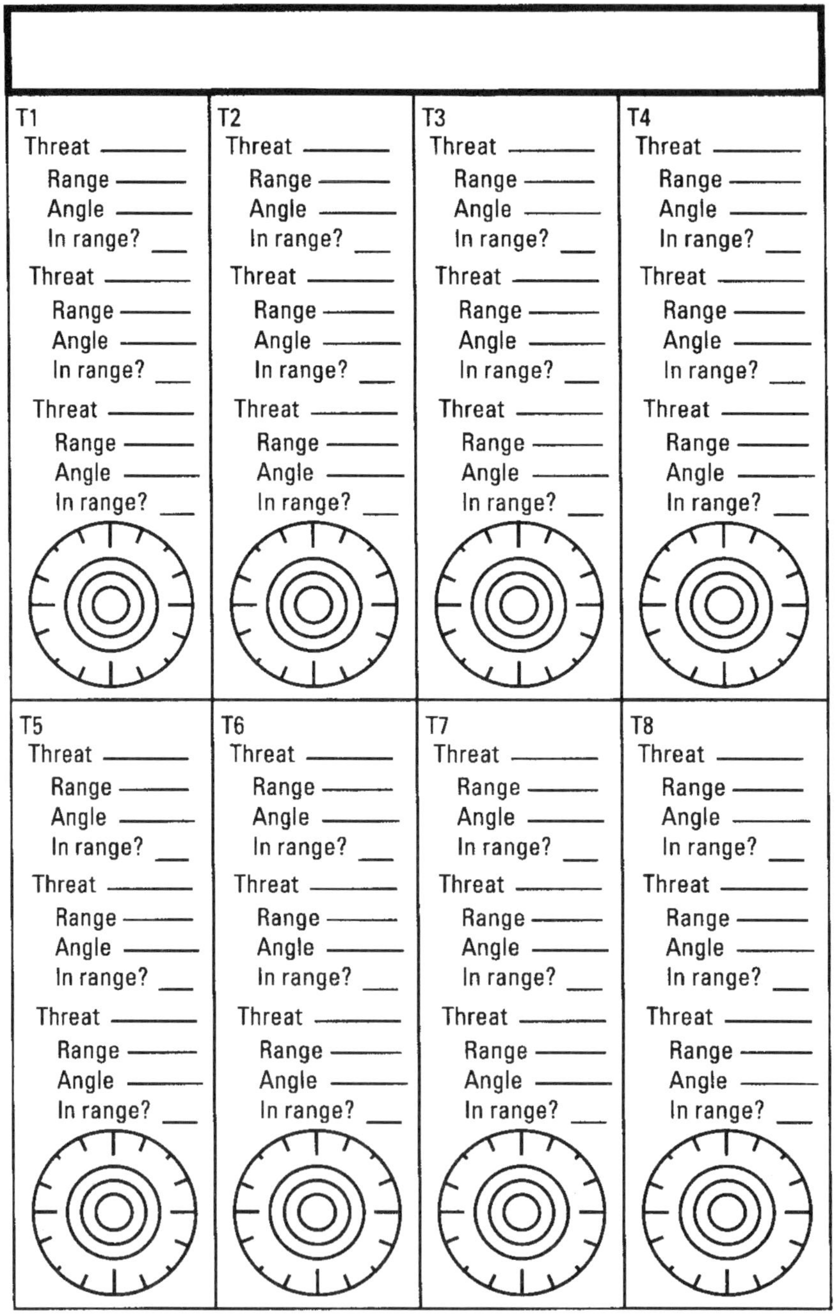

그림 7.11 적 항공 영역내에 있는 항공기-worksheet

함정은 기동하며 대응책으로써 채프를 사용한다. 시나리오는 미사일이 함정 지나갈 때까지 계속된다. 함정으로부터 미사일까지의 거리는 연속적으로 계산되며 거리가 함정의 크기보다 더 작아지면 미사일은 함정을 타격한 것으로 인식된다.

경기자

이 시나리오에서 경기자는 함정, 미사일, 그리고 채프 구름이다. 그림 7.12은 이러한 것을 나타낸다.

함정의 RCS는 함정 기수로부터 좌우 대칭적으로 주어지지만 그림 7.13에서와 같이 함정의 기수로부터의 각도에 따라 변한다. 함정은 50km/h속도로 정북쪽(due north)으로 진행한다. 함정은 교전동안에 직선적인 경로로 기동한다고 가정한다.

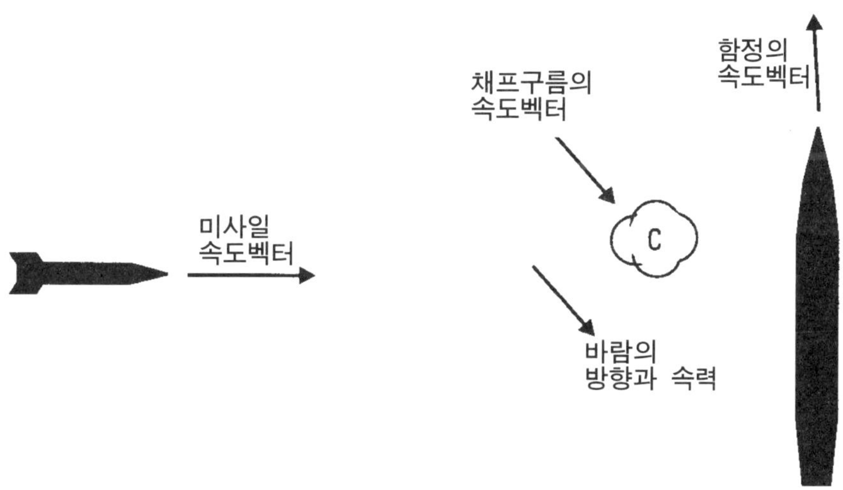

그림 7.12 함정-보호 교전에서 경기자

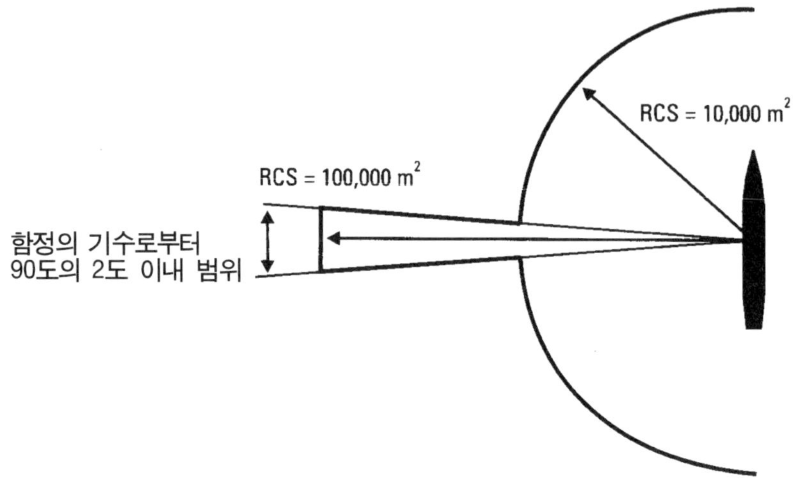

그림 7.13 함정의 RCS 모델

미사일은 1000km/h의 일정한 속도로 해수면을 스치듯 비행하는 대함 미사일이다. 이 미사일은 팬빔 형태의 안테나를 갖는 5GHz 주파수의 레이더를 동작시키며 능동적으로 유도된다. 수직빔폭은 30도이고 수평빔폭은 5도이다. 레이더의 ERP는 10mW이고 펄스폭은 1초이다. 레이더는 함정으로부터 10km인 지점부터에서 작동된다. 레이더 분해능 셀 중심부를 향하여 미사일이 유도된다.

채프 구름은 40,000m^2의 RCS가 되도록 퍼지게 되며 바람에 따라 표류한다. 실제적으로, 미사일의 레이더가 작동된 이후에 채프로켓이 발사되어 퍼지는데 수초가 걸리지만 간단한 설명을 위해서 이상적인 위치에서 채프가 퍼지는 시간을 시작 후 1초로 둔다.

게임영역

이 시나리오에서 게임영역은 2차원으로 주어진다(미사일은 함정의 고도를 알고 있다고 가정). 일반적으로 게임영역은 함정이나 함정근처를 중심으로 10km 반경의 원이 되는 함정의 전파 수평선이 적용되는 범위로 주어진다.

게임영역에서 바람의 방향과 속력은 시나리오에 입력으로 주어진다. 이 경우에는 북쪽/북서쪽(315도의 방위각 방향)으로부터 10km/h로 주어진다.

좌표계는 직각좌표계(x와 y)가 적용되고, 원점은 함정의 중심이 된다. 물론 다른 위치가 원점으로 선택될 수 있다.

관점

이러한 교전 시나리오의 관점은 관측자이며 관측자는 진행되는 모든 것을 알고 있다고 가정한다. 모든 경기자의 위치는 미사일이 함정으로부터 1km 이외에서는 초당 한번 경신되고 이내에서는 초당 10번 위치가 경신되도록 계산된다.

교전

모든 위치는 m 단위의 (x,y)형태로 주어진다. 미사일은 90도의 방위각을 갖는 속도벡터로 (-10,000, 0)에서 시작되고, 함정은 (0,0) 위치이고, 채프구름은 레이더 분해능 셀 내의 모서리에서 바람이 불어오는 방향으로 몇 미터 지점에서 퍼진다.

먼저, 그림 7.14에서와 같이 분해능 셀의 크기와 위치를 계산하는 것이 필요하다. 분해능 셀의 폭은 미사일로부터 함정까지의 거리(m) $\times 2(tan[BW/2])$로 주어진다. 분해능 셀의 깊이는 광속도(c) $\times$(펄스폭/2)이다. 0초(시작시간)에서 분해능 셀은 (0,0)에 중심을 둔 873m 넓이와 150m 깊이를 갖는다. 그러므로 채프구름은 (60,-420)에 위치한다. 함정의 기수로부터 미사일까지의 각도는 270도이고, RCS는 +50dBsm이다.

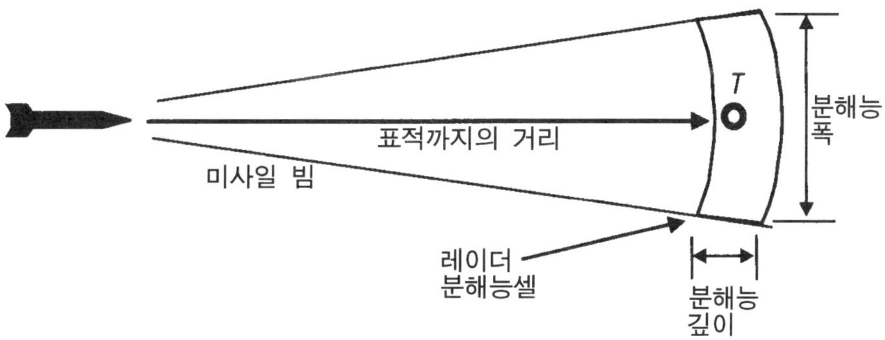

그림 7.14 레이더의 분해능 셀

시간=1초에서 경기자의 위치

함정은 북쪽으로 30km/h 속도(대략 8 m/s)로 움직인다. 1초 후 함정은 (0,8)의 위치에 있다. 미사일은 90도의 벡터상에서 278m 이동하였다. 미사일의 위치는 (-9722,0)이다. 미사일의 벡터는 함정의 중심을 향하는 $90^\circ - tan^{-1}(8/9722) = 89.95^\circ$의 방향을 갖는다.

1초에서 채프가 어디로 퍼지는지를 결정하기 위하여 레이더 분해능 셀의 변수를 계산하는 것이 필요하다. 분해능 셀의 폭은 $9722[2\,tan(2.5^\circ)] = 849m$이고, 깊이는 $c \times (1\mu s/2) = 150m$이다. 그러므로 채프구름은 (60,-400)에 위치한다. 채프구름은 (75,-417)의 위치에 있는 분해능 셀내의 바람이 부는 구석에 존재하도록 해야 한다.(이것은 -425m +(함정이 북쪽으로 이동한 8m의 값)이 된다.)

미사일이 함정의 기수에서부터 90.05도 방향이기 때문에 미사일 방향에서 RCS는 여전히 100,000 m^2로 주어진다.

미사일 속도벡터는 함정의 중심과 채프 구름사이에 위치한 RCS 비율에 비례하게 주어진 분해능 셀의 중앙으로 향하게 된다.

함정의 RCS는 100,000 m^2이고 채프구름의 RCS는 40,000 m^2이어서 분해능 셀의 중심은 함정으로부터 채프 구름까지 거리(40k/140k)의 29%정도에 위치한다. 셀의 x 위치 중심은 60×0.29=17m가 된다. y의 위치는 408×(함정의 남쪽인 0.29)=110이므로 -102가 된다. 따라서 미사일의 목표지점은 (17,-102)이 된다.

미사일의 속도벡터가 $90^\circ + tan^{-1}(102/9739) = 90.6^\circ$ 로 주어지므로 이 방향으로 미사일의 분해능 셀의 중심이 된다. 함정과 미사일은 현재 9,722m 정도 떨어져 있다.

시간=2초에서 경기자의 위치

함정은 (0,16)까지 북쪽방향으로 움직인다. 미사일은 90도의 벡터상에서 278m 이동하여 위치는 현재 (-9444,-3)이다. 채프구름은 135도의 방위각으로 (바람을 따라) 3m 움직여서 현재의 위치는 (62,-402)이다. 함정의 기수로부터 미사일까지의 각도는 현재 90.1도이어서 미사일에서 함정의 RCS는 여전히 100,000m^2로 주어진다. 레이더의 분해능 셀의 중심은 현재 (18,-105)이다. 미사일의 새로운 벡터는 여전히 90.6도로 주어진다.

함정과 미사일은 현재 9,444m 떨어져 있고 미사일은 여전히 함정의 90도 방향의 귀(ear) 부분을 보고 있다. 그러나, 함정의 운동은 거리가 가까워짐에 따라 기수로부터의 측면각(aspect angle)이 증가하게 한다. 만일 미사일이 그러한 큰 RCS영역을 벗어난다면, 분해능 셀의 중심은 함정의 속력과 바람에 의해서 함정으로부터 멀리 표류하는 채프구름까지 거리의 71%에 주어지게 된다.

만일 채프구름이 미사일의 분해능 셀 내에 RCS가 주어지게 된다면 채프구름은 미사일의 분해능 셀을 포착하게 되므로 함정은 곧 분해능 셀의 밖으로 벗어나게 된다. 그러한 일이 일어나게 되면 미사일은 채프구름을 향해 유도되는 것이다.

한편, 미사일이 큰 함정의 RCS를 보는 동안에 만일 채프구름이 미사일의 분해능 셀을 벗어나게 된다면, 미사일은 함정을 향해 직선적으로 자동유도 된다. 그러므로 함정을 보호하기 위해서는 기수로부터 미사일까지의 각도를 증가시켜 가능한 빨리 미사일로부터 방향을 돌리는 것이 필요하다.

또한, 미사일이 함정에 접근함에 따라 분해능 셀이 좁아지며(분해능 셀의 폭은 거리에 비례하기 때문에) 교전동안에 미사일의 속도벡터에 기준을 둔 분해능 셀의 폭과 깊이가 유지되도록 분해능 셀이 회전하게 된다.

교전 결과

위의 계산은 함정과 미사일의 거리가 1,000m보다 더 작아질 때까지 매초 반복된다. 그 다음 계산은 0.1초마다 이루어진다. 거리가 증가되기 시작하는 순간에 최소 함정 대 미사일 거리가 주어진다. 만일 미사일 대응책이 실패한다면, 이러한 최소거리는 0으로 주어진다. 미사일 타격 여부가 시뮬레이션의 결과로 보고된다. 또한 미사일이 함정을 타격하지 못한다면 최소거리는 오차거리(miss distance)로 주어진다.

연습

이러한 교전에 대한 연습으로서 3초에서의 모든 경기자의 위치를 계산하고 그림 7.15에 있는 작업표(worksheet)에 결과를 기록한다.

만일 이러한 방정식들이 Visual Basic이나 또는 MathCAD에 있는 spreadsheet상에 기록되어 미사일에서부터 함정까지의 최소거리가 될 때까지 반복 계산된다면 채프가 함정을 보호할 수 있는지에 대한 여부를 결정할 수 있다.

경기자 위치
2초에서 함정의 위치______ 함정의 속도______ 함정의 방향______
x좌표변화_______ y좌표변화_______ 3초에서 함정의 위치_______

2초에서 채프의 위치______ 채프의 속도______ 채프의 방향______
x좌표변화________ y좌표변화_______ 3초에서 채프의 위치_______

2초에서 미사일의 위치______ 미사일의 속도______ 미사일의 방향______
x좌표변화_______ y좌표변화_______ 3초에서 미사일의 위치_______

분해능 셀의 중심
채프에 대한 함정의 거리변화 △x______ △y______ 함정에서 채프까지의 거리______

함정의 RCS______ 채프의 RCS______ 함정/채프 구름 RCS의 비______

함정으로부터 분해능 셀 중심까지의 거리______

미사일 벡터
분해능 셀 중심까지의 미사일의 거리 변화 △x______ △y______

90° 로부터 속도 벡터까지의 각도______ 미사일의 속도 벡터______

미사일에서 함정까지 거리

미사일에서 함정까지 거리 변화 △x______ △y_______ 거리

그림 7.15 3초에서 경기자의 위치-작업표(worksheet)

PART 8

훈련용 시뮬레이션

훈련용 시뮬레이션의 기능은 위험한 실제 환경에서 예상되는 신호형태에 대해 훈련생들에게 실제적인 운영 경험을 제공하는 것이다. 시뮬레이션의 첫 번째 가치는 극단적으로 스트레스가 심한 상황에서 간단한 기기 조작에서부터 EW 장비에 대한 정밀한 사용까지 주어지는 임무로써 운영자를 훈련시키는 것이다. 운영자-인터페이스 시뮬레이션의 두 번째 사용은 시스템에 의해서 제공되는 운영자 인터페이스의 타당성을 평가하는 것이다.(시스템의 제어와 표시는 운영자가 반드시 해야 하는 작업에 적절하게 주어지는지?)

모든 훈련과 관련된 시뮬레이션을 할 때 보통 교육자(instructor)의 훈련 목적에 따라 EW 시뮬레이터에 대한 훈련의 난이도가 조절된다. 교육생들은 간단한 환경의 임무에서부터 시스템의 임의적인 조종을 포함하는 복잡한 임무까지 교육을 받는다.

훈련용 시뮬레이션에서 유일한 문제는 운영자가 상황(전술 환경, 특별한 위협, 아군 EW 장비)을 실제적으로 보고, 듣고, 그리고 만져보지 못한다는 것이다. 직접 경험하는 것이 훈련 문제의 단점을 해결하는 최선의 방법이라고 하더라도 실제의 신호나 또는 실제의 장비가 포함될 필요가 없다.

훈련용 시뮬레이터는 교육 운영자가 실제 세계에서 보는 것과 비슷한(장비의 제어와 표시의 제한 및 운영자의 능력내에서) 신호를 제공하는 것이다. 시뮬레이터의 출력 결과가 실제와 아주 다르게 되면 부정적인 훈련효과가 발생할 수 있다.

교육생을 지원하는 것 이외에도 훈련용 시뮬레이터는 반드시 교육자도 지원해야한다. 교육자는 훈련생이 무엇을 하고, 보고, 그리고 듣는지를 반드시 결정할 수 있어야 한다. 이러한 것은 학생의 기술에 대한 올바른 교육과 평가를 위해서 필요하다. 교육자는 훈련생들에게 복잡한 운영과 분석 능력이 요구되는 복잡한 시나리오가 점진적으로 적용되게 해야 한다.

잘 설계된 훈련용 시뮬레이터는 훈련생이나 교육자가 시뮬레이터를 동작 방법 이해를 위해 많은 시간이 소비되게 하지 않는다. 교육자는 EW분야에서 전문가로 인정받고 있으므로 시뮬레이터에서 익숙해지기 위한 노력은 교육자의 중요한 핵심 전문기술 발휘에 시간을 낭비하는 것이 되기 때문이다. 훈련생들 또한 EW 전문가가 되는 것은 자신들의 훈련 방법에 달려 있으므로 같은 전제(argumentation)가 주어진다. 그러므로, 시뮬레이터는 반드시 풍부한 경험을 가지고 있는 EW 교육자의 생각을 잘 나타내어야 한다. 이것은 모든 시뮬레이터의 동작 명령은 반드시 적절한 EW용어와 단위로 주어져서 아군과 적군 시설물에 익숙한 전문가들에게 충실한 방법으로 시나리오가 적용 및 사용되게 해야 하는 것을 의미한다.

8.1 훈련 시뮬레이션에 대한 실행 방법

8.1.1 시뮬레이션 대 에뮬레이션

훈련용 시뮬레이션으로 두 가지 기본적인 실행 방법이 있다. 하나는 시뮬레이션에 주어지는 입력 신호를 나타내는 실제 장비가 사용되는 것이다. 실제 신호가 포함되기 때문에 이러한 것을 에뮬레이션이라한다. 다른 하나는 단지 운영자가 보고 만지는 표시나 제어를 시뮬레이션 하는 것이다.

에뮬레이션 방식은 때때로 외부 동작 장비가 이용될 수 있으므로 특별한 훈련용 시뮬레이션 장비가 요구되지 않기 때문에 매력적이다. 단지 몇 개의 시스템으로 이루어진 EW 시스템에 대해서는 이러한 것은 실제적인 실행 방식이 될 수 있다.

에뮬레이션은 신호를 통과시키는 운영장비에 의해 발생되는 모든 미세한 영향이 운영자에게 출력으로 나타나는 장점을 갖는다. 그러나, 실제 장비가 반드시 주어져야 하는 단점도 있다. 군사장비는 보통 유지비용이 비싸다. 숙달된 유지 기술, 매뉴얼, 그리고 적절한 예비품이 요구된다. 정확한 군사용 명세서(mil-spec)로 주어지는 예비품은 확률적으로 완전한 동작 품질을 가지기 때문에 가격이 비싸다. 실제 장비가 필요한 훈련의 또 다른 단점은 훈련 계획에서 제외되면 필요시 이용할 수 없는 경우가 있다는 것이다. 마지막으로, 실제 장비는 보통 교육자가 훈련생 교육과정을 임의적인 편리한 방법으로 감독하는 것을 허용하지 않는다. 10장에서는 좀 더 깊이 에뮬레이션에 대해 논의하도록 한다.

운영자가 보고 만지는 것을 시뮬레이션하는 장비는 일반적으로 획득해서 운영하는 것이 훨씬 덜 비싸며 또한 교육자-지원 형태의 훈련장비로 설계될 수 있다. 그러나 출력에 대한 직접적인 시뮬레이션에서는 훈련 목적을 지원하기 위해 적절한 신뢰성을 보장하는 정교한 장비를 사용할 때 주의가 요구된다.

8.1.2 실제 계기판

일반적으로 시뮬레이션 운영자 제어와 표시 장비에 대해 두 가지 방식이 적용된다. 하나는 실제의 것과 같은 제어와 표시 게시판이 사용되는 것이다. 두 번째는 제어와 표시 기능이 제공되기 위해 표준적으로 적용되는 컴퓨터 하드웨어가 사용되는 것이다.

계기판이 제공되기 위한 방법은 시스템으로부터 실제의 제어와 표시 계기판이 사용되는 것이지만 그림 8.1에서와 같이 컴퓨터에 의해 직접적으로 계기판들을 구동하는 것이다. 이러한 방식은 운영자의 훈련경험이 실제적으로 주어진다는 장점을 갖는다. 계기판 손잡이들은 실제의 위치와 크기 및 모양을 갖는다. 또한 실제 표시와 같은 화면 깜빡거림 수준 등을 갖는다. 이러한 방식은 쉽게 적용될 수 있으며 디지털 방식으로 실행될 수 있다. 실제 시스템들에 대한 제어와 표시는 컴퓨터 단말기와 아주 유사하다. 실제적으로 어떠한 것들은 컴퓨터 단말기 자체가 되기도 한다. 따라서 계기판들은 컴퓨터에 의해서 구동되는 것이 용이해진다.

실제 시스템 표시는 하드웨어가 동작할 때 주어지는 형식으로 주입되는 표시신호에 의해서 구동된다. 이와 같이 운영자 제어/표시 계기판으로부터 주어지는 신호들이 판독되어 컴퓨터가 인식하는 가장 편리한 형태로 변환된다.

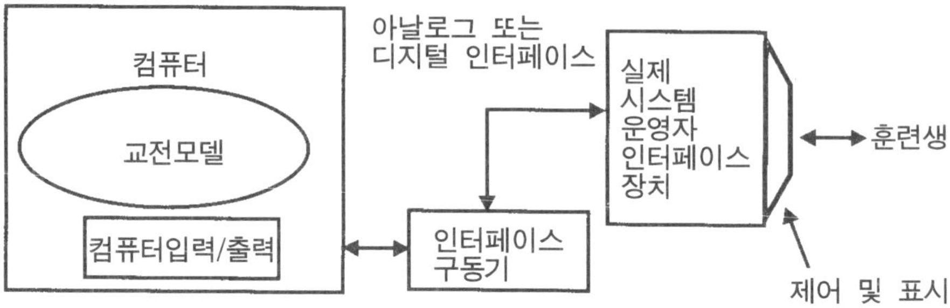

그림 8.1 실제 시스템 계기판을 갖는 운영자-인터페이스 시뮬레이션

실제 장비 계기판을 사용하는 것에 대한 두 가지 문제가 있다. 하나는 그러한 계기판들은 군사용 스펙(mil-spec)으로 주어지는 하드웨어라는 것이다(가격과 유지 문제를 갖는). 두 번째는 컴퓨터와 그러한 계기판을 인터페이스하기 위해 특별한 하드웨어와 소프트웨어가 자주 요구된다는 것이다. 신호 변환은 항상 표준 컴퓨터 I/O 카드상에서 실행될 수 없으므로 때때로 (조립되고 유지되어지는게 필요한) 특별한 샤시(chassis)가 요구된다. 이러한 고려사항은 시뮬레이터의 조달과 운영에서 비용이 들게 한다.

만일 실제 계기판들이 사용될 수 없거나 그러한 것들이 판정기준을 만족시키지 못한다면 실제와 비슷한 계기판들이 사용될 수 있다. 시뮬레이션 계기판은 실제 계기판상에서와 같은 표시 상태를 시뮬레이션하기 위해 컴퓨터 화면이 사용될 수 있고 스위치나 실제 제어기와 비슷하거나 동일하게 배치된 키보드 제어 입력이 사용될 수 있다.

시뮬레이션 제어 계기판이 사용될 때 시뮬레이션 컴퓨터는 반드시 운영 장비와 일치되는 형태의 화면 그래픽으로 나타내어 져야 한다. 제어기는 외부로부터의 정보를 감지하고 제어정보는 컴퓨터로 입력된다. 그림 8.2는 그러한 기본적인 사항들을 나타낸다. 각각의 스위치는 동작될 때 디지털 레지스터내의 특별한 위치에 하나의 논리 전압으로 저장된다. 정확한 논리 전압은 사용된 논리 형태에 따라 다르다. 스위치의 다른 동작형태는 단순히 접지상태로 나타내어질 수 있다. 아날로그 제어기(손잡이)를 위해서 shaft 인코더가 사용된다. 일반적으로 shaft 인코더는 제어기 동작시 작은 각도마다 펄스를 제공하고 상향/하향 계수기(counter)에 의해 펄스들이 레지스터내에서 디지털-제어-위치 상태로 저장된다.

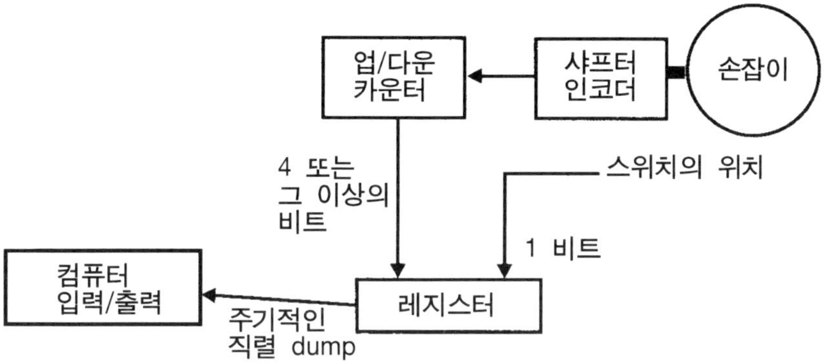

그림 8.2 시뮬레이션 계기판 제어에 대한 컴퓨터 인터페이스

레지스터는 제어 위치를 감지하는 컴퓨터에 의해 주기적으로 판독된다. 운영자의 손동작 속도 제한에 의해서 매우 낮은 비율로 처리속도(컴퓨터 속도에 따라)가 주어질 수 있다.

8.1.3 묘사된 제어와 표시

문제를 해결하는 다른 방법은 동작 표시를 시뮬레이션하기 위해서 표준 상용 컴퓨터 화면을 사용하는 것이다. 제어기는 상용 부품으로 제작될 수 있으며 또한 컴퓨터 화면 상에서 시뮬레이션 될 수 있고 그림 8.3에서와 같이 키보드나 마우스에 의해서 제어될 수 있다.

그림 8.4는 이러한 예를 보여준다. 그림은 데스크탑 컴퓨터에서 실행된 AN/APR-39A 레이더 경보 수신기용 훈련 시뮬레이터의 주요 컴퓨터 화면을 나타낸다. 스크린상의 기호들은 시뮬레이션 되는 항공기나 차량의 기동에 따라 이동한다. 또한 이러한 시뮬레이션에서 제어 스위치들이 화면에 표시된다. 만일 운영자가 마우스를 이용하여 화면을 클릭하면 화면이 바뀌어 지고 시스템은 스위치 변화에 따라 반응한다. 음성 제어 손잡이에 대한 마우스를 통해 음성크기가 조절될 수 있다.

8.2 훈련용 시뮬레이션 기능

대부분의 상황에서는, 소프트웨어를 전적으로 사용하여 교전상황이나 어떠한 종류의 장비 반응을 시뮬레이션하는 것이 현실적이다. 이러한 상황에서 운영자가 보고, 듣고,

그리고 느끼는 것이 결정될 수 있다. 또한, 운영자의 동작이 감지되고 그러한 행동에 반응하는 상황 변화와 그런 변화가 운영자에 의해서 감지되는 정도가 결정된다.

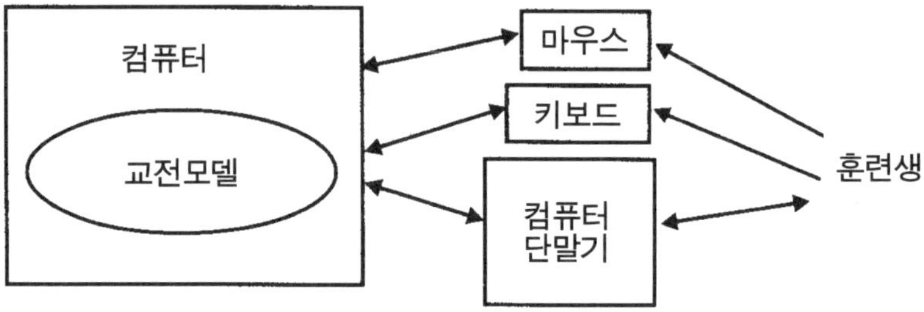

그림 8.3 그림으로 주어진 표시와 제어

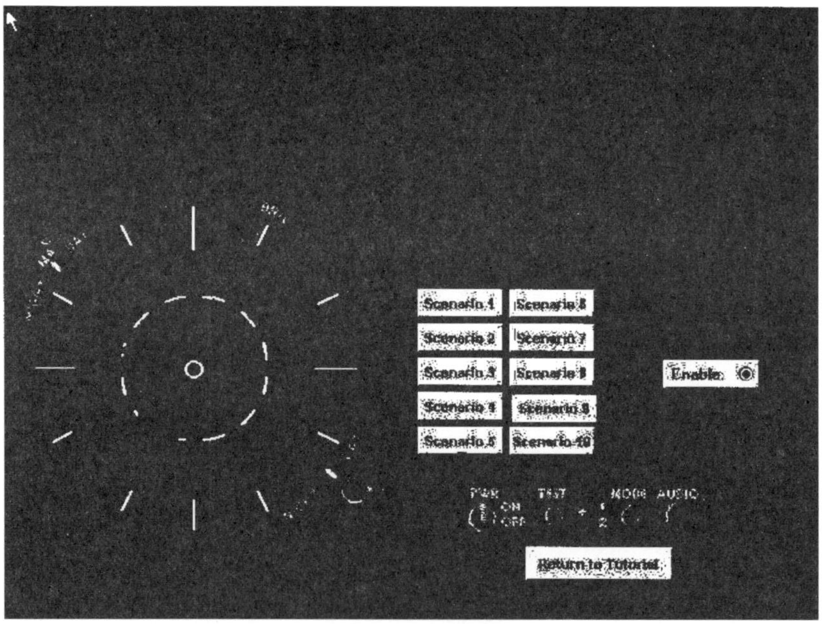

그림 8.4 그림으로 주어진 표시와 제어에 대한 예(허가된 I3C가 적용된)

운영자-인터페이스 시뮬레이터는 적절한 운영자 인터페이스 요소를 결정하기 위해 장비와 교전에 대한 디지털 모델로 설정되어 운영자에게 제공된다. 만일 운영자 행위가 실시간(적절한 신뢰성 수준으로)으로 감지되고 결과가 실시간(적절한 신뢰성 수준으로)으로 운영자로 주어진다면, 운영자는 필요한 훈련 경험을 가지게 된다.

8.3 신뢰성 요구

시뮬레이션의 운영자 인터페이스에서 필요한 신뢰성은 간단한 판정기준에 의해 결정될 수 있다. 운영자에 의해 인식될 수 없는 상황은 시뮬레이션에 포함될 필요가 없다. 신뢰성의 요소는 제어 응답의 정확도, 표시의 정확도, 그리고 응답과 표시 모두에 대한 타이밍에 대한 정확도로 주어진다.

8.3.1 표시-시간 신뢰성

먼저 시간에 대한 정확성이 고려된다. 인간의 눈에 영상으로 받아들여지기 위해서는 대략 42ms가 필요하다. 만일 화면표시가 1초당 24번 갱신된다면(영화에서와 같이), 운영자에 의해 연속적인 동작으로 인식된다. 운영자의 말초신경 시각에 영향을 미치는 시뮬레이션에서 화면 표시는 반드시 이보다 더 빨라져야 한다. 만일 말초신경 시각속도가 더 빠른 경우에는 1초당 24프레임으로 주어지는 표시는 프레임의 깜박거림에 의해 시각적인 피곤함을 줄 수 있다. 넓은 각도의 스크린에 보여지는 영화에서는 초당 24 프레임의 표시가 주어진다.

다른 고려사항은 색깔 변화가 인지되는 것 보다 훨씬 더 빨리 명암 패턴(즉, 운동) 변화가 인지된다는 것이다. 이러한 두 가지 요소의 시각 표시를 발광성(luminance)과 색차성(chrominance)이라고 한다. 비디오 압축기법에서는 두 번의 색차성 갱신에 대해서 한번 발광성을 갱신시키는 비율이 일반적으로 적용된다.

8.3.2 제어-시간 신뢰성

시뮬레이션 시간에 관련된 기준은 받아들이는 결과에 대한 인식이다. 마술사는 눈보다 손이 더 빠르다는 것을 말하지만, 그러나 이런 것은 반드시 사실은 아니다. 가장 빠른 손동작(예를 들면, 스톱워치 버튼을 누르는)조차에서도 150ms나 또는 더 이상의 시간이 걸린다. 그러나 시각변화는 이보다 훨씬 더 빨리 인지될 수 있다. 예를 들면, 스위치를 동작시킬 때 순간적으로 빛이 들어온다는 것을 알 수 있다. 실제적으로 42ms이내에 빛이 들어오면 실제 상황과 같게 인식된다. 운영자-인터페이스 시뮬레이션에서 시뮬레이터는 이진 스위치 동작과 계기 손잡이와 같은 아날로그 제어동작이 주어진다. 계기 손잡이 동작 인식이 정밀하지 않게 주어지더라도 손잡이 위치가 실시간으로 처리되기 위해서는 42ms 이내의 시각적인 응답으로 변환되어야 한다는 것이 적절한 사항이 된다.

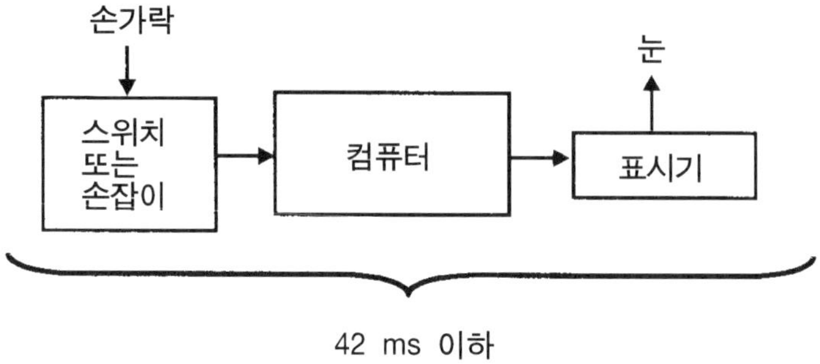

그림 8.5 손-눈 협응시간(hand-to-eye time) 신뢰성

8.3.3. 위치지각 신뢰성

위치 정확도는 훨씬 더 다루기 힘든 것이다. 사람은 위치나 세기에 대한 절대적 값을 인식하는 것에는 매우 약하지만 상대적인 위치나 세기를 구별하는 것에는 매우 양호한 능력을 가지고 있다. 어떠한 두 항목이 같은 각도나 거리로서 주어질 경우 사람들에 의해서 각도나 거리사이의 매우 작은 차이가 감지될 수 있다는 것을 의미한다. 그러나 두 항목 모두가 각도나 거리에 대한 백분율 값으로 주어진다면 사람들에 의해서 잘 인식되지 못하게 된다.

이러한 것은 EW 시뮬레이션을 군사용 이동 시뮬레이터(일차적으로는 비행 시뮬레이터이지만 또한 함정과 육상 이동 시스템도 포함되는)로 통합시키려는 훈련 효과 관점에서는 흥미로운 사항이다. 운영자가 이동체의 군사적 적용과 관련된 서브시스템을 운영하면서 전자적으로 무장된 적의 시스템을 취급하는 것을 배울 수 있다.

이동체 시뮬레이터로 통합시킬 때 EW시뮬레이션에 추가되는 요소는 게임영역에 대한 좌표화 과정이다. 예를 들면, 비행 시뮬레이터는 시각적인 게임영역과 레이더의 넓은 지상영역(land-mass)에 대한 시뮬레이터를 가진다. 시각 표시를 운영자(또한 비행 조종사)에게 나타내는 EW 장비는 EW 위협체에 대한 위치가 나타내어지도록 하기 위해 이러한 게임영역의 모든 것이 좌표화되어지는 것이 필요하다. 게임영역에 대해 요구되는 규정이 있는데 예를 들면, 운영자에게 나타나는 위협 위치는 20m 이내의 정도의 정확도로 주어져야 한다. 이러한 정확도가 주어지지 않으면 운영자에게 부정적인 훈련 효과가 발생될 수 있다.

훈련용 시뮬레이터에서 신뢰성은 시험-평가 시뮬레이터에 대해서 요구되는 것만큼 중요하지 않기 때문에 낮은 가격으로 구성된 기술이 사용된다. 하나의 중요한 고려사항은 신호발생기에서의 허위적인(spurious) 신호발생이다. 훈련용 시뮬레이터에서 그러한 허위 신호가 인지되어질 수 있다면 훈련효과에 나쁜 영향을 주지 않는다. 실제에서는 장비에 주어지는 많은 외부신호가 존재한다. 그러므로 시스템에 영향을 줄만큼 충분히 높지 않다면 그러한 허위 신호들은 단순하게 처리될 수 있다. 시간에 대해 더 낮은 신뢰성이 허용된다면 값비싼 기술이 필요치 않으므로 더 낮은 주파수에서 동작되는 디지털 논리 기술이 사용될 수 있다(예를 들면, RF구성요소).

훈련 및 시스템 시험에 대해 모두 적용이 가능한 시뮬레이터의 필요성에 대한 유혹이 있을 수 있다. 반드시 고려해야 하는 것은 시험용 시뮬레이터는 훈련용을 위해서는 너무 비싸고 훈련용 시뮬레이터는 시험용으로는 신뢰성이 너무 낮을 수 있다는 것이다. 하나의 시뮬레이션 장비를 사용하여 두 가지 기능 모두를 만족시키려는 시도는 어떠한 큰 실패가 주어질 수 있으므로 신중함을 가지고 이러한 사항에 접근해야 한다.

PART 9

시험평가용 시뮬레이션

시험 평가(T&E)용 시뮬레이션은 실제 신호환경 조건하에서 장비를 시험하는데 사용된다. 시험장비의 표준 일부분은 어떠한 형태의 신호를 발생시키는데 사용될 수 있다. 그러나, EW시스템은 보통 많은 신호가 포함되는 완전한 신호환경이 주어지는 상황에서 동작되는 것이 필요하다. 단일 신호 발생기로 주어지는 실내장비에서도 실제 군사신호 환경의 영향이 시뮬레이션되기 위해서 그러한 동작이 통합되는 것이 필요하다. T&E 시뮬레이터는 수신기, 서브시스템, 그리고 전체 시스템을 시험하기 위한 적절한 형태의 환경을 제공한다.

일반적으로, 제한된 시간에 수신 및 처리되어야 하는 EW신호의 주파수와 위치는 알려지지 않는다. 미지의 신호에 대한 탐색은 많은 비슷한 신호에 의해서 훨씬 더 어렵게 된다. 따라서, T&E 시뮬레이터는 하드웨어와 소프트웨어의 모든 능력이 시험된다.

T&E 시뮬레이터는 정의에 의해 에뮬레이터로 주어진다. 에뮬레이션은 10장의 주제이므로 여기서는 특별히 언급하지 않는다. T&E 시뮬레이션에 관련된 중요한 요소는 신뢰성, 참가자의 목적, 그리고 운영자 관련 정도이다.

T&E 시뮬레이터는 실제적으로 시험장비 역할을 하므로 정확한 시험을 지원해야 한다. 일반적으로 시뮬레이터의 신뢰성은 평가되는 장비의 규정보다 10dB 더 좋게 주어져야 한다는 것이다. 높은 신뢰성이 요구되는 환경도 존재하고 또한 너무 어려워서(또는 너무

비싸서) 10dB의 여유가 제공되기 어려운 경우도 있다. 10dB 여유 정도는 표준적으로 적용되며 대부분의 환경에서 대해서 적절한 시험 데이터가 제공될 수 있다.

실제적인 모든 경우에서 T&E 시뮬레이터는 훈련용 시뮬레이터에 대해서 요구되는 것보다 훨씬 더 높은 신뢰성이 요구된다. 보통, T&E 시뮬레이터는 매우 적절한 신뢰성이 요구되지만 대규모 훈련에 적용되는 그러한 시뮬레이터의 가격은 매우 비싸다.

T&E 시뮬레이터의 운영자는 일반적으로 평가, 시스템, 서브시스템 또는 구성품에 대한 고장수리에 익숙한 전문가들로 구성된다. 적절하게 설계된 T&E 시뮬레이터는 일반적인 기술 항목과 장치가 사용되어 운영자에 의해 시험설정이 이루어진다. 전문적인 디지털 명령어와 유사한 항목들이 최소로 주어져야 한다.

시뮬레이터의 설정과 입출력 조건이 쉽게 주어져야 되는 것이 중요하다. 대부분의 시험 환경에서, 첫 번째에서 실행된 것과 같이 정확하게 시험이 반복되어져야 하는 것이 필요하다.

때때로 T&E 시뮬레이터는 많은 시험 단계에 대해서 반복적으로 실행되는 것이 필요하다. 미리 시험 절차가 설정되어 시험이 실행될 수 있게 준비되어야 한다. 신뢰성에 대한 요구를 만족시키기 위해서 입력을 공급하는 장비에서 보통 T&E 시뮬레이터에서와 같은 종류의 기술이 사용되는 것이 필요하다. 이것은 RF 구성품들이 기계적으로 통합되어야 함을 의미한다.

신호 발생기에서의 허위 신호는 훈련용 시뮬레이터에서보다 T&E 시뮬레이터에서 훨씬 더 심각하게 영향을 미친다. 운영자가 외부신호의 자극들을 무시할 수 있다고 하더라도 시뮬레이터가 더 높은 외부자극에 의해 수신기는 정확히 시험될 수 없다(외부자극이 허용되는 수준과 비슷한 경우에도).

일반적으로 주입된 신호는 반드시 시스템과 같은 위치에서 실제 신호와 같이 주어져야 된다. 그러한 신호들은 주파수영역으로 변환되며 감쇄되거나 증폭되어진다. 신호를 주입하는 시뮬레이터는 주입 위치의 상위로 향하는(upstream) 모든 시스템에 대한 책임을 갖는다. 만일 신호가 시험중인 서브시스템의 상위의 다른 구성품에 주입된다면 발생된 어떠한 변칙사항들도 시험중인 시스템에서 발생된 것인지 아니면 상위 요소에서 발생된 것인지에 대한 결정이 어렵게 되거나 불가능해질 수 있다.

PART 10

에뮬레이션

에뮬레이션에서는 수신 시스템이나 그러한 시스템의 어떠한 부분에 의해서 수신되는 실제의 신호 발생도 포함된다. 이러한 실제신호 발생은 시스템을 시험하거나 장비 운영에서의 운영자를 훈련시키는데 적용된다.

위협신호 방사를 에뮬레이션하기 위해서는 송신된 신호의 모든 요소를 이해하고 전송, 포착 그리고 처리의 각 단계에서 주어진 신호에 의해서 어떠한 것이 발생되는지를 이해하는 것이 필요하다. 그 다음에 신호가 전파경로에서 특정한 환경의 신호와 비슷해지도록 설계되어져야 된다. 그러한 신호가 발생되어 요구된 지점으로 주입될 때 요구되는 사항은 동작 상태에서 주입 지점에 대한 하위의 모든 장비들이 실제 신호와 같게 여겨야 한다는 것이다.

10.1 에뮬레이션 발생

그림 10.1에서 보인 것처럼 시뮬레이션의 어떤 형태와 같이 에뮬레이션은 반드시 시뮬레이션 모델을 적용하여 시작된다. 물론, 첫 번째로 위협신호의 특성이 반드시 모델화되어져야 한다. 그 다음에, 그러한 위협신호에 대한 EW시스템의 처리방식이 모델화되어져야 한다. 이러한 교전 모델은 시스템이 어떠한 위협체를 인식하고 위협체까지의 거리

와 각도를 결정한다. 마지막으로, EW시스템에 대한 어떤 형태의 모델이 주어져야 한다. 주입된 신호는 신호 주입지점의 상위부분 시스템의 모든 부분의 영향을 시뮬레이션하기 위하여 수정되어지기 때문에 이러한 시스템 모델(또는 적어도 부분적인 시스템 모델)이 반드시 주어져야 한다. 상위의 구성품들이 하위의 구성품들의 동작에 의해서 영향을 받을 수 있다. 이러한 예로서는 자동이득 제어와 운영자 제어가 있다.

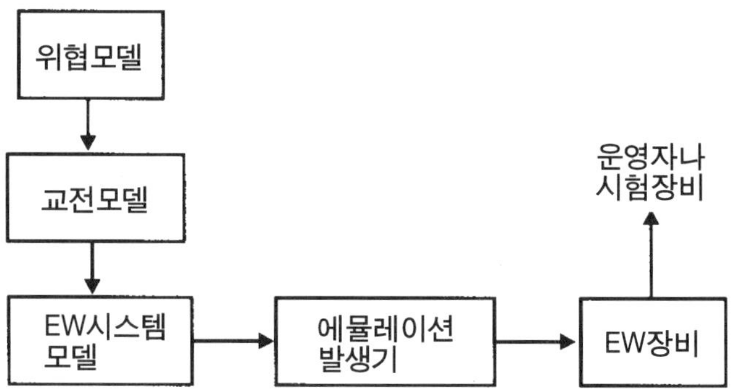

그림 10.1 에뮬레이션 요소

10.2 에뮬레이션 주입 위치

그림 10.2 는 위협신호에 대한 전송, 포착, 및 처리 경로, 그리고 에뮬레이션 신호가 주입되는 위치를 나타낸 간단한 블록선도이다. 표 10.1는 각각의 주입위치에서 요구되는 시뮬레이션의 임무를 요약하고 있으며, 다음 논의 사항은 관련된 응용분야와 그러한 것의 의미들이다.

전체(Full Capacity) 위협 시뮬레이터(A)

보통 실제적인 모든 위협체에 대한 시뮬레이션이 가능하게 하는 독립적인 위협 시뮬레이터가 만들어질 수 있다. 독립적인 위협 시뮬레이터는 일반적으로 실제 위협체의 이동성이 시뮬레이션될 수 있게 운반체에 설치된다. 독립 위협 시뮬레이터는 위협 방사체의 것과 같은 실제의 안테나가 사용되기 때문에 안테나 주사는 매우 실제적으로 주어진다; 다중 수신기는 임의의 시간에서 어떠한 각도로 주사된 빔을 수신한다. 전체 수신 시스템에 의해 이러한 작업들이 관측된다. 그러나 이러한 기술은 단지 하나의 위협체를 발생시키며 보통 가격이 아주 비싸다.

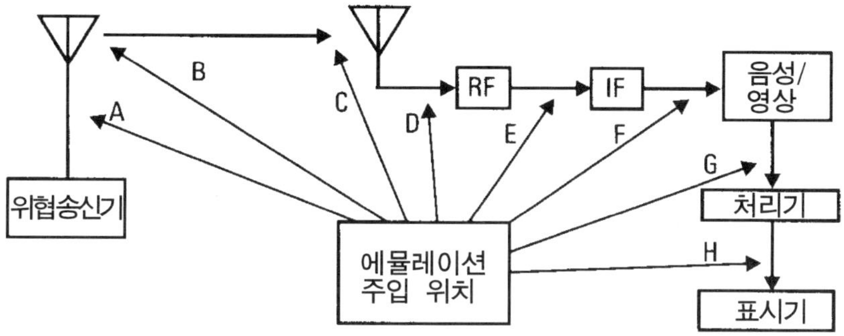

그림 10.2 에뮬레이션 신호 주입위치

표 10.1
에뮬레이션 주입 위치

주입 위치	주입 기법	시험된 부분
A	전체 위협 시뮬레이터	위협 변조와 동작모드
B	방송용 시뮬레이터	위협 변조와 안테나 주사
C	수신신호 에너지 시뮬레이터	전송된 신호, 전송경로 손실 및 도착각도 영향
D	RF 신호 시뮬레이터	전송된 신호, 경로손실 및 도착각도를 포함한 수신 안테나 영향
E	IF 신호 시뮬레이터	전송된 신호, 경로손실, 수신 안테나 영향 및 RF 장비 영향
F	음성 혹은 영상 입력 시뮬레이터	전송된 신호, 경로손실, 수신 안테나와 RF입력 시뮬레이터 장비 영향 및 IF 필터로부터의 영향
G	음성 혹은 영상 출력 시뮬레이터	전송된 신호, 경로손실, 수신 안테나와 RF 출력 시뮬레이터 장비 영향 및 IF 필터와 복조기법으로부터의 영향
H	표시 신호 시뮬레이터	전체 전송/포착/처리경로

방송 시뮬레이터(B)

이 기술은 시험되는 수신기를 향하여 직접적으로 신호를 송신한다. 송신신호는 위협 안테나의 주사에 대한 시뮬레이션도 포함하고 있다. 이런 형태의 시뮬레이션의 장점은 단일 시뮬레이터에 의해서 다중 신호가 송신될 수 있다는 것이다. 만일 지향성 안테나가 사용된다면, 시뮬레이션 전송은 상대적으로 낮은 전력으로도 가능하고 안테나의 좁은 빔폭에 의하여 다른 수신기들과의 혼신이 줄여질 수 있다.

수신 신호 에너지 시뮬레이터(C)

보통 선택된 수신기로 전송을 제한하기 위하여 절연 cap을 사용하는 이러한 기술은 수신 안테나를 향하여 직접적으로 신호를 송신한다. 이러한 주입 위치의 장점은 전체 수신시스템이 시험될 수 있다는 것이다. 여러 개의 cap으로부터 정교한 전송은 방향탐지 어레이와 같은 다중-안테나 어레이를 시험하기 위하여 사용될 수 있다.

RF 신호 시뮬레이터(D)

이 기술은 수신 안테나의 출력으로부터 발생되는 것처럼 보이는 신호를 주입한다. 신호는 송신 주파수와 같고 안테나로부터 주어지는 적당한 신호세기를 갖고 있다. 신호의 진폭은 도착 각도의 함수로서 주어지는 안테나 이득에서의 변화를 시뮬레이션하기 위하여 수정된다. 다중 안테나 시스템 경우 정교한 RF신호가 일반적으로 방향탐지 동작을 할 때 안테나의 협동적인 동작을 시뮬레이션하는 각각의 RF 단자로 주입된다.

중간주파수 신호 시뮬레이터(E)

이런 기술은 중간 주파수(IF) 신호를 시스템으로 주입한다. 전 범위의 전송주파수를 발생하기 위한 합성기가 요구되지 않는 장점을 갖는다. 그러나, 시스템의 RF 주파수 변환 부분이 위협신호 주파수에 동조되어질 때 IF신호만이 입력 되도록 반드시 EW시스템으로부터 동조 제어가 주어져야 한다. 어떤 형태의 변조도 IF 주입신호에 적용될 수 있다. IF 입력에서 신호의 동적인 범위는 완전하지 못한 RF 회로의 동적 특성에 의해 감소될 수 있다.

음성 또는 영상 입력 시뮬레이터(F)

이 기술은 IF와 음성 또는 영상 회로사이의 인터페이스에서 어떤 종류의 특이한 복잡성이 주어질 때만 적절하게 주어진다. 보통, 이러한 지점에서보다는 오히려 E나 혹은 G의 주입지점이 선택될 수 있다.

음성 혹은 영상 출력 시뮬레이터(G)

이 기술은 음성 혹은 영상 신호를 처리기로 주입한다. 주입된 신호는 처리기나 운영자에 의해 초기화되는 어떠한 상위의 제어 기능의 영향도 포함하는 상위경로 요소에 모든 영향을 미친다. 특히, 디지털 표시기를 갖는 시스템에서 이러한 기술은 최소의 가격으로 뛰어난 실현성이 제공된다. 또한 최소의 시뮬레이션 복잡성과 가격으로 시스템 소프트웨어 점검이 가능하게 한다. 또한 시스템 안테나의 많은 신호에 대해서도 시뮬레이션 할 수 있다.

표시 신호 시뮬레이터(H)

이 방식은 신호를 운영자에게 나타내는 하드웨어 속으로 주입하는 운영자-인터페이스 시뮬레이션과는 다르다. 이 기술은 아날로그 표시방식의 하드웨어가 사용될 때만 적절하게 주어진다. 하드웨어 표시동작과 그러한 하드웨어에 대한 운영자용 동작 모두를 시험할 수 있다.

10.3 주입 위치에 대한 장단점

일반적으로, 처리과정에서 앞쪽으로 신호가 주입될수록 EW 시스템 동작이 더욱 더 실제와 가깝게 된다. 수신 장비의 변칙성이 시뮬레이션에서 정확하게 표현되어져야 한다면 많은 주의가 이루어져야 한다. 보통 신호주입이 하위에서 더 많이 주어질수록 더 단순하고 저렴한 시뮬레이션이 된다. 일반적으로 개방된 공간으로 송신되는 에뮬레이션 기술은 반드시 비밀로 주어져야 되므로 실제 적군과 같은 변조와 주파수가 사용될 수 없다. 그러나, 신호가 EW시스템에 밀접하게 사용되는 기술에서는 소프트웨어 시험과 운영자 훈련을 위해 실제 신호 특성이 사용될 수 있다.

10.4 수신시스템의 에뮬레이션

5장에서 위협체로부터의 신호가 수신국에 도달될 때 어떻게 보이는가에 대한 시뮬레이션이 논의되었다. 그러한 신호가 EW시스템을 통하여 처리될 때 어떻게 주어지는가에 대해서 논의하고자 한다.

주입신호가 적절하게 주어지기 위해서는 선택된 에뮬레이션 주입위치에 대한 상위의 모든 사항들이 반드시 에뮬레이션 되어야 한다. 따라서 안테나 기능, 수신기 기능(여러 단계에서), 그리고 처리기능에 대한 에뮬레이션이 논의된다.

10.4.1 수신안테나 에뮬레이션

안테나 에뮬레이터에서, 안테나 빔 중심축 이득(최대 빔의 피크 이득)은 수신 사이트에 도달하는 RF 신호 전력을 증가시킨다. 도착신호의 방향에 대한 시뮬레이션은 더 복잡하다.

그림 10.3에서와 같이 각각의 수신신호의 도착 방향은 반드시 시뮬레이터에서 프로그래밍되어야 한다. 어떠한 에뮬레이터 시스템에서 단일 RF 발생기는 여러 개의 시간 비일

치(non-time-coincident) 방사기에 대해 시뮬레이션할 수 있다. 이러한 신호들은 보통 펄스 파형이지만, 어떠한 짧은 duty cycle의 신호가 될 수 있다. 이 경우에, 안테나 시뮬레이터에서는 반드시 어떠한 방사기가 모의 실험되는지 언급되어져야 한다. 안테나 제어 함수는 모든 시스템에서 나타나지 않지만, 제어함수에 의해 안테나가 회전되거나 선택된다.

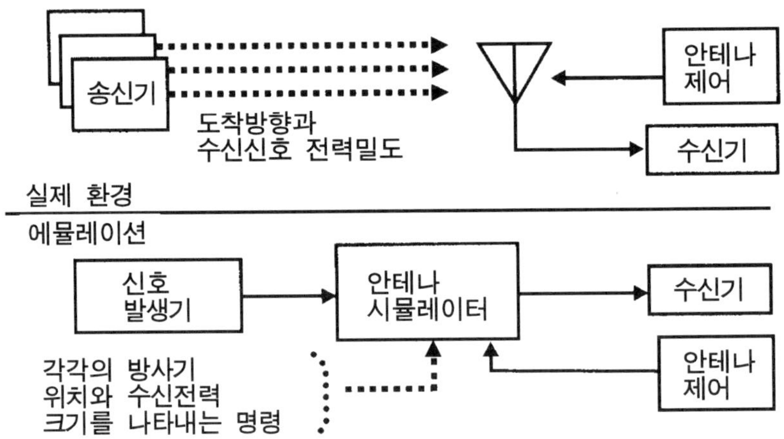

그림 10.3 안테나 에뮬레이터 함수

방향성 안테나가 주어질 때 신호 발생기로부터의 신호는 안테나의 중심축으로부터 시뮬레이션되는 신호의 도착 방향까지의 각도 함수로서 감소된다. 안테나의 방향은 안테나 제어 함수에 의해 결정된다.

다음 예의 두 가지 형태의 안테나에 대해서는 5.1절이 참고될 수 있다.

파라볼릭 안테나 예

그림 10.4는 파라볼릭 안테나의 이득 패턴을 나타낸다. 안테나가 최대 이득을 갖는 방향을 안테나 중심축이라고 부른다. 신호 도착 방향이 중심축 방향으로부터 멀어질수록 안테나 이득이 급격하게 감소된다. 이득 패턴은 주빔의 가장자리에서 영점(null)을 이루며 그 다음으로 부엽이 형성된다. 보여진 패턴은 방위각에서 주어진 것이다. 또한 수직 방향(고도) 패턴도 주어질 수 있다. 측정된 이득 패턴은 디지털 형식으로 저장되고 신호 도착방향은 시뮬레이션에서 감쇄정도가 결정되는데 사용된다.

실제의 안테나에서 부엽의 크기가 똑 같지 않다고 하더라도 안테나 에뮬레이터에서 그러한 값들은 보통 상수로 가정한다. 부엽의 진폭은 시뮬레이션되는 안테나에서 명시된 부엽크기에 의해서 주어지며 안테나 중심축에서의 크기보다 훨씬 더 작다.

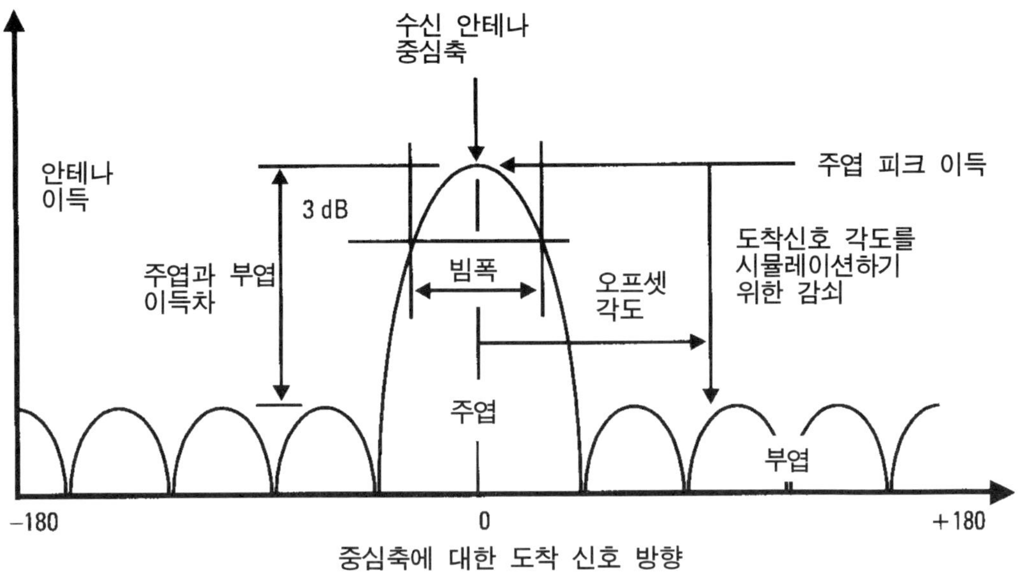

그림 10.4 에뮬레이션을 위한 전형적인 안테나 패턴

에뮬레이션에서 회전하는 파라볼라 안테나로 동작되는 수신시스템이 시험된다면 시뮬레이션되는 각각의 표적신호는 안테나 중심축 이득에 의한 신호세기가 시뮬레이터로 입력된다. 그 다음으로 안테나 제어에 의해 안테나가 회전되고(수동이나 자동으로) 안테나 에뮬레이터에 의한 부가적인 감쇄정도가 더해진다. 주어진 오프셋(offset) 각도에서 감쇄정도는 수신 안테나 이득이 시뮬레이션되기 위해 적절히 주어진다. 오프셋 각도는 그림 10.5에서와 같이 계산된다.

RWR 안테나 예

레이더 경보 수신기(RWR)에서 가장 일반적으로 사용되는 안테나는 안테나 중심축에서 최대 이득을 가지며 또한 주파수에 따라서 큰 변화를 갖는다. 최적 이득 패턴을 갖도록 안테나가 설계된다. 어떠한 동작주파수에서 탐지거리내의 이득 기울기는 그림 10.6에서와 같이 근사적으로 나타내어진다. 즉, 이득은 안테나 중심축으로부터 90도까지의 각도 함수에 따라 감소된다. 90° 이상의 이득은 무시될 수 있다.

안테나 이득패턴이 원뿔형태로서 안테나 중심축으로부터 대칭적으로 주어지므로 복잡해 질 수 있다. 그러므로 안테나 시뮬레이터에서는 그림 10.7에서와 같이 반드시 안테나 중심축과 각 신호의 도착 방향사이의 구면각에 비례하여 감쇄가 고려되어야 한다.

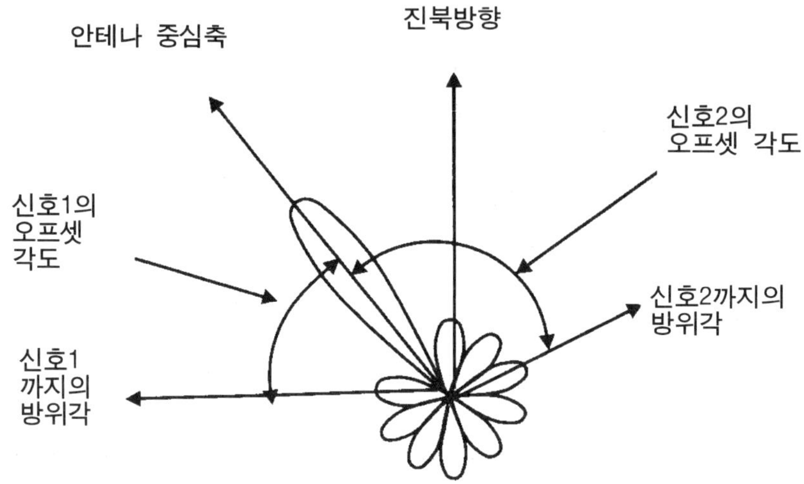

그림 10.5 다중 시뮬레이션 신호에 대한 안테나 이득

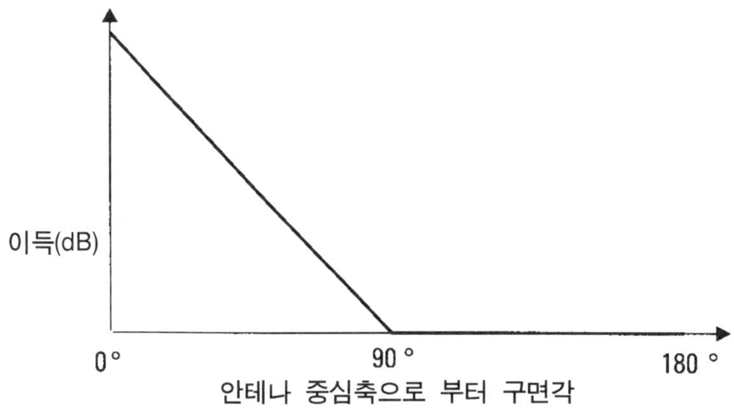

그림 10.6 RWR 안테나 이득 패턴

이러한 안테나는 일반적으로 항공기의 앞부분에 ±45도와 ±135도로 설치되어 yaw 평면 아래방향으로 몇도 정도로 낮추어진다. 전술 항공기가 wing level 상태로 비행을 하지 않을 경우에 어떤 각도로 주어지는 위협체에 의해서 공격 받을 수 있다는 점도 주의해야 한다.

오프셋 각도 계산은 첫 번째로 항공기의 위치에서 위협신호의 방위각과 고도를 계산하고 그 다음에 각각의 개별적인 안테나사이의 입체각과 방사기를 향하는 벡터를 계산하기 위하여 구면 삼각형을 설정하는 것이다.

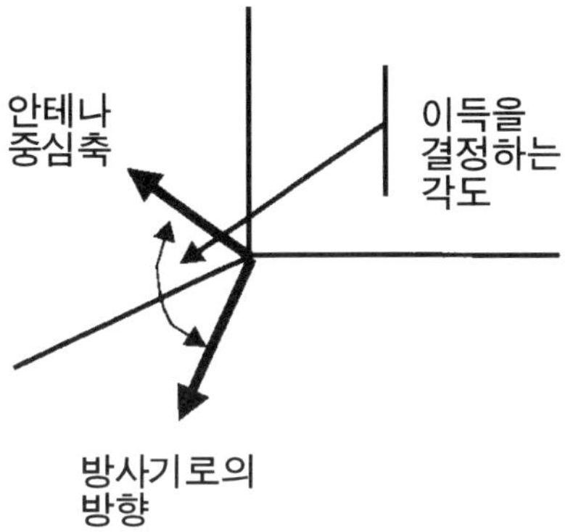

그림 10.7 안테나 중심축 대 신호의 각도

전형적인 RWR 시뮬레이터 응용에서는 항공기에 장착된 각각의 안테나(4개나 그이상의)에 대한 출력 단자가 주어진다. 각 위협신호에서부터 안테나 중심축까지의 입체각으로부터 각각의 안테나 출력과 이에 일치하는 안테나 감쇄 정도가 계산된다(3장 참조).

다른 다중 안테나 시뮬레이터

두 개의 안테나(간섭계)에 도착하는 신호의 위상차를 측정하는 방향 탐지 시스템에서는 매우 복잡한 시뮬레이터가 요구된다. 위상 측정은 매우 정교하게 주어지기 때문에, 연속적인 위상변화에 의해 매우 복잡해진다. 많은 시스템들이 단일 도착방향에 대한 정확한 위상을 얻기 위하여 적당한 길이로 주어지는 케이블 세트가 사용된다.

10.4.2 수신기 에뮬레이터

그림 10.8에서와 같이 RF 발생기는 수신기의 위치에 도착하는 송신신호를 발생한다. 안테나 에뮬레이터는 수신 안테나의 특성에 따라 신호의 세기를 조정한다. 그 다음에 수신기 에뮬레이터에 의해 운영자 제어 동작이 주어진다. 많은 현대적인 시스템에서 직접적인 수신기 제어는 컴퓨터에 의해서 이루어지지만 실제적인 수신기 제어 기능은 똑같이 이루어진다.

일반적으로 수신기 기능만을 에뮬레이션 하는 것보다는 오히려 수신기 출력의 상위부분에서 발생하는 모든 것을 나타내는 것이 더 유용하다(이것은 수신 안테나에 도착하는 신호 환경과 안테나 함수가 포함된다는 것이다). 혼합된 에뮬레이터에서는 일반적으로 수신신호의 변수와 운영자 제어 동작이(디지털 입력으로) 처리된다. 그러한 정보에 따라서 적절한 수신기 출력 신호가 발생된다.

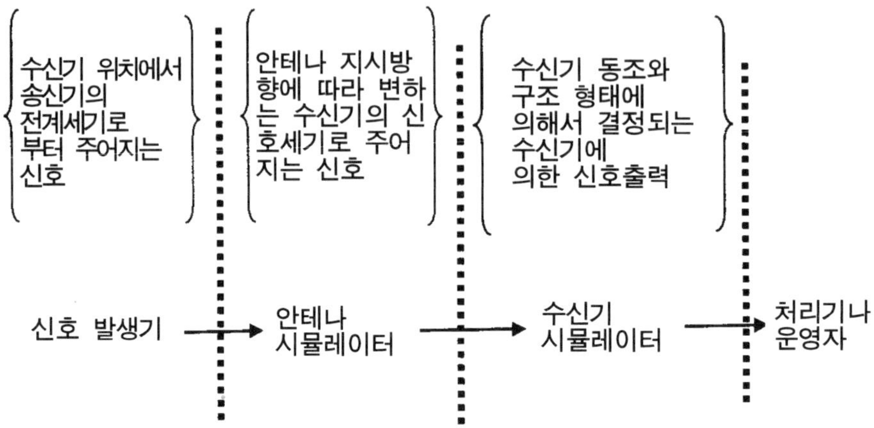

그림 10.8 신호 에뮬레이션 단계

수신기 기능

이절의 목적은 수신기를 나타내는 에뮬레이션의 부분적인 특성을 알아보는 것이다. 먼저, 수신기 기능을 고려해보자. 수신기는 안테나의 출력 신호를 복조하는 소자이다. 복조를 하기 위하여 수신기는 반드시 신호의 주파수에 동조되어야 하고 신호 변조형태에 적합한 변별기가 반드시 주어져야 한다.

실제 수신기에서는 다중 출력이 주어지며 일반적으로 수신기에 의해서 선택되는 주파수, 대역폭, 그리고 변조를 위한 여러 가지의 제어기능이 존재한다. 수신기 에뮬레이터는 수신기 입력에 도착하는 신호변수를 채택하고 운영자(혹은 컴퓨터로부터의 제어 명령)에 의해서 설정되는 제어를 고려한다. 그 다음에 그러한 신호와 운영자(혹은 컴퓨터)의 제어 동작을 발생한다.

수신기의 신호 흐름

그림 10.9는 어떤 주파수나 신호에 대해서도 적용되는 전형적인 수신기에 대한 기본적인 블록선도를 나타낸다.

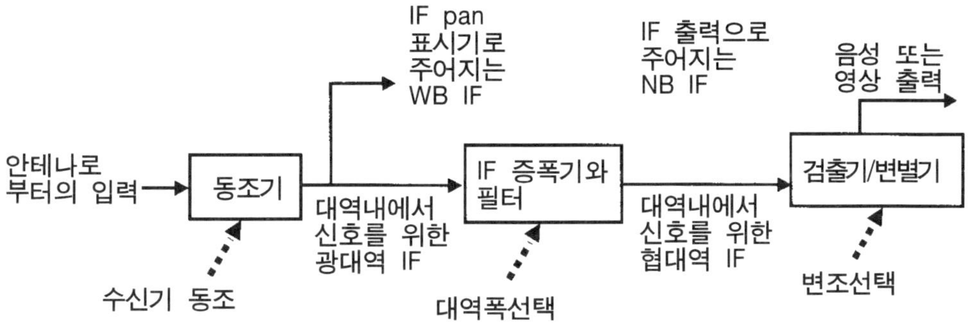

그림 10.9 전형적인 수신기의 기능 흐름도

이러한 수신기는 상대적으로 넓은 통과대역에 동조되는 전치필터(pre-selection filter)가 포함된 동조기를 갖는다. 동조기의 출력은 넓은 대역의 중간주파수(WBIF) 신호로 IF 파노라마(panoramic(pan)) 표시기에 출력된다. IF pan 표시기는 preselector 통과대역에 있는 모든 신호를 나타낸다. preselector는 보통 수 MHz의 넓은 동작 주파수 영역을 가지며, WBIF는 보통 여러 개의 표준 IF 주파수(수신기의 주파수영역에 따르는 455kHz, 10.7MHz, 21.4MHz, 60MHz, 140MHz, 또는 160MHz)의 하나에 중심이 주어진다. 동조기에 의해서 수신되는 어떠한 신호도 WBIF에서 표현된다. 수신기가 신호에 동조됨에 따라, IF pan 표시기는 동조기 통과대역을 가로질러 이동하는 신호를 나타낸다. WBIF 대역의 중심은 수신기가 동조되는 주파수를 나타내고 이러한 출력에서의 신호는 수신 신호세기에 따라 변한다. 숙련된 운영자는 IF pan 표시기에서 어떠한 종류의 변조인지를 인식할 수 있다.

넓은 대역의 IF 신호는 IF 주파수에 중심을 둔 여러 선택적인 대역통과 필터로 주어지는 IF 증폭기로 주어진다. 이러한 수신기는 협대역 중간 주파수(NBIF)출력을 갖는다. NBIF 신호는 선택된 대역폭을 갖는다. IF 증폭기는 log함수 형태로 주어지는 응답이나 자동 이득 제어(AGC)이 포함되기 때문에 NBIF 신호는 선형적인 세기로 주어지지 않는다.

NBIF 신호는 운영자(혹은 컴퓨터)에 의해서 선택된 여러 변별기중의 하나를 통과한다. 복조된 신호는 음성이나 영상으로 분리된다. 복조된 신호의 진폭과 주파수는 수신 신호세기보다는 오히려 송신기에 의한 변조 매개변수에 영향을 받는다.

에뮬레이터

그림 10.10은 이러한 수신기에 대해서 에뮬레이터가 실행될 수 있는 하나의 방법을 나타낸다. 만일 에뮬레이터가 신호처리용 하드웨어의 한 부분을 시험하는데 사용된다면

수신기의 변칙성(예를 들면, 잘못된 동조와 적절하지 못한 변조가 선택되었을 때)이 시뮬레이션 되어야 한다. 그러나, 에뮬레이터의 목적이 운영자를 훈련시키는 것이라면 수신기가 적절하게 동조되지 않거나 적절치 않은 제한이 주어질 때 출력은 단순히 제거되는 것만으로도 충분하다. 이러한 것은 시뮬레이터를 훨씬 더 간단하게 하고 훈련 목적이 가장 만족스럽게 이루어질 수 있게 한다.

그림 10.11은 훈련을 위해서 설계된 수신기 에뮬레이터에 대한 에뮬레이터 논리의 주파수와 변조를 나타낸다. 편리성을 위하여, 시뮬레이션되는 신호 SF와 수신기 동조 주파수(즉, 시뮬레이터에 입력으로 주어지는 동조 명령어) RTF는 주어진다.

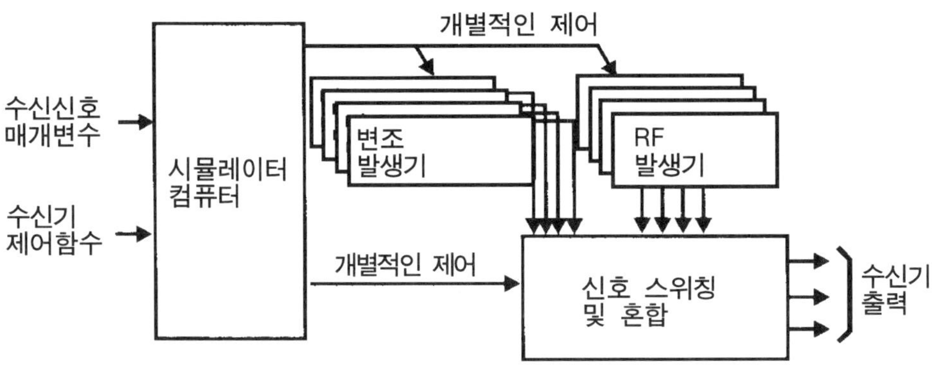

그림 10.10 수신기 에뮬레이터의 블록선도

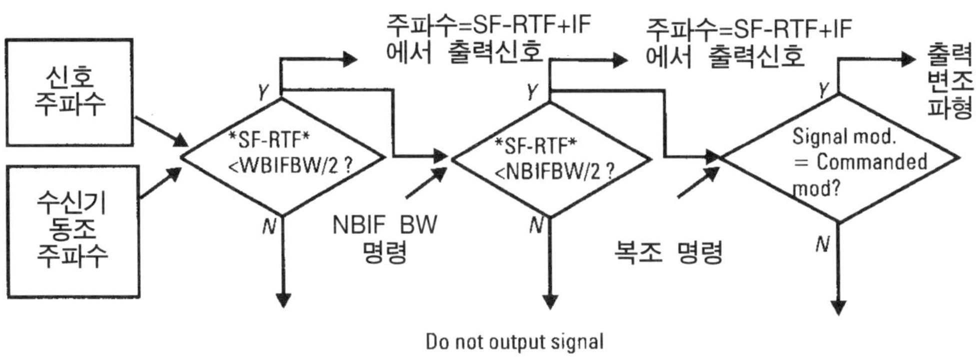

그림 10.11 수신기 에뮬레이터 논리

WBIF 출력에서 표시되는 신호에 대해서 SF와 RTF사이의 절대적 차는 반드시 광대역 IF 대역폭(WBIF BW)의 1/2보다 작아야만 한다.

주파수=SF-RF+IF

IF는 WBIF 중심 주파수이다. 이것은 발생된 신호가 동조에 반대방향으로 IF pan 표시기를 가로질러서 이동하게 한다. 이런 신호는 자체적으로 적절한 변조를 가져야 한다.

만일 SF와 RTF사이의 절대적 차가 선택된 협대역 IF 대역폭의 1/2보다 작다면 신호는 NBIF 출력에 나타난다. 신호 주파수는 WBIF에 사용된 같은 식에 의해서 결정되지만, 지금 IF는 협대역 IF의 중심 주파수이다.

이것은 훈련용 시뮬레이터이기 때문에, 그러한 논리과정은 수신신호의 변조가 운영자의 선택에 의한 복조에 정합되어야한다. 따라서, 운영자는 시뮬레이션된 신호로부터 변조된 신호를 보거나(소코프 상에서) 듣게 된다. 만약 그렇지 않으면 출력은 발생되지 않는다.

신호세기 에뮬레이션

수신기에 대한 신호세기 입력은 신호의 유효방사 전력과 도착방향의 안테나 이득에 의해 영향을 받는다. 그림 10.12에서와 같이, 각 IF 출력에서 신호세기는 net 이득 전달함수에 영향을 받는다. 이러한 수신기에서 WBIF 출력 크기는 동조기를 통한 이득과 손실이 선형적으로 주어지기 때문에 수신신호 세기는 선형적이 된다. IF 증폭기는 로그 함수 형태의 전달함수를 가지기 때문에 NBIF 출력은 수신 신호세기에 로그 함수적으로 비례한다. 음성이나 영상 출력의 진폭은 변조수준이나 볼륨 제어 설정에 영향을 받는다.

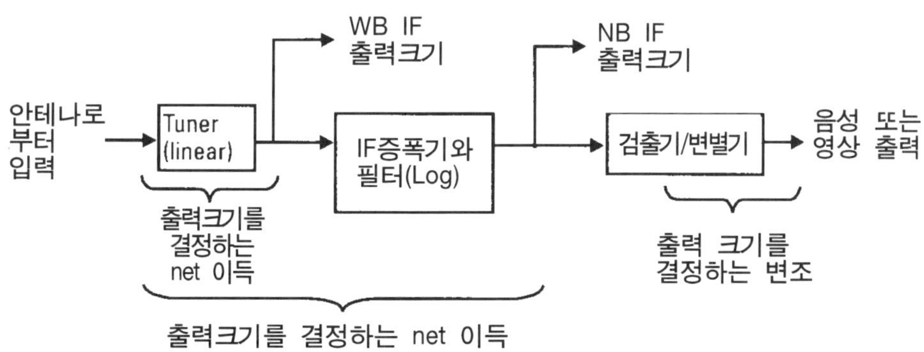

그림 10.12 수신기 출력 크기

10.4.3 처리기 에뮬레이션

일반적으로, 현대의 신호처리기는 IF나 영상 출력을 나타내며 수신신호의 정보를 이끌

어낸다(도착방향, 변조 등). 이러한 정보는 보통 컴퓨터 발생 음성이나 영상 표시로 운영자에게 주어진다. 그러므로 처리에 대한 에뮬레이션은 시뮬레이션에 의해 특별한 신호가 수신되도록 요구될 때 간단히 적절한 표시를 나타낸다.

10.5 다중 신호 에뮬레이션

EW 위협 환경의 특성은 많은 신호가 짧은 듀티 사이클을 갖는다는 점이다. 그러므로, 하나의 위협 신호보다 더 많이 발생하기 위해 다중 신호 발생기가 사용되는 것이 가능하다. 이러한 것은 신호당 비용을 크게 감소시키는 장점을 갖는다. 그러나, 알려진 바와 같이 이러한 비용 절감은 성능을 저하시킬 수 있다. 현대 시뮬레이션에서는 다중 신호 에뮬레이션을 위한 여러 방법이 있다.

다음의 논의는 다중 신호의 에뮬레이션에 대한 두 가지 기본 방법을 다룬다. 두 방법 사이에서 기본적으로 주어지는 타협 요인은 가격 대 신뢰성이다.

10.5.1 병렬 신호 발생기

최대의 신뢰성을 얻기 위해 시뮬레이터는 그림 10.13에서와 같이 완전한 병렬 시뮬레이션 채널이 되게 설계된다. 각 채널은 변조 신호발생기, RF 신호 발생기, 그리고 감쇄기로 주어진다. 감쇄기는 위협체의 주사방식과 거리손실, 그리고 수신 안테나 패턴을 시뮬레이션할 수 있다. 변조 신호발생기는 펄스, CW, 또는 변조된 CW의 어떠한 형태도 제공할 수 있다. 이러한 구성은 모든 신호가 동시적이지 않기 때문에 채널의 수보다 더 많은 신호가 제공될 수 있다. 그러나, 채널수와 같은 동시적인 신호도 제공될 수 있다. 예를 들면, 4 채널인 경우, 하나의 CW 신호와 3개의 부분적으로 중복되는 펄스신호가 주어질 수 있다.

10.5.2 시간분할 신호발생기

어떠한 시간에 오직 하나의 신호만이 필요로 된다면 세트(set)로 주어지는 시뮬레이션 구성품(그림 10.14에서와 같이)들은 많은 신호를 제공할 수 있다. 보통 이러한 구성은 단지 펄스 신호환경에 대해서만 사용된다.

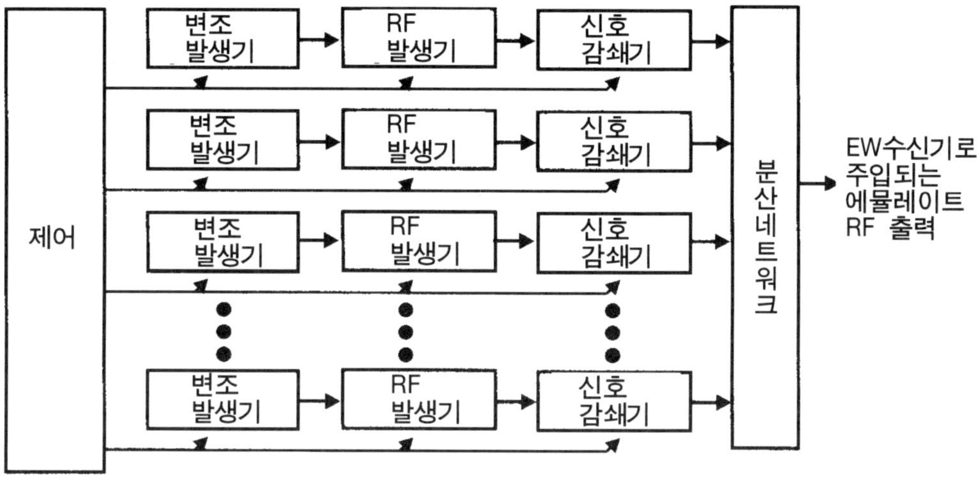

그림 10.13 병렬신호 신호발생기

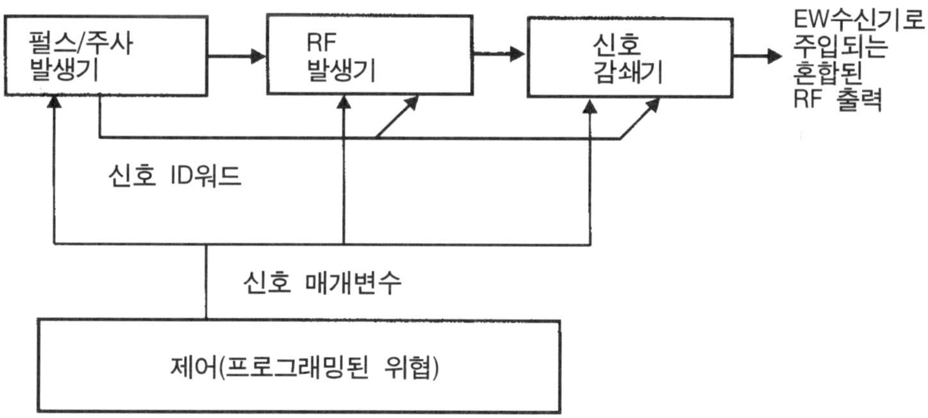

그림 10.14 분배된 구성 에뮬레이션

제어 서브시스템은 에뮬레이션되는 모든 신호에 대한 타이밍과 매개변수를 갖는다. 제어 서브시스템은 pulse to pulse basic에 바탕을 둔 각각의 시뮬레이션 구성을 제어한다. 이러한 방식의 결점은 어떤 주어진 순간에 오직 하나의 RF 신호만을 출력할 수 있다는 것이다. 이것은 하나의 CW나 변조된 CW신호 또는 펄스가 중복되지 않는 단지 하나의 펄스신호를 출력할 수 있다는 것을 의미한다. 아래에서와 같이, 실제적으로 펄스가 중복되지 않는다고 하더라도 시간적으로 서로에게 가깝게 접근하는 펄스에 대해서는 제한이 주어진다.

펄스 신호 시나리오

그림 10.15는 중복되는 펄스를 포함하지 않는 3개의 신호에 대한 간단한 펄스 시나리오를 나타낸다. 이러한 펄스의 모두는 pulse by pulse basis상에서 제어되는 단일 시뮬레이터 명령어(string)에 의해서 주어질 수 있다. 그림 10.16은 첫 번째의 선상의 3개 신호로부터 혼합된 영상신호를 나타낸다. 이것은 3개의 모든 신호주파수를 다루는 크리스털 영상 수신기에 의해서 수신되어지는 신호이다. 두 번째 선은 시뮬레이터로부터의 RF 출력에서 모든 3개 신호가 포함되게 하는 주파수 제어를 나타낸다. 올바른 신호 주파수는 펄스 구간에서 반드시 머물러 있어야 한다. 그 다음에, RF 시뮬레이터에서 합성기는 다음 펄스 주파수에 동조되기 위해 interpulse 시간을 갖는다. 합성기의 동조와 안정속도(settling speed)는 모든 주파수 범위에서 변화가 되도록 충분히 빨라야 한다. 그림의 3번째 선은 pulse-by-pulse basis상에서 모든 주파수가 적절히 시뮬레이션되기 위해 요구되는 출력 전력을 나타낸다. 이것은 감쇄기가 반드시 최소 펄스 시간동안에서 요구된 정밀도로써 적당한 수준으로 안정되어야 함을 의미한다. 펄스사이의 변화로 인해 전체 감쇄가 일어날 수 있다. 시뮬레이터 구조에 따르는 이러한 감쇄는 위협 주사와 거리 감쇄에 대해서만 일어날 수 있거나 또는 수신안테나 시뮬레이션에도 일어날 수 있다.

펄스 누락(pulse dropout)

시뮬레이터가 신호환경에서 주어지는 모든 펄스들을 제공할 수 없을 때 누락된 펄스들을 펄스 누락이라 부른다. 이러한 것은 실제적이지 않는 방법으로 제한이 주어졌기 때문에 시스템 평가에서 부정확성이 발생될 수 있다. 다음의 논의는 신호 발생기가 하나 이상의 펄스신호를 만들 때 발생되는 누락에 대한 이유를 나타낸다.

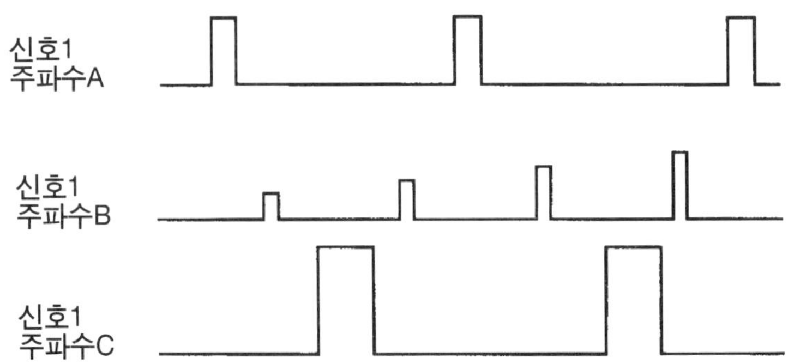

그림 10.15 3개의 신호를 적용한 간단한 펄스 시나리오

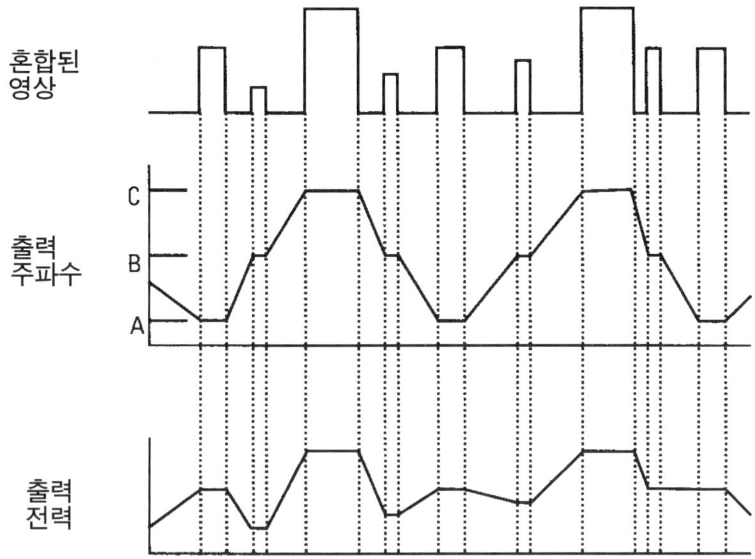

그림 10.16 혼합된 신호

합성기와 감쇄기는 다음 펄스를 취급하기 위해서는 반드시 제어 신호를 수신해야 한다. 신호 ID 단어로 주어지는 이러한 제어신호는 그림 10.17에서와 같이 예측시간 다음에 펄스 상승 모서리가 발생하기 전에 보내진다.

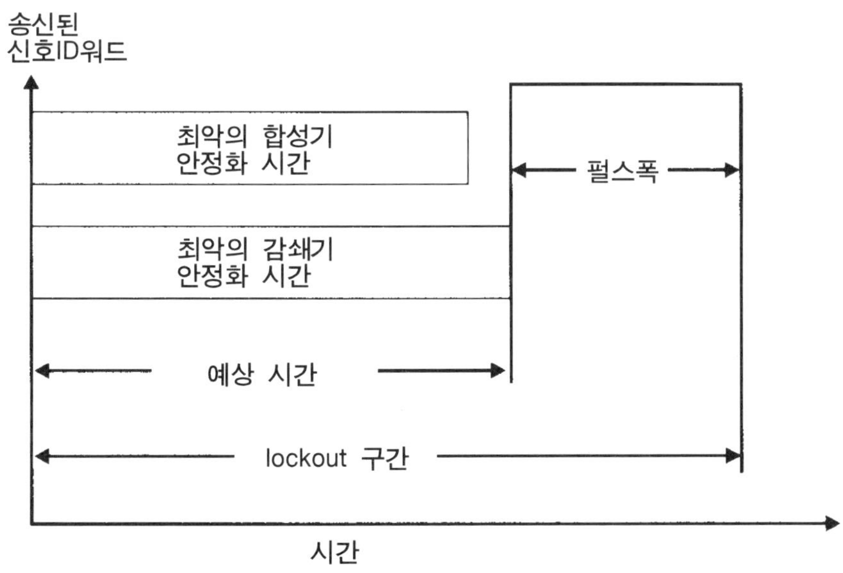

그림 10.17 요구된 예측시간

예측시간은 반드시 최악의 감쇄기-안정 시간과 합성기-안정 시간 모두에 대해서 고려되어야 하므로 충분히 길게 주어야 한다. 두 가지 시간 중의 더 긴 시간에 의해 예측시간이 선택된다. 그림에서는 최악의 감쇄기 안정시간이 최악의 합성기 안정시간보다 더 길게 나타내어졌다. lockout 구간은 다른 신호의 ID word가 주어지기 이전에 신호 ID word가 보내질 수 있는 지연시간이다.

그림 10.18에서와 같이, 만일 펄스가 이전의 펄스의 펄스폭과 예측시간을 합한 시간 내에서 발생한다면 시뮬레이터 출력으로부터 누락된다.

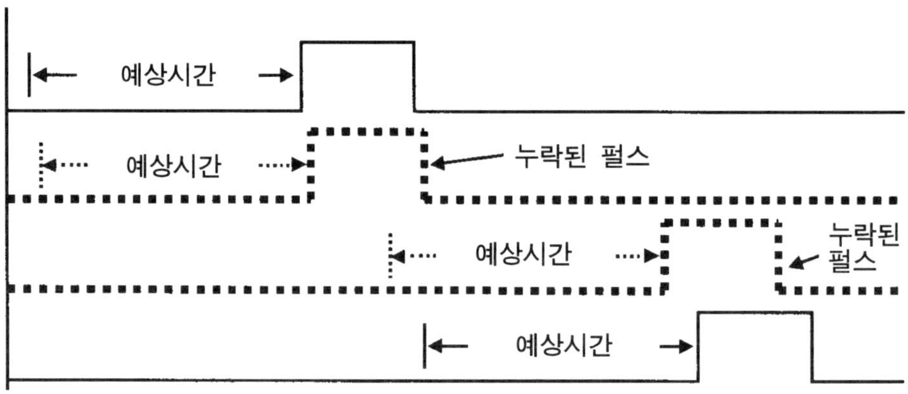

그림 10.18 lockout으로 인한 누락된 펄스

주 시뮬레이터와 백업 시뮬레이터

만일 그림 10.19에서와 같이 두 번째의 시뮬레이터 채널이 주 시뮬레이터에 의해 누락된 펄스를 제공하기 위해서 사용된다면 펄스누락 백분율은 현저하게 줄여질 수 있다. 이러한 것은 두 시뮬레이터 채널에서 시험하에 있는 시스템이 아주 충분히 정합되어서 두 번째 신호가 탐지되지 않는다고 가정한다. 다양한 시뮬레이터 구성에서 누락된 펄스 백분율에 대한 해석을 위해 Poisson 방정식이 적용된다.

10.5.3 접근방법 선택

다중-신호 에뮬레이션이 제공되기 위한 접근방법 기준은 비용 대 신뢰성이다. 높은 신뢰성과 다중 신호가 요구되는 시스템을 위해서는 완전한 병렬 채널이 선택된다. 약간 더 낮은 신뢰성(대략 1%나 혹은 0.1% 펄스 누락을 갖는)이 허용되고 다중 신호가 요구되는 경우에는 하나 이상의 백업 시뮬레이터를 갖는 주 시뮬레이터가 사용되는 것이 최선이다. 주 시뮬레이터와 백업 시뮬레이터는 반드시 시험 중에 있는 시스템에 의해 구별되지 않을 만큼 거의 충분히 정합되어야 한다.

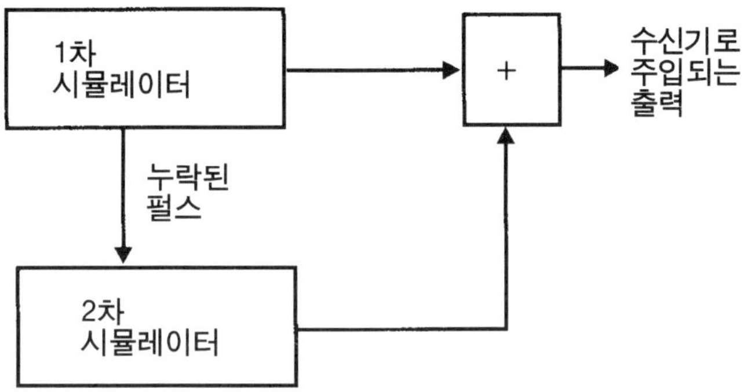

그림 10.19 주 시뮬레이터와 백업 시뮬레이터 채널

펄스 누락이 허용되어질 수 있는 경우에는, 낮은 비용이 드는 단일 채널 시뮬레이터가 사용될 수 있다. 더 높은 우선순위 신호들의 펄스 누락을 피하기 위해서는 신호들 사이에 우선순위를 설정하면 누락된 펄스의 영향이 최소화 되어질 수 있다.

뛰어난 결과를 나타내는 접근방법은 단일-채널 다중-신호 발생기가 배경신호를 나타내는 동안에 위협 방사기에 대해 전적으로 적용되는 시뮬레이터를 사용하는 것이다. 이러한 시뮬레이터는 복잡한 펄스신호 환경이 주어지는 상태에서 설정된 신호를 처리하기 위한 시스템의 능력을 시험할 수 있다.

용어설명

이 용어설명은 전자전 분야보다는 EW 모델링과 시뮬레이션 분야에 관련된 항목이다. 나열된 용어들은 이러한 분야에서 전문적으로 사용된다.

안테나 주사(Antenna Scan) ; 체적 공간으로 주어지는 탐지 영역에서 안테나의 각도상의 운동. 시뮬레이션에서 EW 수신기의 관점으로부터 위협 방사기 주사가 주어질 때 수신 전력이 최대로 주어지는 중심(focus)이 존재한다.

에뮬레이션(Emulation) ; 수신 시스템이나 수신 시스템의 일부에 대한 시험을 하기 위한 적절한 형태의 신호 발생. 에뮬레이션된 신호가 EW 수신기의 중간 위치로 주입된다면, 시스템내의 그러한 지점(위치)에서 주어지는 위협 신호가 어떻게(전술적 상황과 모든 상위 하드웨어의 상태에 대한 영향을 포함하는) 보여 지는지를 나타낸다.

에뮬레이션 주입(Emulation Injection) ; 에뮬레이션 신호는 어떠한 주입지점에서 위협 신호 발생, 전파, 포착, 처리과정에 대한 입력으로 주어진다. 이러한 주입 지점은 적의 송신기, 적 안테나의 출력 단자, 아군 수신 안테나, 수신기, 수신기의 IF나 영상회로, 디지털 처리기, 또는 시스템 표시기(전시기)가 될 수 있다.

교전(Engagement) ; 적 시설물(즉, 레이더나 미사일)이 아군 시설물(수신기, 군사용 플랫폼 등)과 군사적으로 상호작용하는 일련의 사건

장비 변칙성(Equipment anomalies) ; 설계자에 의해서 예상되는 것과는 다르게 출력

을 일으키는 (일반적으로 아군의)장비에 의해 예상되지 않은 영향. 이러한 것은 허위응답, 데이터 왜곡, 어떠한 동작 조건에서 디지털 처리기로부터의 부적절한 출력 등으로 나타내어 질 수 있다.

신뢰성(Fidelity) ; 상황, 사건, 또는 신호가 모델이나 시뮬레이션에서 취급되는 방법에 대한 정확도와 세밀성(granularity). 일반적으로 신뢰성에 대한 논쟁(issue)에서는 교전모델에서 정보 갱신기간, 영상 표시기에서 화소의 수, 그리고 에뮬레이션 신호의 정확도가 포함된다.

게임영역(Gaming area) ; 모델화된 교전동안에 일련의 사건들이 발생되는 영역. 해군 교전 경우, 이러한 것은 바다와 같은 2차원 영역이 될 수 있다. 항공기 교전에 대한 경우는 항공기나 미사일이 기동하는 전체 공간과 포함된 어떠한 송신기와 수신기로의 가시경로가 포함된다.

모델링(Modeling) ; 모델링에서는 교전, 신호 처리과정, 장비의 일부분에 대한 수학적인 특성이 포함된다. 시뮬레이션이 실행되기 전에 모델은 반드시 설정되어져야 한다.

부정적인 훈련(Negative training) ; 부정적인 훈련 영향은 시뮬레이션된 시스템 출력이 실제 상황과는 다를 때 발생한다. 부정확성이 훈련을 통해 요구되는 기술 개발을 하는 훈련생들의 능력에 영향을 미칠 때 문제가 된다.

운영자-인터페이스 시뮬레이션(Operator-interface simulation); 훈련하는 어떠한 임무의 성능에서 훈련생들이 경험하는 제어와 표시행위의 인위적인 신호 발생. 포함된 실제의 신호는 없고 단지 제어와 표시신호만 존재한다.

운영자 인터페이스(Operator interface); 시스템 동작동안에 운영자가 보고, 듣고, 또는 만지는 모든 것. 데이터가 제공되는 방법과 제어의 느낌(feel)이 포함된다.

병렬 신호발생기(Parallel generators) ; 여러 개의 신호발생기가 사용될 때(하나의 시뮬레이션되는 신호를 발생하기 위해 하나의 신호발생기가 사용) 신호발생기가 병렬로 주어진다고 한다. 병렬 신호발생기는 펄스 누락을 최소화하거나 다중의 연속신호를 발생하는데 사용된다.

경기자(Players) ; 모델화된 교전에서 각 참가자를 경기자라고 한다. 각각의 경기자는 이동하고 신호를 방출하거나 수신하는 방법에 의해서 특성화되고 이동성과 동작 모드의 방법이 다른 경기자에 의해서 영향을 받는다.

관점(Point of view) ; 모든 시뮬레이션은 어떠한 관점에 의해서 구동된다. 교전에서 사건들이 주어진 관점으로부터 어떻게 감지되는가 하는 항목(term)으로 표현된다. 예를 들면, 훈련 시뮬레이터는 일반적으로 훈련생 관점으로 주어진다. 시스템을 시험하는 시뮬레이터는 시험되는 장비의 관점에서 시험된다. 두 가지 경우에 적용되는 복잡한 상호작용은 그러한 관점으로부터 감지되는 신호발생기로 변환되어야 한다.

펄스 누락(Pulse dropout) ; 시뮬레이터가 수신기로 주어지는 다중 신호의 모든 펄스를 발생할 수 없을 때 출력되지 않은 펄스들은 펄스 누락으로 주어진다.

신호환경(Signal environment); 교전동안에 수신 시스템에 수신되는 모든 신호(아군신호와 적군신호 모두)

시뮬레이션(Simulation) ; 시뮬레이션은 두 가지 의미를 갖는다. 첫 번째는 모델링과 시뮬레이션의 모든 분야가 포함되는 것이다(즉, 운영자-인터페이스 시뮬레이션, 에뮬레이션, 그리고 컴퓨터 시뮬레이션이나 모델링). 두 번째는 운영자-인터페이스 시뮬레이션을 위해서 주어지는 대체 항목으로 주어진다.

시뮬레이터(Simulator) ; EW 시뮬레이션에서, 어떠한 방법으로 시뮬레이션 신호를 발생하는 장비이다. 시뮬레이터에서는 어떠한 형태(방송, RF, 영상신호 등)로 실제 신호가 발생되거나, 존재하는 신호에 대한 반응을 나타내는 인위적인 제어와 표시가 포함된다.

T&E(Test and evaluation) ; 시뮬레이션 신호를 적용하여 시스템, 서브시스템, 또는 구성품에 대한 시험과 평가

위협(Threat) ; 위협은 어떠한 종류의 무기로 주어진다. 또한 무기시스템과 관련된 신호를 지시하는데 사용된다. 여기에는 적의 레이더와 통신 신호가 포함될 수 있다.

위협환경(Threat environment) ; 교전동안에 시스템에 의해서 관측되는 위협신호의 모든 것.

위협 시나리오(Threat scenario) ; 수신기나 운영자가 실제적인 동작 동안에 경험하는 것을 시뮬레이션하기 위한 다양한 형태의 위협신호. 각각의 위협신호에 대한 시작과 종료에 대한 시간과 각각의 신호 변수에서의 변화는 시뮬레이션 관점에서 적절하게 주어진다.

색 인

역자약력
김하철 교수(해군사관학교 전기전자공학과)
홍우영 교수(해군사관학교 무기체계공학과)
최현철 교수(경북대학교 전기전자공학부)

전자전 모델링과 시뮬레이션 기초

A-JIN

지은이와 협의 인지 생략

인　쇄 : 2010년 6월 10일
발　행 : 2010년 6월 15일
역　자 : 김하철 · 홍우영 · 최현철
발 행 처 : 도서출판 아진
135-010
서울시 강남구 논현동 148-19 한미빌딩 201호
TEL:02-737-0663 FAX:02-737-0664
Homepage:ajin.to
E-mail:kgb@ajin.to
발 행 인 : 김 근 배
등록번호 : 제300-1995-56호
ISBN : 978-89-5761-302-3 93550

가격 20,000원